# 지구를 구하는 1,001가지 방법

버네데트 밸러리 / 곽진희 옮김
•
삽화 / 안젤라 마틴

秀文出版社

1001 Ways To Save The Planet by Bernadette Vallely
Copyright ⓒ Bernadette Valley, 1990
Cartoons copyright ⓒ Angela Martin, 1990
All rights reserved
The moral right of the author and illustrator has been asserted
* 이 책의 한국어 판권은 저자와의 독점계약에 의하여 수문출판사에 있으므로
무단전재나 복제를 금합니다.

이 책을 앨디어 조앤에게 바친다.

'뭔가를 해야겠는데 정말 시간이 없다.'

## 지구를 구하는 1,001가지 방법 · 차례

머리말 · 7
작가의 말 · 9

### 그린 홈
주방 · 13
욕실 · 32
거실 · 39
침실 · 45
현관 · 48
손수하기 · 53
정원가꾸기 · 65
애완동물과 환경 · 82

### 내가 하는 자연보호
위생과 아름다움 · 89
의복 · 96
건강과 행복 · 104
죽음 · 120

### 건강한 육아와 푸른교실
어린이와 청소년 · 125
학교 · 135

### 지구를 구하는 소비자
쇼핑 · 147
식사 · 156
음료 · 181
선물과 파티 · 191
투자 · 197

### 직장에서의 자연보호와 녹색레저
직장에서의 자연보호 · 207
스포츠와 레저 · 224
여행 · 231
휴가 · 244
시골 · 259

### 녹색 시민운동
지역사회 · 279
지방행정 · 301
정부 · 307
시민의 자유 · 317

옮긴이의 말 · 325

# 머리말

고조되는 지구의 파괴는 '저 밖에 있는 누군가'에 의한 것이 아니다. 지구의 파괴는 근본적으로 우리의 생활방식 내지는 우리가 소비하고 있는 것들과 아주 밀접한 관련이 있다고 하겠다.

지구를 구하기 위한 투쟁에서 중요한 것은 그처럼 간단한 사실과 우리의 책임을 인정할 필요성이다.

오늘날 아주 많은 사람들이 환경을 위해 적극적인 조치를 취할 태세가 돼있는 것을 보면 대단히 고무적이다. 여론 조사 결과에 의하면 우리들 가운데 50퍼센트 이상 비록 돈을 더 지불할지라도 기꺼이 환경에 해를 끼치지 않는 상품을 구입하겠다고 한다. 대다수의 자동차 운전자들은 출퇴근 시에 어떤 좋은 대안이 가능하다면 자동차 사용을 중단할 것이다.

우리들 중 일부는 기꺼이 유기 식품을 먹기 위해 더 비싼 가격을 지불하고 그렇게 하고 있으며 가격이 떨어지면 좀더 많은 사람들이 살충제 과용을 막기 위해 유기 식품을 살 것이다. 우리는 나무를 지키고 하천 오염을 방지하기 위해 기꺼이 표백되지 않은 재생 용지를 선택할 것이다. 또한 우리는 에어로졸을 삼가하고 환경을 덜 손상시키는 용기들을 사용해 왔다.

현재 많은 사람들이 자연보호 소비자로서 가루비누 제품을 다른 것으로 바꾸고 있을 뿐만 아니라 무엇을 할 수 있는가를 묻고 있는 중이다. 『지구를 구하는 1,001가지 방법』은 바로 그러한 정보를 제공하는 책이다. 아무도 모든 일을 한꺼번에 할 수는 없지만 이 책이 아이디어를 제시할 것이다.

한 번에 한가지씩 조치를 취하면서 우선 쉽게 할 수 있는 일들을 먼저 하도록 하자. 만일 우리 모두가 이 책에 열거된 것들 가운데 일부나마 실천한다면 결국 가장 절박한 생태 문제들이 약간이라도 해결되기 시작할 것이다.

여기에 나열된 1,001개의 실천 사항들은 모두 간결하고 대부분 단순하다. 독자는 아마도 자극을 받아 어떤 환경보호 단체나 조직과 접촉하거나 또는 다른 책들도 읽게 될 것이다. 그러나 대체적으로 여기에 열거된 사항들은 대부분의 사람들이 취할 수 있는 간단한 조치를 기술한 것이다.

또 어쩌면 독자로 하여금 늘 잘못하거나 낭비적이라고 의심해 왔던 일들을 중단하게 할지 모른다.

이 책에 나열된 조치 사항들은 독자의 생활 방식을 바꿀 것이다. 결국엔 이 모두가 당신을 의식이 깨어 있는 사람이 되게 할 것이고 지구를 구할 각오가 되게 할 것이다 /

가끔 목재로 쓸 나무를 찾을 수가 없다 /

# 작가의 말

 이 책을 발표하게 된 것은 끊임없이 즐거운 마음으로 원고를 타이핑하고 또 타이핑하도록 도와준 케로 라마스와 내 대신 전화통을 붙들고 수치들을 조사하며 시간을 보낸 산드라 반 데르 핀의 덕분이다.
 또한 수 아담스, 스튜어트 보일, 살충제기업합동의 데이브 버핀, 스펙트럼 클리닉의 미란다 카스트로, 리즈 쿡, 앨리슨 코스텔로, 가이 돈시, 팻 플레밍, 앤 링크, 잔 메카리, 브리지트 미에로, 조세 페퍼, 데비 실버, 플랜트라이프의 휴 싱, 펭귄 출판사의 테사 스트릭랜드, 나의 어머니 수잔 밸리 등 사랑과 열성을 갖고 지원해준 이들과 그리고 원고를 읽고 지구를 구하기 위한 방법들을 제시하면서 통계와 참고 자료와 정보와 아이디어를 제공하고 내가 잘 모르는 환경 문제들을 일깨워주고 논평을 해준 이들에게 감사를 드린다.
 한편 이 책 준비에 도움을 준 수많은 단체와 개인들에게 감사의 마음을 전한다. 이 책을 읽는 독자들은 환경을 위해 일하는 사람들의 헌신과 전문가적 기질과 숭고한 정력을 알고 있어야 한다.

 이 책의 판매 수익 중 절반은 환경에 관심이 있는 여성들에 대한 교육 지도와 권한 부여를 위해 애쓰는 비영리 독립 기관인 여성환경네트워크에 돌아갈 것이다.

그린 홈

# 주방

### 성능이 좋은 주전자를 사용하자

주전자는 부엌의 중요한 요소이고 매일 여러 차례 사용하는 주방용품이다. 에너지를 절약하기 위하여 꼭 필요한 정도만 끓일 수 있는 자동 주전자를 사용하자.

### 주전자에서 물때를 벗겨내자

물때를 벗겨내면 끓는 시간이 더 빨라지고 주전자 안팎에 에너지 낭비를 초래하는 솜털 모양의 부착물이 축적되는 것을 막는다. 또한 여과된 물을 사용하면 주전자에 물때가 빨리 끼는 것을 방지할 것이다.

독성이 없고 동물에게 해가 되지 않은 세척제를 사용하자. 최근에는 그러한 세척제를 구하기가 비교적 쉽다. 세척제 대신 값싸고 간단한 빙초 용액을 사용해보는 것도 좋다. 물때를 벗겨낸 후에는 주전자를 신중하게 말끔히 헹구어내야 한다.

### 작은 남비를 사용하자

음식 조리에 되도록 작은 남비를 사용하자. 지나치게 규격이 큰 남비의 금속을 데우느라 에너지를 낭비하지 말고 또한 남비의 크기에 맞춰 열을 조절한다.

### 찜통에 간막이를 이용하자

세 종류의 다른 채소를 조리하기 위해 세 개의 남비를 쓸 필요는 없다. 성능이 좋은 찜통이나 남비에 간막이 한 개면 충분할 것이다. 그러면 단 한번의 벨소리

14 그린 홈

우리는 지나치게 조리된 세계에 살고 있다.

나 한 개의 버너만 필요할 것이고, 또 끓인 채소보다 찐 채소가 훨씬 더 맛이 좋고 영양가도 많다.


**냄비 뚜껑을 사용하자**

　냄비에 뚜껑을 덮자. 그러면 두가지 이점이 있는데 물과 음식이 더 빨리 끓기 때문에 뚜껑이 에너지를 절약해 주고 또한 부엌에 습기가 차게 되는 액화를 감소시킨다.
　일단 물이 끓은 후에는 더 이상의 에너지를 절약하기 위해 열을 약하게 줄인다. 대부분의 경우 물은 오직 음식을 덮을 정도의 양이면 충분하다. 요리에 적정량의 물을 사용한다.


**흐르는 물 사용을 중단하자**

설겆이에 흐르는 물을 사용하는 것은 극도로 사치스럽고 낭비적이다. 큰 그릇을 구하거나 싱크 마개를 사용하는 것이 훨씬 더 경제적이다.

## 찬물을 사용하자

그릇을 헹구거나 야채를 씻을 때 등 많은 부엌일에 찬물을 사용하자. 그러면 찬물을 데우는 데 필요한 귀중한 에너지가 절약되고 연료비도 적게 들것이다. 수도 꼭지 가까이에 메모를 붙여놓고 항시 기억하자.

## 부엌을 자주 환기시키자

가스 레인지의 사용시에 영국에서는 전력발전소가 아주 비능률적이기 때문에 환기장치를 사용하지 않는다면 에너지 요금에서 많은 돈을 절약하고 있을 것이다. 그러나 많은 문제점도 지적되고 있다.

미국 과학자들에 의하면 취사에 가스를 사용하는 부엌의 열악한 환기 때문에 어린 아이들이 특히 호흡기 질환에 걸릴 위험이 있다고 한다. 창문을 열거나 또는 태양 에너지를 이용하는 환기 장치를 설치하자.

## 회전식 건조기를 청소하자

회전식 건조기는 옷을 건조시키기 위해 원통형의 용기가 계속 주변의 뜨거운 공기를 순환시키기 때문에 대량의 에너지를 소비한다. 작은 ▲린트 천 스크린은 원통형 용기로 들어가는 공기를 여과한다. 이것을 정기적으로 청소해 주자. 보풀이나 털실이 달라붙어 있으면 기계가 더 힘들게 작동되면서 에너지를 낭비하게 될 것이다.

## 냉장고를 수리하자

사실상 모든 가정이 냉장고를 구비하고 있다. 그러나 대부분의 사람들은 이

▲ 린트 스크린(lint screen) : 린네르나 무명 따위를 가공하여 보드랍게 한 천

기계가 귀중한 자원을 사용하고 산성비와 지구온도 상승의 원인이 되면서 에너지를 고갈시키고 있다는 사실을 깨닫지 못한다.

냉장고를 수리하면 전기 요금과 기계 성능에 아주 좋은 영향을 미칠 수 있다. 밸브를 점검해 새는 곳이나 느슨한 고무 패킹이 있는지 알아보자.

적어도 1년에 한번은 냉장고 후면의 코일을 청소하고 온도계를 이용해 냉장고의 내부 온도를 조사한다. 성에가 너무 빨리 끼거나 벽에 물기가 서리는 것 같은 징조에 유의한다. 1년에 대여섯 번씩 기계에서 성에를 제거하고 결코 성에가 5밀리미터 이상 끼지 않도록 한다.

성에가 끼는 것을 억제시키려면 특별히 액체로 된 음식물을 비롯한 모든 식품에 커버를 씌운다. 적절한 주의를 기울이면 냉장고를 능률적으로 유지하면서 에너지를 절약하고 수명을 연장시킬 것이다.

### 냉장고의 에너지 절약을 생활화 하자

냉장고를 취사 도구나 다른 뜨거운 기구 가까이에 설치하지 말자. 문은 필요 이상 오래 열어두지 말고 공기가 순환할 수 있게 선반을 적당히 채울 만큼의 식품만 구입한다.

겨울에는 에너지 절약을 위해 온도를 낮추는 것을 잊지 말자. 적정 온도에 대한 조언을 구한다. 조금만 미리 생각하면 전기 요금을 줄일 수 있고 동시에 에너지도 절약할 수 있다. 스스로 에너지를 능률적으로 이용하는 라이프 스타일을 설계하자.

### 오래된 냉장고는 신중하게 처분하자

오래된 냉장고는 위험할 수 있다. ▲CFC가 새어 나온다면 이것이 바로 가장 커다란 손상을 가져오기 때문이다. 이 물질은 대단히 안정되어 오존층에 이를 때까지 분해되지 않을 것이고 일단 분해되면 염소를 방출해 오존층을 파괴한다.

관할당국이나 제조업체에 CFC를 안전하게 재순환시키는 방법을 문의하자.

---

▲ CFC : chlorofluoro carbon, 냉각제, 에어로졸 분무제, 소화기 등에 쓰이는 압축가스

또한 냉장고를 버리는 것은 어린 아이들이 사고를 당하기 쉬운 장소를 제공하는 셈인데 어린이들이 안에 갇혀 질식할 수 있기 때문이다. 환경을 고려하면서 기계를 처분하자.

## CFC를 줄이고 에너지를 효율적으로 이용하는 냉장고와 냉동기를 구입하자

새 냉장고와 냉동기를 구입할 때 고려해야 할 중요한 사항이 꼭 두 가지 있다.
첫째 에너지를 효율적으로 이용하는 것이어야 한다. 미국에서는 냉동이 전체 전기 사용량의 7퍼센트와 평균 가구당 에너지 요금의 3분의 1을 차지한다. 새로운 에너지 절약 포인트들을 조사하자. 대부분의 회사들은 현재 적어도 몇 개의 모델을 생산하고 있다. 소비자협회는 가동 비용을 자세히 설명해 준다.
가장 좋은 모델과 가장 나쁜 모델 사이의 전기 요금의 차이는 냉장고는 1년에 최고 30파운드(약 4만 2천원), 냉동기는 100파운드(약 14만원)에 달할 수 있다. 이것은 또한 환경을 위해서는 더욱더 중대한 의미를 뜻할 것이다.
둘째로 냉장고나 냉동기가 오존층을 위협해서는 안된다. 절연용 포말에 CFC가 덜 들어간 모델을 구입하자.


## 할론 소화기를 점검하자

가정에서 발생하는 사고 가운데 40퍼센트는 부엌에서 일어나며 대부분이 화재이다. 미국의 화재 전문가들은 치명적인 화재의 16퍼센트가 부엌에서 시작되고 매년 그러한 화재가 적어도 30만 건씩 발생하는 것으로 생각한다. 비록 소화기는 안전 장비의 중요한 부분이긴 하나 할론 소화기는 심각한 오존 고갈 요인으로 알려져 있다.
명백히 가정에서 화재의 위험에 주의해야 하지만 전기나 윤활유 또는 (뜨거운 지방질 같은) 유동체 화재에 대비해 산소에 불이 붙지 않도록 하는 할론 제거 소화기나 우수한 화재용 담요를 준비해야 한다. 화재에 유효적절하게 대처하는 방법을 배우고 다른 식구들에게도 가르쳐주자.

## 보일러를 교환하자

보통 가정에서 연료비의 반 이상은 난방과 온수 사용에 의한 것이다. 관리가 잘 되는 가스 중앙난방식은 전기나 고체 연료 방식보다 에너지를 덜 사용하고 공해를 덜 일으킨다.

가장 효율적인 보일러 형은 보일러 내에서 압축시켜 쓰지 않는 염관(焰管) 가스로 부터 열을 끌어내는 가스 압축 보일러이다. 이 보일러를 설치하려면 비용이 더 들지만 현재의 모델이 구형이거나 새 집으로 이사할 경우에는 투자한 만큼 연료비에서 10 내지 15퍼센트를 절약할 수 있다.

보일러를 현대적으로 관리하면서 1년을 단위로 규칙적인 점검을 실시하면 연료비의 20퍼센트까지 절약할 수 있을 것이다.

## 바퀴벌레를 완전하게 제거하자

바퀴벌레는 가정이나 직장에서 발견되는 몹시 불쾌하고 불결한 벌레이다. 바퀴벌레는 짐꾸러미가 쌓인 곳이나 파이프 근처에 구멍을 내며 대단히 빨리 번식한다.

이 질병을 옮기는 벌레를 제거하기 위해 전통적으로 살충제를 뿌려왔지만 좀 더 만족스럽고 확실한 방법들이 있다. (바퀴벌레의 알은 피막에 의해 보호되므로 어쨌든 살충제를 뿌린다 해도 살아남는 수가 있다.) 5밀리미터 이상 갈라진 틈들에는 시멘트를 발라야 하지만 가장 분명한 방법은 집을 청결하게 유지하고 특별히 냉장고 뒤 같은 표면 뒤와 아래를 조사하는 것이다.

바퀴벌레를 죽이려면 밀가루와 파리스(유독 안료·살충제) 반죽, 설탕가루, 붕사 또는 중탄산 소다를 섞은 것을 이용한다. 바퀴벌레들은 단것을 좋아하는 것 같으니 단것을 넣은 유리 단지로 유인해 잡을 수도 있다.

## 병(瓶)을 재활용하자

영국에서는 매년 60억 개의 유리병이 사용되고 그 중 50억 개는 곧장 쓰레기통으로 던져진다. 나머지 10억 개는 여러번 재사용되는 맥주병과 보통 스물네 번 사용된 후에야 가루로 만들고 녹여 다시 유리로 만들어지는 우유병이다.

1톤의 폐품 유리는 새 유리보다 적은 136리터(30 갤론)의 기름을 쓰므로 병을 재생시키면 기름이 절약될 뿐 아니라 귀중한 자원도 절약되는 것이다. 병 은행을 이용하자.

### 재생 유리를 사용하자

스페인의 생활협동조합에서 만드는 물컵과 주전자와 부엌용품에 쓰이는 옅은 녹색의 유리는 완벽한 재생용품으로서 보통 유리보다 약간 더 두껍고 단단하며 오래간다.

### 식기 세척기를 절연하자

식기 세척기의 절연을 규정하는 기능은 없다. 즉 특별히 기본적인 덮개 조차 없는 좀더 작은 모델들은 비능률적일 수 있다는 의미이다. 특히 찬 기후이거나 식기 세척기가 외부 벽에 설치돼 있을 때에 그러한데 바깥 기온이 물 온도에 영향을 미칠 수 있기 때문이다. 두꺼운 절연체를 부착한 모델을 구입할 수 없다면 직접 해넣자. 그 사소한 비용은 훨씬 더 큰 효율로 빨리 변상될 것이며 또한 소음도 적어질 것이다.

### 가장 능률적인 방법으로 식기 건조기를 사용하자

식기 세척기를 사용하는 것은 결코 환경보존에 도움이 될 수 없다는 말은 논의의 여지가 있다. 4인 가족의 경우 손으로 설겆이를 할 경우 하루 물 사용량이 40~60리터인데 비해 식기 세척기를 사용하면 약 20리터로 물을 덜 소비하며 전력(평균 2~3킬로와트에 비해 1.5킬로와트)도 덜 사용한다. 그러나 식기 세척기 생산에 필요한 에너지를 고려하면 절약되는 것이 거의 없다. 아무튼 분명한 것은 식기 세척기가 시간과 노동을 절약시켜 준다는 것은 사실이다.

에너지를 절약하기 위해 권장 온도보다 적어도 10도는 낮은 온도를 선택하고 커다란 그릇들은 손으로 씻고 찬물을 채우는 방식을 선택하면서 항상 그릇을 가득 넣고 사용하면 가능한 환경 보존에 도움이 될 것이다.

## 신중하게 식사량을 계획하자

혼자서 살고 있거나 가끔 직접 요리를 해야 한다면 백열 전구 정도로 전기가 적게 들고 속도가 더딘 조리 기구나 다용도 조리 기구를 사용해야 에너지와 돈을 절약할 수 있을 것이다. 많은 양을 조리하여 다음 식사를 위해 일부를 냉동시키거나 저장하는 쪽을 택해도 좋다. 그것 또한 에너지를 절약하는 방법일 것이다.

## 전자 레인지를 사용하지 말자

전자 레인지를 사용하면 전기가 절약된다고 믿는 이들이 많지만 캐나다 정부의 최근 조사 결과에 의하면 전기 스토브 대신 전자 레인지를 사용하면 연간 전기 요금에서 총 7천원 정도가 절약된다고 한다. 전자 레인지가 사용하는 에너지는 35~40퍼센트만이 실제로 식품 조리에 사용되고 나머지는 낭비되고 있다.

영국 의학지인 란셋의 최근 조사는 우유와 치즈와 육류 및 생선을 조리하는 전자 레인지가 잠재적으로 위험하고 신경에 유독한 변칙 아미노산을 만들어 낸다는 사실을 발견했다. 그것은 뇌와 신경 세포를 죽일 수 있고 간과 허파에 유독하다는 의미이다.

1989년 영국 정부의 한 보고서에서는 시험된 전자 레인지의 3분의 1이 박테리아나 리스테리아를 죽일 수 있는 온도로 일정하게 음식을 데우지 못한다고 지적됐다. 전자 레인지는 본래 미리 가공된 식품을 위한 것이므로 건강을 생각한다면 피하는게 좋을 것이다.

## 예쁜 접시를 조심하자

유약을 바른 도기 접시와 그릇이나 음식 그릇들에는 납과 카드뮴이 함유돼 있을지 모른다. 유럽에서는 직접 도기를 만드는 제조업자들이 사용하는 유약과 개발도상국에서 들여오는 유약을 바른 도기의 유해 금속물들로 말미암아 계속적인 사용에 대한 염려가 제기되고 있다.

납과 카드뮴은 환경에 해로울 뿐만 아니라 음식을 통해 우리에게 해를 끼칠 수 있으므로 이중의 문제가 된다. 신뢰할 수 있는 제조업체에서 만든 공업용 도기를 사면 대체로 유약이 밀봉돼 있을 것이므로 안전할 확률이 많다.

## 창문을 열자

인공적으로 만든 에어로졸 통에 든 방향제 대신 자연을 이용해 보자. 여러가지 마른 꽃잎에 향료를 섞어 자연향을 만들어 보자. 에어로졸 통으로 된 대부분의 방향제들은 후각을 방해하면서 다른 모든 냄새를 가리는 자극성 향기를 발하는 리모닌과 이미데졸린 같은 화학약품을 사용한다. 그러한 화학 약품들은 동물에 암을 일으키는 물질로 추측된다.

에어로졸 회사들은 CFC를 제거했을지는 모르나 대신 '부드러운' 온실 가스인 탄화수소를 사용한다. 탄화수소는 스모그의 한 원인도 된다. 에어로졸은 미생물로 분해되지 않고 필요 가치 이상으로 생산에 에너지가 소모된다. 마른 꽃잎에 향료를 섞은 것을 쉽게 구할 수 없다면 아예 창문을 열어 두도록 하자.

## 식품 용기를 사용하자!

모든 식품을 달라붙는 알루미늄 호일과 비닐 랩으로 싸는 대신 훌륭하고 견고한 식품 용기를 구해 낭비를 줄이자.

## 싱크대에 찌꺼기를 처넣지 말자

싱크대의 찌꺼기 분쇄기는 에너지 집약적이고 서투른 살림살이를 조장한다. 오염되는 쓰레기물을 늘리는 대신 먹다 남은 음식을 모아 퇴비를 만들자.

## 설겆이의 작업량을 최소화시키자

가능한 음식의 양에 꼭 맞는 그릇을 사용하고 지저분한 음식물 찌꺼기가 부드럽게 풀리도록 그릇을 우선 물 속에 담가 두어 시간과 에너지를 절약하자.

## 카드뮴이 제거된 플라스틱 제품을 사용하자

카드뮴은 대단히 유독한 중금속으로 소량이라도 발생 효과가 있다는 증거가 있다. 일단 흙에서 추출되고 농축돼 환경 속으로 방출된 카드뮴은 영원히 그곳에 남아 있다.

　매년 우리가 사들이는 수백만의 부엌 용기와 저장 상자와 쓰레기통과 브러시와 냄비에 카드뮴이 함유되어 있을지 모른다. 그중 선홍색과 오렌지색의 것들이 위험한 가능성이 높다. 앞으로는 유럽공동체의 압력 때문에 카드뮴 생산이 줄어들 것이다. 일부 회사들은 이미 플라스틱 제품에서 카드뮴을 제거해왔고 구입 전에 반드시 카드뮴 제거 표시를 확인하자.

### 비닐 쇼핑 백을 보관해 재활용하자

　우선은 비닐 쇼핑 백을 거부할 수 있게 되어야 하지만 이미 갖고 있다면 버리지 말자. 비닐 쇼핑 백을 쓰레기 주머니로 재사용하면 된다.

### 종이 타올을 사용하지 말자

　매년 영국에서는 주방용 종이 타올이 2억 8천만 장씩 팔리고, 설거지용 행주와 접시나 식기를 닦는 행주 조차 일회용으로 대체된 미국에서는 수십억 장의 주방용 종이 타올이 팔리고 있다.

　종이는 나무가 원료이고 별도 표시가 되어 있지 않는 한 염소로 표백된다. 그것은 곧 디옥신과 ▲푸란 형태의 수로 오염을 의미한다.

　물 따위를 엎질렀을 때 깨끗한 천으로 닦고 자주 헹구어 주자. 천이 비위생적이라는 광고에 속지 말자.

### 적절한 조명을 갖추자

　주방이 크다면 그 안에서 상당한 시간을 보낼 것이고 환경에 가장 적합한 조명을 갖추고 싶을 것이다. 에너지 효율적인 조명은 보통 전구 보다 중요한 온실가스인 이산화탄소를 최고 75퍼센트까지 배출한다. 주방에 적합한 조명을 갖추려면 처음에는 비용이 더 들겠지만 1년 후면 돈이 절약될 것이다.

---

▲ 푸란(furan) : 무색의 휘발하기 쉬운 액체

## 주방을 잘 관리하자

주방 용품은 청결하고 훌륭한 상태로 유지돼야 한다. 싸구려나 서투르게 만들어진 용품은 실제로 오래 가지 않고 결국에는 비용이 더 들게 될 것이다. 잘 만들어진 용품을 구입하기에 좋은 장소는 전문 상점들이다.

## 생태를 염두에 둔 세제를 찾자

세제는 일반적으로 석유 화학 약품을 기초로 한 유도체로 만들어진다. 전세계의 수로는 석유 화학 산업에서 파생되는 오염과 유막(油膜)에 의해 오염되고 파괴되어 왔다.

향기로운 유색 세제는 피하자. 이는 대개가 동물에 실험된 것들이다. 제조업자들로 하여금 성분을 분명하게 표시하도록 하는 캠페인을 벌이자. 아울러 동물 학대를 하지 않고 신뢰할 수 있는 성분을 함유했다고 표시하는 상표를 쓰자.

## 압력솥을 이용하자

야채나 ▲스튜 등 맛있는 즉석 요리에 압력솥을 사용해 에너지를 절약하자.

## 잼과 처트니를 준비하자

어떤 친구는 우리 모두가 9월 초에 신선한 과일과 채소의 수확을 도와 소금에 절이거나 잼과 ▲처트니를 만들고 시럽에 저장할 수 있도록 2주간의 공휴일을 제정하자는 캠페인을 벌이려 한다.

비튼 부인은 1859년에 '요리를 시작할 때 가장 절대적인 지식 가운데 하나는 제철인 시기를 알고 있는 것'이라고 썼다. 그녀의 요리법 중에는 사과잼과 서양자두 사탕절임과 ▲마르멜로 젤리가 있다.

---

▲ 스튜(stew) : 고기에 감자, 당근, 마늘을 넣고 버터와 조미료를 섞어 만든 서양 요리

▲ 처트니(chutney) : 과일·마늘·고추·생강·따위를 섞어 버무린 달고 매운 인도 원산의 조미료

제철인 과일들은 훨씬 값싸고, 저장 식품을 직접 만들면 돈을 절약하면서 또 모았던 잼 항아리들을 다 사용할 수 있다. 슈퍼마킷에서 파는 설탕투성이의 잼 대신 정말로 훌륭한 잼을 만들 수가 있다.

### 쓸모없는 기계들을 제거하자

생일과 크리스마스와 결혼식 때 억지로 사게 되는 어떤 기계들은 에너지를 소모하며 자원을 낭비한다. 그러한 것들은 가능하면 사지 말고 효용성에 대해 신중하게 생각하자.

놀랍게도 커피 퍼콜레이터와 전기 프라이팬은 에너지 사용의 견지에서 서투르게 생산되고 있고 쓰레기 처리 장치와 ▲와플 굽는 틀과 전기 토스터도 마찬가지이다. 전기 믹서기는 거의 에너지를 사용하지 않고 작동에도 별반 비용이 들지 않아 가치가 있는 도구이다.

식당을 경영하는 것이 아니라면 대형 전기 나이프나 특수 계란 프라이팬은 사용하지 않도록 하자.

### 부엌 쓰레기로 퇴비를 만들자

매주 양동이나 통에 담아 내버리는 유기 물질을 모아 귀중한 비료가 되도록 정원이나 안뜰에 퇴비를 주자. 먹다 남은 음식 찌꺼기들은 애완동물에게 먹이고 따로 약간 남겨 두었다가 작은 새들에게도 먹이도록 하자.

### 가스로 교환하자

천연 가스는 전기 난방이나 취사 보다 에너지를 40퍼센트 이상 더 효율적으로 이용한다. 더 좋은 연료로 교환하는 것은 경제적으로 가장 합리적이다.

---

▲ 마르멜로(quince) : 서양배 모양으로 노란색의 달고도 향기가 있는 과일
▲ 와플(waffle) : 달걀을 섞어 두툼하게 구운 과자

## 알루미늄 호일을 사용하지 말자

알루미늄 호일은 채굴된 보크사이트로 만드는데 보크사이트의 일부는 황폐한 열대 우림에서 얻어진다. 알루미늄 1톤을 생산하려면 거의 6톤의 석유가 소비되기 때문에 극히 에너지 집약적이다. 식품 저장에 단지나 통들을 재사용 한다.

## 항아리와 남비를 점검하자

알루미늄은 18세기 초에 프랑스 귀족에 의해 최초로 요리에 이용되었다. 그러나 가격이 떨어지면서 이내 그 신비스런 매력을 잃고 모두가 그 멋진 새로운 금속으로 요리할 수 있게 되었다.

체내에서의 알루미늄 증가는 알츠하이머병 같은 질병과 연결되어 왔다. 많은 사람들이 항아리와 남비 속의 알루미늄이 화학 반응을 일으키므로 특별히 토마토나 ▲대황 같은 산성 식품을 요리할 때는 알루미늄을 피하고 스테인레스 강이나 주철 또는 에나멜 식기를 선택해야 한다고 느낀다.

알루미늄 찻주전자 역시 사용하지 말자. 주전자 자체에 상당량의 알루미늄이 함유돼 있다고 여겨지기 때문이다.

## 냉장고를 꽉 채우자

냉장고를 용량에 맞게 꽉 채우면 에너지를 절약하면서 더 잘 작동시킬 수 있다. 식품을 대량으로 사면 훨씬 더 값싸게 구입할 수 있고 에너지와 돈을 절약하기 위해 오븐에서 여러가지 요리를 함께 만든다.

## 부엌 설비를 녹화하자

요즘의 부엌 설비에는 세계적으로 아직도 합판이 많이 사용되고 있다. 합판은 나무를 깎은 후에 포름알데히드로 다시 긴 판에 붙인 것이다. 약 다섯 명 중에

---

▲ 대황(rhubarb) : 약재로 사용되며 줄기는 속이 비어 있고 높이는 2m 정도로 여름·가을에 황백색의 꽃이 핀다.

한 명은 포름알데히드에 예민한 것으로 생각되며 판지 제품에서는 수년 동안 가스가 스며나온다.

참나무나 마호가니 등 열대지방의 목재를 사지 말자. 가능하면 지역 내에서 생산된 목재나 중고품 또는 지구력이 강한 소나무 같은 침엽수 재목을 선택하자.

## 재생된 검은색 비닐 봉지를 사용하자

매년 우리는 축적된 잡동사니와 쓰레기 수집을 위해 수십 억 파운드의 검은색 비닐 쓰레기 봉지를 소비한다. 쓰레기의 96퍼센트는 기술적으로 재생 이용이 가능하므로 되도록 많이 재생시킨다면 검은색 봉지가 덜 필요할 것이다. 그때까지는 적어도 재생된 비닐 쓰레기 봉지를 구입하자.

## 쓰레기를 분리하자

영국과 캐나다와 미국 도처에서는 사람들이 귀중한 자원들을 소비하고 낭비한다는 사실에 눈을 뜨고 있는 중이다. 매년 평균 가구당 2톤 이상의 쓰레기를 내버려 악취가 나고 녹이 슬고 화학 약품으로 가득찬 쓰레기 더미를 만들어 내고 있다.

쓰레기는 상당량이 재생 이용될 수 있는 것들이다. 쓰레기의 약 30퍼센트는 두껍고 얇은 종이로서 쉽게 재생되고 10퍼센트는 재생 가능성이 큰 유리이며 또 다른 30퍼센트는 퇴비를 만들 수 있는 유기물질들이다. 그 나머지는 재생이 불가능하거나 어려운 플라스틱과 금속 및 두 가지 이상의 재료로 만든 포장지이다.

보통 폐기물의 4퍼센트는 일회용 아기 기저귀이다. 부엌 쓰레기를 분리할 수 있게 되면 성공적인 재생 이용 계획을 위한 풍토가 조성되기 시작할 것이고 미리 형식적인 계획을 하지 않는다 해도 많은 것을 이룰 수가 있다. 중요한 점은 쓰레기통에 들어가는 쓰레기를 의식하고 그것들의 짧은 수명이 환경에 미치는 영향을 생각하는 것이다.

### 주방 용품을 열대우림으로부터 해방시키자

매년 초마다 열대 우림의 반 헥타르(1에이커로 4047㎡)가 파괴되고 있다. 삼림은 살아 있는 모든 생물의 반을 보존하고 있어 지구상에서 가장 풍부한 생명의 원천을 대표한다. 우리가 열대 우림을 파괴하는 방법 중의 하나는 매년 수백만 개의 식기와 칼 손잡이와 빵 상자와 도마를 요구하는 것이다. 이러한 물건들을 살 때는 항시 재목의 원산지를 조사하자.

경목은 살림이 원산지일 가능성이 더 높으므로 확실하지 않다면 그러한 목재들로 만든 제품을 피하도록 한다. 현재는 지속성이 강한 삼림의 나무를 원료로 한 상품을 생산하는 소규모 회사들이 부상하고 있는 중이다.

### 폐해가 없는 소독을 하자

과거에는 늘 소독제가 병원에서 만들어지는 일종의 의학 세제라고 여겼었다. 결코 소독제는 해롭거나 독하다고 생각되지 않았지만 오늘날의 소독제들에는 트리클로로피놀, 크레졸, 염화벤잘코늄, 포름알데히드 같은 수많은 휘발성 화학약품들이 함유되어 있다.

단순히 붕산과 뜨거운 물을 사용하고 집을 가능한 청결하게 유지하는 것이 훨씬 더 좋다. 미국의 한 병원은 붕산을 이용해 1년 동안 박테리아를 관찰했는데 붕산이 완벽한 살균제의 조건을 갖추고 있으며 비용 또한 덜 든다는 사실이 발견되었다.

### 유리 및 거울 청소에 식초를 이용하자

시중에 대량으로 쏟아져 나오는 피부 자극성 암모니아를 방출하는 에어로졸 스프레이보다 식초, 물, 종이를 이용해 더 좋고 훌륭한 세제를 만들어 돈을 절약하도록 하자. 우선은 유리나 거울을 세게 문질러 오래된 먼지를 제거해야 할 것이다.

### 항상 최소량을 사용하자

옷이나 어떤 표면 또는 접시를 세탁하거나 씻을 때는 절대 최소량을 사용하는 것이 훌륭한 환경 법칙이다. 우리는 종종 대부분이 싱크대나 하수구로 내려갈 정도로 세제를 너무 풍부하게 쓴다. 에너지를 절약하고 오염을 피하도록 항상 최소량을 사용하자.

### 레몬즙을 이용하자

레몬즙은 금속과 구리를 닦고 물때를 벗겨내기 위한 부드러운 표백제로 이용될 수 있다. 레몬즙을 병채로 살 필요는 없다. 레몬이 직접 미생물로 분해될 수 있는 포장으로 나오니까 말이다! 껍질을 모아 두었다가 장미꽃에 두르면 고양이를 쫓을 수도 있다.

### 오븐 청소에 에어로졸을 사용하지 말자

오븐을 청소할 때 유독한 수산화나트륨과 탄화수소로 가득찬 에어로졸 대신 베이킹 소다와 물을 섞은 반죽을 이용하자. 펌프 작용의 스프레이에 세척액(물론 녹색)과 따뜻한 물에 탄 붕산을 용기에 채우면 훌륭한 세제가 된다.

### 직접 그릇 닦는 비누를 만들어 보자

특별히 강력한 화학 약품이 함유돼 있고 대부분 동물에 실험된다는 이유로 현재 사용하고 있는 설거지용 가루비누가 불만스럽다면 직접 만들어 보자. 약국이나 철물점에서 파는 붕산을 베이킹 소다와 반반씩 섞어 사용하면 상당히 훌륭한 대용품이 된다.

### 차 얼룩은 베이킹 소다로 제거하자

문질러 닦는 가루 비누 중에서도 가장 값이 싼 베이킹 소다를 이용해 컵 속이나 표면의 홍차와 커피 얼룩을 제거하자. 보통 분말 세제의 95퍼센트는 백악에 향료와 표백제 및 세제를 첨가한 것이다. 염화 가루 표백제는 물에 젖으면 눈과

코와 목에 염증을 일으키는 향기를 발산한다. 베이킹 소다와 마찬가지로 붕사나 식탁염도 훌륭한 연마제 대용품으로 이용될 수 있다.

## 물 여과기를 사용하자

누구나 수도 꼭지에서 안전하고 깨끗한 물을 받아 먹을 수 있어야 하지만 급수 산업의 경시와 함께 질산염과 살충제의 끊임없는 사용은 수도물에 점점 더 많은 박테리아와 중금속 및 납 그리고 알루미늄이 섞이게 된 결과를 초래했다.

물은 전세계의 수십억 인구와 동물의 생명에 아주 중요하므로 오염과 과도한 소비와 낭비를 막는 운동을 벌여야 한다. 여유가 있다면 물 여과기를 구입해야 하지만 모든 사람들이 좀더 깨끗한 물을 요구해야 한다.

## 거미일엽초를 기르자

▲거미일엽초 또는 클로로피텀은 2백년 이상 가정에서 즐겨 길러온 나무이다. 거미일엽초는 빨리 자라며 실제로 해충이 꼬이지 않는다. 식물에 대해 아무것도 모르는 사람이라도 대개 봄 여름에는 물을 많이 주고 겨울에는 아주 약간만 주면 되는 거미 나무라면 쉽게 기를 수 있다. 아무튼 최근에는 클로로피텀이 포름알데히드 증기를 흡수해 '오염 흡수 장치'가 될 수 있다는 사실이 발견되었다. 알레르기가 있고 포름알데히드에 민감하다고 생각되면 거미일엽초를 기르는 것이 좋을 것이다.

## 반환할 수 있는 병(甁)은 반드시 반환하자

우리가 사는 병들 가운데 일부는 반환할 수 있는 것들로 간혹 약간의 돈까지 지불된다. 예를 들어 바나 술집들에서의 맥주 병 수집을 위해 효율적인 제도가 운용되고 있다. 또한 일부 약병들은 약국에, 음료수 병들은 상점에 반환할 수 있

---

▲ 거미일엽초(spider plants) : 꼬리 고사리과의 여러해 살이 상록 고사리식물로 바위나 노목의 줄기에 붙어 자란다.

다. 빈병에 먼지가 쌓이도록 놓아두지 말고 휴일에 잠깐 시간을 내서 빈 병들을 반환하면 어떨까?

### 질긴 고무 장갑을 구입하자

일회용 장갑을 구입해 자원을 낭비하지 말자. 비록 철물점에서 찾아야 할지라도 좀더 두껍고 질긴 것을 사면 훨씬 더 오래 쓸 것이다. 쓸모있는 원예용 장갑 또한 필수적이며 수년 동안 쓸 수 있는 것이어야 한다.

### 천으로 된 냅킨을 사용하자

종이 냅킨은 나무와 에너지를 낭비시키며 비경제적으로 이용하는 것이다. 천으로 만든 냅킨은 수세기 동안 사용되어 왔다. 세탁과 재사용이 가능한 헝겊을 선택하자.

일반적으로 종이 냅킨은 염소로 표백돼 공장 주변을 오염시키므로 그처럼 사용 후에 버리는 물건에 나무를 사용한다는 것은 의심스러운 문제이다. 여행 시에도 직접 냅킨을 갖고 다니는 습관을 들이자.

### 알루미늄을 구제하자

깡통 고리, 우유병 마개, 깨끗한 알루미늄 호일을 모아 두었다가 재생 이용되도록 그러한 폐품들을 모으는 자선 단체에 갖다주자.

### 화초에 오래된 차를 이용하자

먹다 남은 차를 병에 담아 화초에 주자. 화초에 아주 좋은 비료가 된다(그러나 우유나 커피는 금물). 또한 퇴비 더미에 차잎을 넣어도 된다.

## 주방을 청결하게 유지하자

쥐나 해충의 들끓음을 확실하게 막는 방법은 주방을 청결하게 유지하는 것이다. 청소할 때는 반드시 냉장고 밑과 요리 기구 뒷쪽을 깨끗이 해야 하며 쓰레기는 즉시 줍고 표면과 바닥을 정기적으로 쓸고 닦아야 한다. 바닥과 표면에 베이킹 소다를 사용하고 가끔은 신선하고 향기로운 냄새가 나도록 로즈메리 방향유를 약간 뿌려주면 좋다.

# 욕실

### 거미를 기르자

거미에는 수십만 가지의 형태가 있는데 불쾌하게도 모두가 욕조에서 죽는 것처럼 보인다. 그러나 거미는 생태계의 중요한 부분이다. 거미는 집파리, 집게벌레, 바퀴벌레, 질병을 퍼트리는 다른 곤충 등 우리가 싫어하는 모든 꿈틀꿈틀 기어다니는 벌레들을 잡아먹는다. 역으로 거미는 새들의 중요한 먹이원이다. 거미는 대부분 완전히 무해하고 아주 작다.

욕조에서 발견되는 것들은 대개 짝을 찾고 있는 수컷으로 티지나리아 자이겐티인데 천정에서 욕조로 떨어져 함정에 빠진 것이다. 물을 틀면 그것을 물에 빠트릴 수 있다. 거대한 동물들이 보통인 브라질 열대 우림 속에는 새들을 잡아먹는 거미도 있지만 그처럼 커다란 것이 욕조의 마개 구멍을 뚫고 들어오는 경우는 없을 것이다. 거미를 죽이지 말고 기르도록 하자.

### 변기용 화학 세제를 피하자

알다시피 변기는 1만 년 전에 스코틀랜드에서 고안되었다. 오크니 섬 주민들은 최초로 가정의 폐기물을 근처의 개울로 나르도록 설계된 땅굴 수로방식 변소 시스템을 건설했다. 그들은 그때 이미 자신들의 폐기물이 갖는 위험을 알고 있었다.

오늘날 우리들은 변기를 깨끗이 유지하기 위해 표백제와 세제 그리고 스프레이와 자동세척기를 집어넣는다. 인간의 배설물을 분해 처리하는 자연 미생물들이 존재하는데 그처럼 많은 화약 약품을 사용하는 것은 사실상 그 과정을 지연시키는 셈이다.

변기에 넣는 자동세척기에는 삼키면 대단히 독한 패러디클로로벤젠이 함유돼 있을 수 있고 실험용 동물에 암을 일으킨 원인이 된 것으로 보고되고 있으며 환

"잠깐, 우린 유익한 곤충이에요!"

경 속에서 소멸돼지 않고 남아 있는다. 동물 실험을 거치지 않는 초를 원료로 한 변기 세제를 사용하자

## 수도꼭지를 잠그자

물이 똑똑 떨어지는 수도꼭지는 엄청난 양의 에너지를 낭비한다. 물방울이 빨리 떨어지는 온수 꼭지는 매일 욕조를 가득 채울 수도 있다. 결함이 있는 수도꼭지는 수선해야 하고 고무 와셔는 좋은 상태를 유지해야 한다.

## 샤워를 하자

보통의 욕조에는 136리터(30 갤론)의 물이 들어간다. 평균 5분 동안 샤워를 하면 물이 68리터(15 갤론)밖에 사용되지 않는다. 수백만 명의 사람들이 목욕 대신 샤워를 한다면 1년에 수십 억 갤론의 온수를 절약할 수 있고 따라서 에너지가 절약되고 오염과 하수 문제도 줄어들 것이다.

## 목욕물을 함께 쓰자

가정에 샤워기가 없다면 적어도 목욕물을 함께 쓰면 목욕물을 필요한 에너지량이 절반으로 줄어들 것이다. 그것은 샤워를 하는 것 만큼 에너지를 효율적으로 이용하는 방법이다.

## 순수 비누를 사용하자

대부분의 피부병 전문의들은 순수 비누와 따뜻한 물을 사용하는 것이 피부를 깨끗하게 씻는 가장 좋은 방법이라고 동의한다.

향기와 토닉과 다른 첨가 성분이 들어간 비누는 피부를 자극하고 알레르기까지 일으킬 수 있으며 당연히 우리의 환경을 오염시키고 있는 합성 화학 약품의 축적과 제조 과정 또한 부추기는 것이다. 그리고 강한 물질은 더러움과 함께 피부를 보호하는 지방층까지 제거한다.

## 타올로 피부를 문지르자

화학제품을 쓰지 말고 무명으로 만든 타올을 사용해 먼지와 박테리아를 제거하자. 이는 지중해가 원산지이고 자연 해생 동물이 서식하는 바다를 약탈하는 값비싼 해면 스폰지보다 더 좋음을 알 수 있다.

## 손수 화장용 파우더를 만들자

상점에서 구입하는 화장용 파우더는 당연히 암의 원인이 되는 석면 섬유질로 오염돼 있을 것이다. 그것은 종종 활석이 석면과 같은 동일한 지질에서 채굴되기 때문이다.

옥수수 녹말이나 전분 또는 귀리 가루로 직접 화장용 파우더를 만들 수 있고 자연향을 원한다면 가루로 된 향료나 말린 꽃을 첨가하면 된다.

## 변기에 생리용품을 버리지 말자

생리대와 탐폰들에는 '완전히 물로 씻어내릴 수 있음'이란 표시가 돼있고 제조업자들은 쉽게 물에 용해된다고 주장한다. 그러나 변기에 내려보낸다고 생리대와 탐폰이 없어지는 것은 아니다. 영국에서 하수의 약 50퍼센트는 처리되지 않고 전혀 어떤 처치가 없이 바다로 흘러든다. 그것은 사실상 수십 억 개의 생리대와 탐폰이 바닷 속에 남아 떠다닌다는 의미이다. 그것들이 미생물로 분해되려면 약 120일이 걸리고 비닐 접착띠는 전혀 분해되지 않는다. 그것들은 해변으로 밀려 올라오고 어망에 걸리기도 하며 박테리아와 배설물에 오염돼 호기심이 많은 해조들의 아주 해로운 먹이가 된다.

생리대용 종이 봉투에 싸서 쓰레기통에 버리자. 유럽 국가에서는 하수구로 생리용품을 버리는 것이 금지돼 있다.

## 열대 우림 재목으로 만든 욕실 비품을 사지 말자

소나무 다음으로 가장 인기있는 욕실 목제 가구는 열대 우림이 원산지이다. 사치스럽고 값비싼 목재인 마호가니는 변기의 앉는 부분, 타올걸이, 선반, 거울 액자 및 두루마리 화장지 걸이에 사용된다. 전세계의 주요 백화점들은 이러한 비품들을 선전하면서 판매를 촉진하고 있어 열대 우림 파괴의 직접적인 원인이 되고 있는 중이다.

마호가니 나무 한 그루가 쓰러질 때는 최고 1백 그루에 달하는 다른 나무들이 잘리고 단순히 경제적인 가치가 없다는 이유로 불태워진다.

열대 우림 목재로 만든 욕실 비품들을 구입하지 말자. 대신에 소나무나 유리로 된 것들을 고집하자.

## 뻣뻣하더라도 자연 그대로의 머리카락을 고수하자

영국에서는 샴푸에 연간 1억 5천만 파운드 이상이 쓰이고 매년 10퍼센트씩 매출이 성장하고 있는 중이다. 대부분의 샴푸들은 주로 한결같이 세제액과 비슷한 합성 세제 성분으로 만들어진다.

▲ 탐폰(tampon) : 소독한 솜·가제 따위에 약을 묻힌 것으로 국소(局所)에 넣어서 피를 멈추게 하거나 분비물을 흡수시키는데 쓰임

머리를 감고 나면 린스를 하는데 그러면 향료와 향기와 다른 특별 첨가제들이 씻겨 내려갈 가능성이 높다. 일반적으로 머리털에는 컨디셔닝 크림도 필요하지 않다. 동물 실험을 거친 샴푸는 사지 말자.

### 직접 헤어 컨디셔너를 만들어 사용하자

헤어 컨디셔너가 필요하다면 합성물로 만들어지는 헤어 컨디셔너 대신 직접 조제하면 어떨까? 담백한 순수 요구르트에 계란과 4분의 1 티스푼의 ▲육두구 나무씨를 섞으면 정말로 훌륭한 컨디셔너가 된다. 플라스틱이나 화학제나 첨가제는 전혀 필요없는 것이다.

### 비듬 제거 샴푸에 유의하자

영국의 비듬 제거제 시장은 호황을 누리면서 연간 5천만 파운드(약 700억원) 이상의 판매고를 올린다. 우리는 비듬으로 인한 당황을 피하기 위해 머리가죽에 셀레늄 황화물과, 크레졸, 포름알데히드, 레조르시놀 같은 독한 화학 약품을 바르도록 허용하는 것이다.

이러한 것들은 대개 유독한 물질로 피부를 통해 쉽게 흡수돼 눈꺼풀을 화끈거리게 하고 졸음과 무의식의 원인도 될 수 있다. 또한 동물에게 실험되고 막대한 양이 생산돼 하수도로 쏟아져 내려가 수계로 흘러들 뿐이다.

미국 유타대학의 데이빗 조지 교수는 '비듬은 병이 아니고 대부분의 사람들이 갖고 있다'고 말했다.

### 양치질을 하자

최근의 조사들에서는 채소와 과일을 기르기 위해 비료로 사용되는 음식물 속에서 발견되는 높은 수준의 질산염이 우리의 건강에 위험할 수 있음이 드러났

---

▲ 육두구(nutmeg) : 육두구과의 상록 활엽교목으로 열대지방에서 자라며 열매는 약용으로나 향미료로 쓰인다

다. 체내에서 질산염은 암을 일으키는 니트로사민을 형성할 수 있고 세계보건기구는 섭취량을 줄이라고 권해 왔다.

한 보고서는 우리의 몸에 흡수되는 질산염 중 60퍼센트가 입 안의 식품 박테리아에 의해 만들어 진다고 말한다. 규칙적으로 양치질을 하고 명주실로 이 사이에 낀 이물질을 제거해주면 질산염의 섭취를 감소시킬 수 있다.

### 천연 치약을 사용하자

오늘날 시중에서 팔리고 있는 치약에는 대부분 치과를 멀리하게 하는 온갖 종류의 인공 화학물이 함유돼 있지만 전적으로 좋은 것만은 아닐지 모른다. 사카린 같은 설탕 대용품들은 동물에 암을 일으킨다고 알려져 있지만 설탕 같은 맛을 내기 위해 치약에 첨가된다. 다른 성분에는 에틸 알콜, 포름알데히드, 암모늄, 티탄 이산화물과 인공 향료 및 착색제가 포함된다.

티탄 이산화물은 치약 표백제로 사용되는데 이것은 하천계에 산성 오염을 가져오고 있다. 그린피스는 그것의 생산을 완전히 종식시키자는 운동을 벌이고 있는 중이다. 건강 식품점과 슈퍼마킷에 가면 그러한 성분들이 전혀 함유되지 않은 천연 치약을 구입할 수 있다.

### 양치질을 할 때는 수도 꼭지를 틀어 막자

양치질을 하는 동안 물을 흘려내릴 필요는 없다. 이것은 그저 습관에 불과하다. 양치질을 하고 있을 때는 수도꼭지를 잠그는 에너지 절약 습관을 들이자. 국민 전체가 그렇게 한다면 수백만 갤론의 물을 절약할 수 있다.

### 전기 치솔을 무시하자

영국에서는 매년 5천 5백만 개의 치솔이 팔리지만 소수의 사람들만이 전기 치솔을 사는 정도이다. 전기 치솔은 에너지를 많이 사용하지 않지만 배터리가 제공하는 에너지보다 생산에 50배나 더 많은 에너지를 필요로 하기 때문에 낭비이다.

전기 치솔이 보통 치솔 보다 치아를 더 깨끗히 하지도 않고 따라서 시간과 자원의 낭비이다.

### 독성이 없는 면도 크림을 사용하자

가능하면 에어로졸 스프레이통에 든 면도 크림을 사용하지 말자. 그러한 것들은 오존을 감소시키거나 온실 가스(이산화탄소)인 화학물로 가득 차 있고 합성 화학물로 만들어진다. 약한 식물성 기름이나 평범한 비누가 들어간 좀더 값싼 비유독성 제품을 쓰자.

### 일회용 면도칼을 절제하자

믿거나 말거나 고고학자들의 말에 의하면 인간은 벌써 기원전 2만년전에 날카롭게 만든 부싯돌과 조개 껍질로 직접 면도를 했다고 한다. 가지각색의 일회용품들은 훨씬 뒤까지 등장하지 않다가 1903년 어느날 아침, 실패한 호별 방문 세일즈맨인 킹 질레트가 면도를 하던 중에 아이디어를 생각해 냈다.

미국에서는 매일 5백만 개의 일회용 면도칼이 출하되며 유익하지만 에너지와 원료의 낭비적인 사용이 된다. 전기 면도기를 사용하거나 차라리 수염을 길러 일회용 면도칼을 절제하자.

### 욕실에 베이킹 소다통을 구비하자

욕실에서 구태여 문질러 닦는 가루 비누나 크림을 사용하지 말자. 욕조와 타일과 세면대는 별다른 노력 없이도 베이킹 소다나 붕사로 깨끗해질 수 있다.

### 온수 탱크에 커버를 씌우자

비록 영국 가정의 90퍼센트는 온수 탱크에 커버를 씌우고 있긴 해도 상당수가 얇고 잘 맞지 않는다. 온수 탱크에 두꺼운 절연 커버를 씌우면 전기료가 덜 나오고 에너지가 절약될 것이다.

# 거실

### 특별히 두꺼운 커텐을 사용하자

커텐을 특별히 두껍게 만들기 위해 안감을 대면 거실과 침실의 온기가 창문을 통해 빠져나가는 것을 방지해 준다. 커텐에 안감을 대는 것이 이중 유리 보다 훨씬 비용이 덜 들고 천정에서 바닥까지 닿는 길이라면 가장 추운 기온도 막아 준다.

### 벽난로를 폐쇄하자

미국의 통계에 의하면 가정 난방의 8퍼센트가 굴뚝을 통해 빠져 나간다고 한다. 벽난로를 사용하지 않을 때는 공기 압축이 일어날 정도로 통풍을 모두 막지 않는 한 주의깊게 폐쇄해야 한다.

### 리모콘을 끄자

영국에서는 밤에 약 7백만 대의 텔레비전 수상기가 리모콘만으로 꺼지기 때문에 밤새도록 TV 전력의 4분의 1이 사용된다고 여겨진다. 이 무익하고 게으른 습관은 매년 가외로 20만톤의 이산화탄소를 발생시키는 원인이 된다. 또한 낭비된 에너지는 연간 약 1천 2백만 파운드(약 168억 원)를 쓰게 한다는 계산이 나온다.

### 녹색 텔레비전을 시청하자

영국에서 사용되는 텔레비전 수상기들은 온실 가스인 이산화탄소를 7백만 톤 이상 만들어 내지만 좀더 에너지 효율적인 텔레비전을 구입할 수 있다. 텔레비

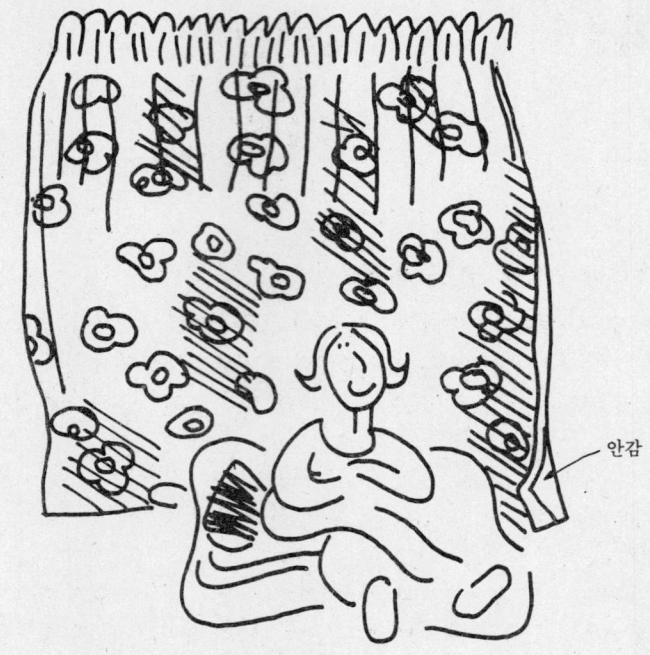

"이 커텐은 튼튼해요"

전을 사야 한다면 상대적인 전기 소비량에 대해 문의하자. 원격 조정 장치가 달린 것은 사지 말자.

### 잡지를 재생시키자

영국에서는 매년 수백만 그루의 나무로 만든 잡지가 1억만 부 이상 팔린다. 광택지에 인쇄된 잡지들은 당장은 재생시키기가 힘들지만 창의력을 발휘해 근처 병원이나 치과에 갖다줄 수 있다. 우선은, 정말로 읽고 싶은 잡지만 구입하자.

### 카펫 세탁에 옥수수 녹말이나 베이킹 소다를 이용하자

카펫용 분말세제들은 대개 향료가 첨가돼 매력적으로 포장된 베이킹 소다이다. 액체 샴푸는 발암물질로 알려진 과염화 에틸렌과 나프탈린 같은 화학 약물을 재료로 쓰므로 더 위험할 수 있다. 그러한 것들은 극히 유독하고 최후 수단으로만 사용되어야 한다.

평범한 베이킹 소다나 옥수수 녹말을 카펫 위에 뿌려 보자. 좀처럼 없어지지 않는 얼룩은 무색 식초에 끓인 물을 섞은 것으로 지워 본다. 보통 세척액도 샴푸 못지 않게 잘 세탁된다.

## 올리브유로 가구를 닦자

심하게 더럽혀진 목재 가구는 발암물질일 수 있는 페놀과 니트로벤젠이 함유된 에어로졸을 사용하지 말고 올리브유로 닦아 보자. 니스칠을 한 나무는 올리브유에 무색의 식초와 물을 섞어 사용한다. 이렇게 하면 오존층을 지키고 지구 온도 상승과 에너지 소비를 줄이면서 약간의 돈도 절약할 수 있다.

## 기포 고무 소파를 피하자

폴리우레탄 포말은 불이 쉽게 붙고 청산칼리가 함유된 짙은 검은색 연기를 낸다. 실제로 기포로 인한 화재에서 수천 명의 사상자가 생겼고 소방소 및 안전 관요원리들은 특별한 대비책이 없이는 그러한 것들을 사용하지 말라고 충고한다. 기포 자체는 동물에 암을 일으키는 것으로 알려져 있다.

## 전화기를 재생 이용하자

의심할 여지 없이 전화는 가장 중요한 통신 형태이다. 영국에서는 상당히 최근까지 전화기가 전화국의 재산이었으나 지금은 전세계의 많은 나라들에서 번화가 상점 어디에서나 전화기를 구입할 수 있다.

영국 통신공사는 매년 약 4백 50만 대의 전화기를 재생시킨다. 전화기기를 분해해 전자 부품을 다시 사용하는 것이다. 은과 금, 팔라듐 같은 금속들은 별도로 재생 이용되고 1천 7백 톤의 표면이 오톨도톨한 플라스틱은 녹여서 다른 곳에 사용된다. 전화기를 버리는 대신 재사용이 되도록 제조업체에 돌려주자.

## 전화번호부 없이 지내자

전화번호부는 귀중한 종이로 만들어지지만 상당수의 사람들에게는 결코 필요 없는 존재이다. 컴퓨터화된 전화 교환 제도가 대부분의 번호들을 값싸고 능률적으로 알려줄 수 있고 필요한 것은 오직 직업별 전화번호부나 지역사회 또는 상업용 전화번호부일 것이다. 그러면 매년 각 가정에 무료로 배부되는 전화번호부의 숫자를 줄일 수 있다. 명백히 전화번호부는 제본용 풀 때문에 더 재생시키기가 힘들다. 문제는 전화국에 맡기자.

## 음 이온을 얻도록 노력하자

많은 사람들이 특별히 천식과 건초열과 기관지염 또는 편두통을 앓고 있을 때는 방안에 유익한 음 이온의 양을 늘리기 위해 음 이온화 장치를 이용한다.

음 전압은 방안을 상쾌하게 하고 정신이 번쩍 나게 한다. 창문을 열고 양초를 태우거나 방향유를 증발시켜도 동일한 효과를 얻을 수 있다.

## 공기가 건조해지는 것을 막자

중앙난방식의 건조한 거실은 코를 막히게 하고 공기를 답답하게 만드는 원인이 된다. 공기 조절 장치 역할을 하도록 라디에이터 밑에 물 사발이나 가습기를 놓자.

## 중고 가구를 사자

중고 가구를 사는 것은 환경적으로 건전한 쇼핑 방법이다. 또한 새것으로는 살 수 없는 것을 아주 싸게 살 수도 있다. 경매장(선입견처럼 겁먹게 하지는 않는다)이나 경매소 또는 세일을 하거나 중고품 또는 거의 새것 같은 중고품을 파는 가구점들을 찾아가 보도록 하자. 또한 친구들에게 쓰던 가구라도 개의치 않는다는 것을 알리면 남아 도는 것은 기꺼이 양도할 것이다. 손잡이 하나를 달거나 경첩을 수리하는 일을 두려워하지 말자. 간단한 작업은 그다지 시간이 걸리지 않고 가끔은 돈을 절약해줄 수 있다.

"지금 리모콘을 끄십시오!"

## 지구를 밝히자

거실의 조명은 중요하다. 일례로 독서를 하고 있을 때는 눈을 무리하게 쓸 수 없지만 거실용으로는 소형의 형광 전구를 사용하는 특수 램프나 클립으로 고정되는 램프를 살 수 있다. 그러한 것들이 우선은 비용이 더 들지라도 1년 내에 돈이 절약되고 지구 온도 상승의 원인이 되는 이산화탄소 양을 줄일 것이다. 보통의 60와트 짜리 백열 전구 8개는 수명이 다할 때까지 1톤의 이산화탄소를 방출한다. 똑같은 양의 오염을 일으키려면 46개의 형광 전구가 필요하다.

### 거실에 자동 온도 조절 장치를 설치하자

중앙 난방의 자동 온도 조절 장치는 집안 전체의 온도를 조절한다. 난방을 식히는 바깥 문이나 창문 가까이에 그것을 설치하면 쓸데없이 작동시키는 셈이 된다. 그러면 결과적으로 많은 방들이 지나치게 난방될 것이다. 자동 온도 조절 장치는 거실처럼 가장 자주 사용하는 방안에 통풍 장치로부터 떨어진 곳에 설치하자.

### 꽃의 수명을 연장시키자.

모두들 꺾은 꽃이 좀더 오래 가고 아름답게 보이기를 원한다. 그렇다고 화학 약품을 사용할 필요는 없다. 날카로운 칼로 각이 지게 줄기를 자르면 꽃이 물을 더 많이 빨아들일 수 있다. 계속 물을 갈아 주고 가득 채우도록 하자. 놋쇠 항아리나 동전처럼 살균력이 있는 물건을 이용하면 분명히 화초가 더 오래 싱싱하게 유지된다고 한다.

# 침실

### 침실을 열대 우림으로부터 해방시키자

 많은 침실들이 나무로 만든 옷장과 침대와 서랍장들을 갖추고 있다. 덜 값비싼 합판 가구들은 포름알데히드 수지로 접착되고 열대 우림에서 얻은 경목 판자나 먼지를 끌어모으는 플라스틱 표면으로 돼있다. 단단하고 두꺼운 나무로 된 침대의 원산지는 확인이 좀더 쉽고 튼튼하기 때문에 더 오래 사용할 수 있을 것이다.

### 건전한 침대를 사자

 침대는 환경에 친화력이 있을 수 있다. 지속적인 삼림이 원산지인 침대를 사자. 그렇다고 ▲경목 침대를 사라는 말이 아니고 소나무 같은 침엽수 재목도 좋다. 침대 마무리와 건강한 수면을 위해 동물성이 없는 유기 왁스와 와니스를 구할 수도 있다.

### 값싼 기포 매트리스는 사지 말자

 기포 고무 매트리스는 불에 타면 유독한 시안화향을 방출해 화재의 위험이 크고 또한 오존층을 파괴하는 CFC가 들어 있을지 모른다. 대신 천연재로 속을 채운 매트리스를 선택하자.
 독일을 비롯한 유럽 각국에서는 매트리스의 자력을 띤 스프링 코일에 대해 염려가 표시되어 왔다. 우리의 신경이 끊임없이 스프링의 자기 충격에 재적응할 필요는 없으므로 그러한 매트리스를 사용하지 않는 것이 더 건강한 수면을 위

---

 ▲ 경목(hardwood) : 열대림에서 자란 나무로 자단, 마호가니, 티크, 에보니 등을 일컬음.

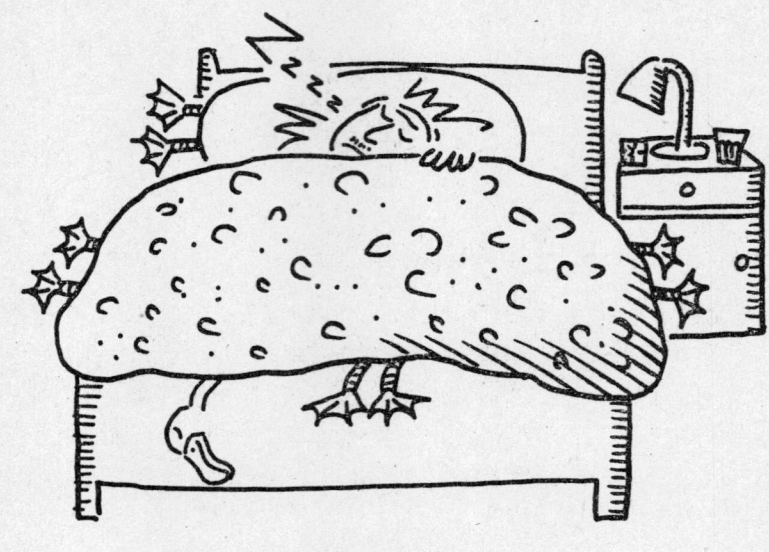

*침구류를 점검하자*

하는 길일 수 있다.

### 온수 보온통을 이용하자

온수 보온병은 대단히 위안이 된다. 그것은 단지 발을 따뜻하게 하는 것만이 아니라 단기적인 아픔과 경련과 괴로운 독감을 완화시키기도 한다. 전기 담요 대신 따뜻한 물을 통에 담아 사용해 보자.

전기 담요를 사용하는 여성들 사이에서 유산의 확률이 더 크다는 증거가 드러났고 암에 걸릴 가능성도 의심된다.

### 침구류를 점검하자

풍성하고 두꺼운 깃털 이불과 푹신푹신한 베개는 편안하고 따뜻할 수 있지만 재료가 무엇인지 아는 사람은 극소수이다. 합성 원료는 석유 화학 약품으로 만들어지고 재생이 불가능하며 미생물로 분해되지 않는다.

일부 깃털 이불은 미생물로 분해되는 전통적인 오리 깃털로 만들어지나 점차 소름끼치는 환경에서 집중 사육된 오리에서 뽑아낸 깃털을 사용하는 추세이다. 침대에서 편안하게 잠들기 전에 스스로 결정을 내려야 할 것이다.

### 자연 섬유로 보온을 유지하자

아크릴 섬유로 된 담요는 발암 물질로 여겨지는 아크릴로니트릴로 만들어진다. 아크릴로니트릴이란 화학 약품은 민감한 사람들에게 호흡 곤란을 일으키고 허약하게 하는 원인이 된다고 알려져 왔다. 그러한 담요를 피하고 순모와 무명으로 된 비유독성 제품을 선택하는 것이 건강에 좋을 것이다.

### 독성 없는 베개를 사용하자

베개에 사용되는 폴리우레탄 기포는 건강에 위험할 수 있다. 그 기포는 석유 화학 약품의 파생물로 만들어지고 미국에서 실시된 조사 결과 그것과 접촉하는 사람들에게서 기관지염과 피부병이 더 많이 발견된다는 사실이 드러났다.

폴리우레탄 기포는 동물에 암을 일으키는 물질로 알려져 있고 화재시 작용에 중요한 관심이 집중돼 있다. 그것은 (종종 베개 커버에 사용) 폴리에스터와 섞이면 유독 가스인 톨루엔 디소시안산염을 만들어낼 수 있다.

화재로 인한 죽음 중 대부분은 화상이 아니라 연기 흡입으로 인한 것이고 가정에 그러한 기포를 두면 화재시에 중상을 입을 위험이 커진다.

### 다리미질이 필요없는 제품을 선택하자?

일부 침대 시트와 린네르 제품들은 손질하기 쉽고, 다리미질이 필요없고, 영구 가공되어 있다는 근거로 팔리고 있다. 그것은 대개 포름알데히드가 첨가되었다는 의미이다. 제조 과정에서 포름알데히드가 영구적이고 끊임없이 향을 방출하도록 보증하는 것이다.

그것은 천식을 악화시키고 눈에서 눈물이 흐르고 기침을 하는 원인이 될 수 있다. 폴리에스터와 무명을 섞을 때는 종종 포름알데히드로 처리를 한다.

# 현관

### 소형 형광등을 사용하자

전등은 1878년과 1879년에 각각 영국인과 미국인에 의해 발명되었다. 영국에서는 1878년에 조셉 스완이, 미국에서는 1879년에 토마스 에디슨이 각자 발명하여 발광체의 특허를 얻었다. 그들 두 사람은 탄소를 이용해 작은 필라멘트가 열이 가해지면 빛을 내게 하는 방법을 발견했던 것이다. 최초의 전구는 수명이 150여 시간에 불과했고 현재는 보통 백열 전등이 2천 시간 정도이다.

소형 형광등은 보통 백열 전구와 같은 크기이나 수명이 최소한 8천 시간이고 똑같은 밝기를 위해 5분의 1 정도의 에너지밖에 사용하지 않는다.

영국의 전 가정이 백열 전구 한 개를 형광등으로 바꾼다면 발전소 한 개를 줄일 것이고 매년 온실 가스인 이산화탄소가 8백만 톤이 줄어들 것이다. 다소 더 비싸더라도 소형 형광등을 선택하면 돈을 절약하게 될 것이다.

### 백열 전구를 깨끗이 닦자

빛은 먼지를 끌어들이고 결과적으로 조명의 효율을 떨어뜨린다. 그러므로 적어도 1년에 두 번은 온 집안에 있는 백열 전구들의 먼지를 털고 닦도록하자.

### 우편함에 뚜껑을 달자

우편함을 통해 바람이 쌩쌩 드나들 수 있다. 브리시로 막거나 뚜껑을 달아서 실내온도를 보호해야 할 것이다.

### 가급적 옥외 조명은 사용하지 말자

현관 49

"백열 전구 한 개를 바꾸는 것도 훌륭한 자연보호이다"

옥외 조명은 보행이 위험할 수 있거나 길이 어둡거나 현관 정면 입구가 예외적으로 배치된 경우처럼 정말로 필요할 때만 사용되야 한다. 커다란 저택의 상향 조명은 특별히 낭비적이다. 항상 수명이 긴 소형 형광등을 사용하고 해가 지면 켜지고 해가 뜨면 꺼지게 하는 자동 점등 장치를 달아두면 좋다.

### 레터 오프너를 사용하자

평균 미국인은 연간 598통의 우편물을 받고(그 대부분은 소위 잡동사니 우편물이라고 불림) 영국에서도 그 숫자가 급속도로 늘고 있는 중이다. 받는 우편물이 잡동사니가 아니라 해도 봉투와 종이를 이용할 수 있다. ▴레터 오프너를 사용하고 빈 봉투를 일정한 곳에 모으도록 하자.

커다란 봉투는 재활용하고 작은 메시지를 전하기 위한 편지지로 사용할 수 있다. 우표도 모아 두었다가 ▴옥스팸 같은 자선 기관에 보내면 도움이 될 것이다.

▲ 레터 오프너(letter opener) : 편지봉투를 뜯을 때 사용하는 끝이 뾰족하고 납작한 기구.

## 잡동사니 우편물을 거절하자

어떤 단체에 가입하거나 또는 집 근처나 번화가의 상점에서 앙케이트를 작성해 주면 결국 영리를 목적으로 팔리는 우송용 고객 명단에 주소가 올라가 무의식 중에 홍수 같은 잡동사니 우편물 공세에 시달릴지 모른다. 미국에서는 매년 1억 그루의 나무가 잘려 잡동사니 우편물을 위하여 사용된다.

새로운 단체에 가입할 때는 주소를 팔지 않는다는 다짐을 받아 두자. 또한 우송용 고객 우선 서비스의 명부에서 이름을 삭제해 달라는 서신을 보내자.

끈질기게 잡동사니 우편물을 보내는 회사에는 우표를 붙이지 않고 그대로 반송하는 방법도 좋다. 그러면 좀더 빨리 당신의 요구를 알아채기 시작할지 모른다.

## 현관 입구에 무료 신문을 거절하는 메모를 붙이자

매주 수백만 부의 무료 지방 신문이 각 가정에 배달된다. 이 부탁하지 않은 쓰레기들을 받기 위해 우송용 고객 명부에 이름이 올라가 있을 필요는 없다. 또한 우편 제도를 이용하지 않고 직접 배달하도록 사람들이 유급으로 고용된다. 이러한 무료 지방 신문들은 앞면에는 뉴스 기사와 정보를 싣고 있어 뻔뻔스럽게도 신문처럼 보이지만 일단 펼치면 페이지마다 온통 광고로 가득차 있다.

현관 정면 입구에 낭비적인 신문을 거절하는 메모를 붙이자. 그래도 여전히 무료 신문이 배달되면 당사자 뿐만이 아니라 진짜 지방 언론기관에도 편지를 쓰기 시작한다.

## 현관 입구를 점검하자

매년 영국에서는 열대 우림에서 자란 나무로 만든 문이 1백 50만 개씩 팔린다. 현관 입구의 문에는 경목이 필요하지만 국산품을 사는 것이 가장 좋다.

여성네트워크의 그린 홈은 전통적으로 화학 약품 처리를 하지 않은 국산 참나무 문을 해달았다. 건축업자와 건축상들에게 나무의 원산지가 어디인지 묻고

---

▲ 옥스팸(oxfam) : 1942년에 발족된 세계적인 빈민구제기관

가능하면 화학 약품 처리를 피하자.

## 가정 방문 판매시에는 좀더 신중히 생각하자

영국과 미국에서 에이번 레이디는 호별 방문 판매의 동의어가 되었다. 에이번 화장품 회사는 보통 상점에서 구입할 수 없는 상품의 독점 판매 구역을 설정해 광범위한 화장품과 미용 시장을 확보했다. 영국 내에서는 10만 명에 달하는 에이번 대리인들이 할당된 구역에서 회사를 대신해 상품을 팔고 있다. 그들은 기본 급여나 관리 및 후원 시설이 없이 판매에 따른 커미션이 지불된다.

미국의 조사 결과 에이번 대리인들은 연방 정부가 규정한 최소 임금 보다 소득이 적다고 나타났다. 그들은 근본적으로 회사의 공짜 노동력인 셈이다. 종종 직접 가정을 방문하거나 특별히 준비된 모임에서 팔리는 다른 상품들은 청소용품과 가사용품 또는 샤워기나 이중 유리 같은 가정 개선용품들이다.

선전에 현혹되지 말도록 하자. 사기 전에 제시된 물건이 정말로 필요한가를 스스로 자문해 보고 무엇이든 계약을 하기 전에 냉정하게 압력이 없이 결정할 수 있도록 대리인에게 1주일의 여유를 달라고 요청한다.

## 현관 매트는 생활 협동조합에서 구입하자

개발도상국들에서 후원하는 협동조합은 수공업과 미술 및 지방 산업이 착취를 당하지 않고 계속 살아 있게 보장하는 한 방법이다. 벽에 거는 물건, 현관 매트, 프린트 천, 수공예품들은 생활 협동조합에서 구입하자. 그러면 노동자들에게 관심을 갖고 그들과 함께 부(富)를 나누는 사업을 지원하는 것이다. 옥스팸 매점들에는 대개 광범위한 제3 세계의 상품들이 많이 구비돼 있다.

## 신문을 재생시키자

1987년에 영국 국민은 160만 톤의 신문을 폐기하고 단 35만 톤만 재생 이용했다. 신문을 재생시키면 영국에 본부를 둔 신문의 비율을 증가시키고 에너지 사용과 오염을 줄이고 더 많은 일자리를 만들어냈을 것이다. 대신에 휴지 시장은 가격과 수집이 동요하면서 사실상 붕괴되었다. 진짜 문제는 제지 산업과 정부에 있다.

　신문을 모아 재생시키도록 하자. 보낼 데가 없으면 압력을 넣자. 또는 신문을 이웃과 함께 구독하든가 도서관에서 무료로 보면 어떨까? 정말로 읽지 않는 신문은 사지 말고 지방위원회에 재생 이용 서비스를 요청하자.

　재생 용지 제품을 좀더 많이 사서 해당 업계를 지원하자.

# 손수 하기

## 가정에서 사용하는 에너지를 평가하자

 에너지 절약 계획에 착수하기 전에 가정에서 사용하는 에너지를 평가하는 것은 대단히 중요하다. 애초에 올바로 하면 상당한 현금을 절약할 수 있다. 지역 내의 에너지 능률 사무소에서 가정 에너지 감사를 실시하는 책자를 구해 보도록 하자.
 지난 4개월 동안의 가스와 전기 및 휘발유 요금을 조사해 어디에서 가장 비용이 많이 드는가를 조사한다. 그러면 난방과 온수 사용이 가장 비용이 많이 들고 다음은 전기 사용임을 알게 될 것이다.
 다락방과 파이프와 이중벽들에 방수 및 단열 설계가 되어 있는지 점검한다. 그러면 무엇부터 조치를 취해야 할지 알게 될 것이다.

## 빗물을 재활용하자

 영국의 식수 산업은 민영화되었고 곧이어 수도 계량기가 개발되었기 때문에 수자원의 보다 효율적인 사용을 위한 갖가지 제안들이 쏟아져 나왔다.
 한 회사는 평범한 간막이 벽 집에 내리는 70만 리터의 빗물을 수집할 뿐만 아니라 재사용될 수 있도록 박테리아와 바이러스를 완전히 제거하기 위해 자외선 빛을 쪼여 정화하고 여과하는 새로운 방식을 고안했다. 비용(약 3천 파운드)은 10년의 상환 기간을 거치고 수도 요금이 좀더 오르기 시작할 때는 매력적인 방법일 수 있다.

## 러시아워가 아닌 시간에 전기를 사용하자

 가스 중앙 난방식이 아니라면 사용하는 전기 난로의 형태를 아주 신중하게 선택해야 한다. 막대형의 소형 난로는 엄청난 양의 에너지를 소비하므로 되도록 잠깐씩 사용해야 한다. 전기수요가 절정에 달한 때를 피해 전기 공급을 이용할 수도 있는데 이는 밤에 에너지를 사용하며 낮에 필요할 때를 위해 저장해 두면 비용이 훨씬 적게 들 것이다. 관할 전력 사무소에 연락해 도움과 조언을 구하자.

### 바닥을 통해 빠져나가는 열을 막자

마루널에 갈라진 틈이 있으면 열이 빠져나가는 원인이 될 수 있다. 레이스 모양의 나무 장식과 ▲성형재나 신문 또는 석고를 이용하면 갈라진 틈을 막을 수 있다.

카펫 밑에 신문지를 여러 장 평평하게 깔아주면 깔개 역할을 해 열 손실 방지에 도움이 될 것이다. 그것은 카펫이 더 두껍게 보이는 효과도 얻을 수 있다. 카펫을 바닥 가득히 까는 것도 바닥을 통한 열 손실을 막아준다.

### 태양열을 이용하자

다행히도 남향 창을 갖고 있다면 태양을 이용해 집을 훈훈하게 할 수 있다. 햇볕이 드는 방의 커텐과 문을 열어 다른 방에도 부드러운 온기가 가득하게 하자. 그러면 다른 방들에 대한 난방을 줄여 가외의 에너지를 절약할 수 있을 것이다.

### 자동 온도 조절 장치를 설치하자

중앙난방식에 타이머가 부착된 자동 온도 조절 장치는 현재의 연료비를 최고 20퍼센트까지 절약시킬 수 있다. 그것은 에너지를 절약하고 산성비와 석탄, 석유, 천연가스 등의 화석 연료를 태울 때 발생되는 이산화탄소 같은 공기 오염을 감소시키리라 믿는다. 자동 온도 조절 장치를 아침 기상 시간과 취침 시간에 맞춰 조절해 놓자. 스케줄이 예기치 않게 바뀔 때는 언제든지 시계를 다시 맞출 수 있다.

---

▲ 성형제 : 목제품의 수선에 쓰이는 나무 제품

## 각 방의 열을 조절하자

온도가 자동으로 조절되는 라디에이터 밸브를 사용하면 각 방의 온도를 원하는 수준으로 유지할 수 있다. 특히 좀처럼 사용하지 않는 방들이 있는 경우에는 이것이 에너지를 대단히 절약하는 방법이다. 밸브에는 전기 접속이 필요없고 유능한 연관공이나 재주꾼이라면 누구든지 설치할 수 있다.

## 라디에이터의 열을 이용하자

라디에이터의 열을 정말로 효율적으로 이용하는 간단한 방법은 열기가 벽을 통해 빠져나가기 보다는 방 안으로 반사되도록 뒷벽에 주방용 호일을 씌우는 것이다. 이것은 특히 라디에이터가 외부 벽에 설치된 경우에 에너지를 절약하는 방법이다. 라디에이터가 창문 밑에 있는 경우에는 넓은 창턱을 만들어 열이 방 안으로 반사되게 한다. 커텐은 라디에이터 위로 덮히면 안된다. 그것은 열이 창문을 통해 빠져나가도록 조장하는 결과를 가져온다. 또한 길이가 짧은 커텐을 선택하는 것이 좋다.

## 물 탱크와 파이프를 단열시키자

돈과 에너지를 절약하기 위해 다락방을 단열하면 다락방 공간이 더 춥게 될 것이다. 겨울에 꽁꽁 얼어붙는 것을 막기위해 다락방을 사용한다는 것은 연료의 큰 손실을 가져오므로 다락방 안의 파이프와 냉수 탱크를 모두 단열하는 것이 중요하다.

## 에너지 절약 허가를 얻자

저소득 가정이라면 절약 허가를 신청해야 한다. 가정을 개선하기 위한 허가 자격은 지역에 따라 종종 바뀌지만 지방 위원회나 민원 봉사 부서에 문의해 보자. 귀중한 돈을 절약하기 위한 재정적인 도움도 얻을 수 있다.

## 방풍 창을 만들자

영국 가정에서는 25퍼센트나 되는 열이 통풍으로 상실되고 상당량이 잘 맞지 않는 창문이나 창틀 또는 자물쇠를 통해 빠져나간다. 그러한 경우에는 지극히 값싸고 튼튼한 방풍 테이프를 붙이면 된다. 아주 좁은 틈이나 고르지 않은 창문에는 계절의 변화에 쉽사리 적응할 수는 없어도 대단히 값싼 실리콘 고무 봉함제를 이용한다.

## 손수 이중 유리를 만들자

이중 유리는 비용이 많이 든다. 어쨌든 창문을 바꾸어 낀다든가 집 안의 다른 곳들을 이미 절연하지 않은 한은 단순히 에너지를 절약하기 위한 수단으로 이중 유리를 다는 것이 경제적으로 불합리하다. 이중 유리는 외부의 소음을 죽이고 열 손실을 막지만 그 비용을 회복하려면 20년이 걸릴 수도 있다.

그러면 직접 이중 유리를 만들어 보자. 창문 주위를 비닐 막으로 씌우는 것이다. 이것은 극히 값싸고 능률적이며 수주 내에 비용이 회복될 것이다. 그리고 날씨가 좀더 따뜻해질 때는 다시 떼내면 된다.

## 이중 벽 단열재를 이용하자

이중 벽의 단열이란 벽 사이의 빈 공간이나 틈을 단열재로 막는다는 의미이다. 영국 가정의 약 60퍼센트는 이중 벽으로 되어 있는데 대부분 단열체가 들어 있지 않다. 숙련된 업자를 찾아 단열 시공을 맡기자. 비용은 집의 규모에 따라 3백 파운드에서 6백 파운드 사이이지만 약 4개월의 상환 기간을 허락한다. 이러한 단열은 다른 경우 보다 더 값이 싸게 드나 집안에 가스가 새어 나오게 하는 요소 수지 기포나 오존층을 파괴하는 CFC가 함유된 기포는 피해야 한다.

## 열을 낮추자

미국의 전 가정이 하루에 난방을 약 섭씨 3도씩만 낮춘다면 57만 배럴에 해당하는 기름이 절약될 수 있다. 지나친 난방은 비합리적이다. 적절한 절연과 조명,

직접 오염시키지 말고.          직접 자연보호를 하자!

자동 온도 조절 장치를 이용하면 쾌적한 온도를 유지할 것이다.
　영국의 전 가정이 온도를 1도만 줄인다면 에너지 요금의 8퍼센트까지 절약할 수 있다. 그러나 특별히 노인이 있는 경우에는 온도를 18도 내지 20도 이하로 낮추면 안된다.

## 샹들리에를 사용하지 말자

　웅장한 저택에 살지 않는 한은 정말로 진짜 샹들리에는 그다지 필요없을 것이지만 많은 사람들이 비싸고 낭비적인 특수 전구를 많이 사용하는 복수 전구 조명을 설치하고 있다. 아무튼 이미 샹들리에가 있다면 한두 개의 전구를 빼낼 수도 있으나 다른 유형의 조명으로 바꾸고 복수 전구로 된 등의 사용을 억제하는 것이 훨씬 더 좋을 것이다.

## 에너지 절약에 대한 관심을 정부에 알리자

가정에서 에너지를 절약하는 것이 환경을 보호하기 위한 가장 중요한 방법의 하나이다. 1킬로와트의 전기는 1시간에 1킬로그램의 이산화탄소를 생산해 지구 온도 상승의 원인이 된다. 가스는 1▲섬 당 5킬로그램 이상의 이산화탄소를 생산한다. 정부는 비록 최근의 수년간에는 에너지 절약 계획을 격감시켰지만 책자를 발행하면서 에너지를 줄이기 위한 정보를 제공해준다. 지역의원에게 편지로 하나의 문제로서 에너지 효율에 관심이 있다는 것을 알려주자.

## 정제된 휘발유를 페인트 제거제로 이용하자

시판되는 페인트 제거제에는 염화탄화수소 용제인 메틸렌 염화물이나 디클로로메탄이 들어있다. 그것은 심장병 환자들에게 위험하고 부식제에 접촉되면 즉시 피부가 탈 것이다. 그 용제가 하수구로 씻겨 내려가는 경우 환경에 미치는 해에 대한 자료는 나와 있지 않으나 동물에 발암성이 있다는 것이 드러났다.

이러한 제품들은 통풍이 잘 되는 방에서만 사용되야 하고 극도로 유독한 포스겐이 증기로 발생되므로 절대로 노출된 불길 근처에서 사용하면 안된다. 정제된 휘발유를 페인트 제거제로 사용하고 가능하면 언제나 수성 페인트를 애용하자.

## 풀로 끈적거리는 실수를 저지르지 말자

수백만의 손수 작업공들이 사용하는 풀과 합성 수지의 제조에 이용되는 산업 공정은 환경보호론자들에게 지대한 염려를 불러일으킨다. 일반적으로 메틸 에틸 케톤, 이황화탄소, 염화메틸렌, 시아나크라이레이트, 에폭시 수지 접착제 같은 용제들은 현기증과 마비, 발진의 원인이 될 뿐 아니라 제조 현장에 오염을 일으킬 수 있다.

런던 위험연구센터에서 실시한 사례 연구에서는 에폭시 수지 접착제를 사용한 어느 벽돌 직공이 다리의 신경 손상과 손과 목의 에폭시 피부염(붉고 가려운

---

▲ 섬(therm) : 열량단위

발진)으로 심한 고통을 받은 것으로 드러났다. 발진이 완전히 없어진 것은 수개월 후였고 그 남자는 아직도 순환계의 병을 앓고 있다고 한다. 오로(Auro)에서 만든 것과 같은 유기 풀과 접착제를 사용하고 항상 장갑을 끼도록 하자.

## 벽을 녹화하자

벽지는 화려하게 짠 태피스트리를 대신하는 값싼 대용품으로 15세기에 프랑스에서 유래되었다. 본을 뜨거나 손으로 그린 무늬로 장식된 벽지는 유럽 전역에서 제지 공장이 출현한 이후 대단히 인기를 끌었다. 최근에는 가정과 사무실용으로 수십억 통의 벽지가 팔리고 있다. 환경을 의식한다면 플라스틱 박판 제품과 포름알데히드 수지로 된 벽지를 피하고 싶을 것이고 귀중한 종이를 사용하는 대신 벽에 페인트칠을 고려할 수도 있다.

페인트칠이 된 벽은 청결하고 밝게 유지하기가 더 쉽고 자주 칠할 필요가 없다. 색깔과 무늬를 도입하고 싶다면 벽지 대신 그림무늬 본을 사용하는 것이 아주 값싸게 먹히고 쉽게 숙달된다.

## 석면 시멘트를 사지 말자

석면재 생산은 대부분 건강을 이유로 금지되어 있다. 그러나 석면 슬레이트는 값이 싸고 사람들이 어리석게도 섬유 조직이 공기 속으로 빠져갈 수 없다고 믿기 때문에 아직도 교묘하게 법망을 피하고 있다. 그것은 대개 골판지 지붕 공사, 아파트의 차고 내부 벽 패널, 냉수 저장 탱크, 찬장의 내장과 선반, 물막이판, 평평한 지붕에 입히는 타일과 방화문을 위한 판금에 사용된다. 석면 슬레이트는 생산과 사용, 처리의 모든 단계에서 문제를 일으킨다. 수도물이 오염될 수 있고 인간이 암에 걸리는 원인이 되며, 그것을 다루는 사람들이 폐병으로 인해 사망할 위험률이 크다. '안전한 적정량'이란 없다.

산성비로 인한 건물 부식은 석면 섬유가 씻겨 내려가거나 공기 속으로 방출되기 때문에 훨씬 더 많은 문제를 야기시킨다. 독일의 프라운호퍼 연구소는 1평방미터의 석면 슬레이트가 1시간에 10억 개의 석면 섬유를 방출할 수 있다고 평가한다. 런던 위험연구소와 런던시 보일러 제조업자 조합은 모든 용도에 사용할 수 있는 안전한 대용품이 있으니 즉각 석면을 금지하라고 요구하고 있다. 이 치명적으로 해로운 제품을 생산하는 회사들은 개발도상국에서 생산을 늘리고 있는 중이다. 석면 슬레이트를 사지 말고 불매 운동을 벌이자.

### 가정에서 나무 방부제 사용을 금지시키자

나무 방부제로 사용되는 살충제는 20~30년 동안 쓸 수 있고 바로 그 때문에 우리가 그처럼 오랫동안 목재 사용 보증을 받을 수 있는 것이다. 그러한 것들은 거의 모두 발암 물질로 의심되며 딜드린 같은 것은 미국에서 오랫동안 금지되어 왔고 영국에서는 최근에 와서 비로소 금지되었다.

펜타클로로피놀(PCP)은 전세계적으로 1천 명 이상의 목숨을 앗아가는 원인이 되었고 린덴(살충제의 일종)은 43그램만으로도 치명적인 양이며 트리부틸주석 산화물(TBTO)은 신경에 해독을 끼치는 것이다.

우리의 가정에서는 현재 이러한 화학 약품과 또 다른 것들을 정기적으로 뿌리고 있어 (영국에서는 3백만 가구 이상) 공기와 물과 땅속에 널리 퍼지게 되었다. 암의 원인이 되는 화학 약품들은 즉각 금지되야 하고 또 다른 화학 약품들도 엄격한 안전과 건강 지침에 따라 아주 조심스럽게 사용되야 한다.

### 지붕 속의 박쥐들을 돌보자

지붕에 서식하는 박쥐들에 대한 주요 문제 중 하나는 지붕에 화학 나무 방부제를 뿌렸을 때 살생될 수 있다는 것이다. 어떤 취급 방법도 확실히 안전하지는 않지만 자연보존위원회는 비교적 독성이 낮은 아연 나프티네이트를 사용할 것을 권한다. 다른 방부제 용액들도 해로울 수 있지만 지붕 공간에 박쥐들이 없다고 확인될 때만 작업을 실시해야 한다. 우선은 먼저 자연보존위원회에 연락하자.

### 문과 창문에 방풍장치를 하자

아주 작은 틈으로도 찬 공기가 들어올 수 있다. 문이나 창문에 통풍 방지가 되어 있지 않다면 그것은 현관방을 차갑게 냉각시킬 것이다. 1988년에 북미 대륙에서 창문을 통해 새어나간 에너지는 5억 2천 2백만 배럴의 기름과 맞먹는 것으로 추정되었다. 간단하고 비용이 별로 안드는 방풍용 문풍지를 두른다면 에너지 요금을 10퍼센트 이상 절약할 수 있다.

### 순수 코르크를 단열에 이용하자

많은 단열 기포들이 오존층을 손상시키는 CFC를 사용한다. 다른 것들에는 요소 포름알데히드의 아주 작은 분자들이 들어 있다. 오염의 위험이 없는 안전한 단열재를 사용하자. 항상 어떤 성분으로 되어 있지 않은 순수 코르크를 써 보도록 하자.

### 다락방을 단열 시공하자

다락방에 단열 시공을 하면은 에너지를 절약하고 오염을 방지하는 가장 빠르고 비용을 절약하는 효과적인 방법 가운데 하나일 수 있다. 단열 재료는 15센티미터 두께여야 한다. 그보다 얇으면 겹쳐서 사용하자.

추운 겨울날에 지붕을 올려다보고 비둘기들이 어디에 앉는가를 주의해 보기만 하면, 대개 어느 집의 단열이 불량한지 또는 전혀 안돼 있는지를 구별할 수 있다. 단열이 불량한 집은 열이 지붕의 타일을 데우는 데 낭비된다. 단열을 하면 연료비의 25퍼센트까지 절약될 수 있다.

### 사용하지 않는 방은 밀폐하자

필요 이상으로 방이 많을 때는 안 쓰는 방들을 밀폐하고 라디에이터를 끄자. 그러면 난방을 필요로 하는 면적을 크게 줄일 수 있다.

### 유기적인 파리 구충법을 사용하자

여름철에 집안이나 쓰레기통 근처에서 파리가 윙윙거리며 돌아다니면, 우선 파리용 스프레이를 찾아들기 쉬운데 절대로 금물이다. 파리용 스프레이는 에어로졸 깡통으로 포장돼 있을 뿐 아니라 물고기 같은 수생 동물과 벌에 대단히 유독한 테트라미드린과 피노드린이 함유돼 있다.
　세계보건기구는 이러한 피레드로이드 생산이 유독하다고 간주했으며, 15그램의 양으로 어린 아이가 죽은 경우도 있었다. 감귤류의 식물성 기름은 파리를 쉽게 쫓고 설탕과 시럽을 물에 끓여 길고 가느다란 갈색 종이에 붙여 놓으면 무독성 파리 유인물이 된다. 그리고 파리채를 사용하자.
　파리는 냉장고나 취사 도구 뒤의 기름과 쓰레기와 오래된 음식을 먹고 살기 때문에 집을 청결하게 유지하는 것이 바로 훌륭한 파리 구충제인 셈이다.

### 녹색 페인트칠을 하자

　영국의 손수 작업광들은 깡통의 내용물과 환경에 미칠 수 있는 효과도 모르면서 매년 15억 파운드 상당의 페인트를 사들인다. 현재는 페인트의 납 함유량에 대한 국민의 관심 때문에 몇몇 회사들이 그것을 제외시키고 있지만 페인트에는 다른 유독물들이 함유돼 있다. 석면, 염화 탄화수소, 크실렌, 트리클로로에틸렌 등은 정말로 피해야 할 약품들이다.
　안전을 위해 페인트 냄새를 들이마시거나 페인트칠을 하는 동안에 담배를 피우지 말도록 하자. 가능하면 안전한 유기 성분이 함유돼 있는 비유독성 페인트나 수성 페인트를 사용하자.

### 장비는 임대하거나 빌리자

　특수 장비에 관한 한 영국과 미국에서는 상당한 전력을 소비하고 한 두 번만 사용될지 모르는 아마추어용 장비의 판매고가 높다. 대신 장비를 임대하거나 빌리면 어떨까? 친구와 이웃들간에 장비를 교환하면 불필요한 소비를 줄일 수 있을 것이다.

### 인력으로 가능할 때는 전기제품을 구매하지 말자

　아마추어용 도구가 세련되고 전문화될수록 전기 에너지를 더 많이 소비할 가능성이 크다. 잔디깎이와 전기 드라이버는 전력 대신 인력으로 가능한 일을 하는 도구의 본보기이다. 인력을 사용하면 돈도 절약될 것이다.

### 메틸 클로로포름을 제거하자

　메틸 클로로포름은 페인트와 접착제 및 와니스의 용액으로 사용되고 1985년 한 해에만 54만 4천 6백 톤이 사용된 것으로 추정된다. 메틸 클로로포름은 오존을 파괴하고 대기 속에서 8년 4개월 동안 살아 남는다. 그것은 비교적 분해하기 어렵기 때문에 좀더 빠른 오존 고갈제를 위한 용제로 대용되어 왔다. 그러나 이것은 생산이 증가되었다는 의미이다.

　메틸 클로로포름에 대해 알아보자. 그것이 함유된 제품을 사지 말고 좀더 안전한 대용품으로 바꾸자.

### 숨을 쉴 수 있게 하자

　포름알데히드는 풀과 판지, 합판, 절연기처럼 일반적인 가사용품에서 발견되는 유독 가스이다. 미국의 한 연구에서는 인구 5명 중 1명은 포름알데히드의 효능에 민감하고 현기증과 알레르기 반응과 두통 같은 증상이 나타난다는 사실이 드러났다. 노출이 커지면 좀더 예민해지고 가스 자체를 들이마시면 대단히 유독하다. 또한 동물에 암을 일으키는 원인이라는 것이 증명돼 발암 물질로 여겨진다.

　가능하면 어디서든 포름알데히드를 피해야 한다. 포름알데히드를 사용해 일을 해야 하거나 집안에 이미 있다면 방에 환기가 잘 되게 하고 섬유 유리재에 절연체를 달 때는 마스크를 쓰자.

### 폐품을 개조하자

　오염을 방지하고 자원을 지키기 위해 못쓰는 물건들을 개조하고 수리하자. 문은 임시 테이블이나 탁상으로, 옷장은 부엌 찬장으로 개조하고 다리와 서랍들은 교환하며 쓰레기장에서 폐품을 주워 직접 값싼 가구를 만들어 보자. 관계 책자들도 많이 나와 있으니 훌륭한 취미가 될 수 있다.

## 가스 발염기를 사용하지 말자

▲가스 발염기를 사용하면 나무의 페인트칠을 쉽게 제거할 수 있으나 페인트에 납이 함유돼 있다면 가열시에 유독한 가스가 방출될 것이다. 대신 물을 이용해 페인트를 벗기는 도구를 사용하고 페인트칠을 새로 할 때는 유기 페인트를 선택하자.

## 태양 에너지를 이용하자

태양 전지판은 미래의 값비싼 장치처럼 보일지 모르나 새로운 설계로 설치하면 언제나 그만한 가치가 있음이 증명되고 있다. 태양 전지의 한 모델은 난방 비용의 70퍼센트까지 절약시킬 수 있고 설치 비용은 1천 5백 파운드에 불과하다. 그것은 움직이는 부분들이 없으므로 관리할 필요가 없고 세계에서 두번째로 가장 흔한 원소인 실리콘으로 만들어진다. 태양 전지판은 날씨가 흐린 상태에서도 모든 이들에게 가능하며 환경에 손상을 입히지 않고 공짜에다 회복할 수 있는 원천인 태양으로부터 에너지를 얻는다. 태양은 분명히 미래의 에너지원이다.

## 재충전이 가능한 손전등을 구입하자

전기선을 끌어들이는 데는 약 5펜스(약 70원)나 9센트(약 70원)의 비용이 든다. 손전등의 배터리는 2백 파운드(약 28만원) 또는 3백 달러(약 21만원) 값어치의 효과를 가져온다. 재충전이 가능한 손전등을 구입해 비상시에만 사용하자.

## 하수구를 청소하자

하수구에 세탁용 소다결정체를 이용하자. 그것은 하수구가 막히는 것을 방지해 주고 상수도에 불쾌한 화학 약품이 들어가는 것을 막아준다. 또한 연관공을 부르는 비용도 절약될 것이다.

▲ 가스 발염기(blowlamp) : 날염법의 한가지로 염색한 천에 발염제를 섞은 풀로 날인한 다음 증기의 열로 처리하여 바탕색을 뺄 때 사용하는 기기

# 정원 가꾸기

### 빗물을 세차에 이용하자

세차는 귀중하고 값비싸게 처리된 물을 낭비하는 것이다. 빗물이나 다 쓴 목욕물을 모아 두었다가 세차에 이용하면 어떨까? 또한 세차 횟수도 줄이자. 그러면 중요한 환경 조치를 위한 시간이 더 많아질 것이다.

### 반드시 죽은 나뭇잎이나 줄기를 태울 필요는 없다

나방 같은 곤충들은 가을에 죽은 나무나 풀 밑에 자그마한 고치를 친다. 초목을 태우면 정원에 아주 귀중한 곤충과 비료를 파괴하는 셈이다. 퇴비 더미를 만들고 오직 소량의 정원 쓰레기만 태우는 것이 훨씬 더 좋다. 특히 11월에는 모닥불 밑을 우선 조사해야 한다. 고슴도치들이 동면을 위해 나뭇잎 더미 속으로 기어들기 때문이다.

### 야생 과일나무를 심자

수입된 과일 나무는 피하자. 묘목상에 가서 다양한 토속 품종에 대해 문의하고 정원에 대대로 전해 내려오는 유산과 야생 동물에 되돌려주도록 하자.

### 직접 씨를 발아시키자

직접 자신이 사는 지방의 종자를 구해 발아시킨다면 나무가 좀더 오래 살아남을 것이고 기후와 토양에 적응될 가능성이 더 크며 중요한 품종을 보존하는 셈이 된다. 과일 나무의 접목과 발아는 오래된 관습으로 관계 책자들도 상당히 많다.

"향기로운 냄새가 나는 꽃을 심자."

## 절대로 제초제를 사용하지 말자

정원 살충제로 사용되는 파라퀘트는 아주 소량이 노출돼도 피부 발진과 눈의 염증과 상처가 잘 낫지 않는 원인이 될 수 있다. 파라퀘트는 핀란드와 스웨덴에서 금지됐고 미국과 터키에서는 제한을 받는다. 그것은 대단히 유독하여 일단 입 안으로 들어가면 뱉어내도 인명을 앗아 간다. 해독제는 아직 알려져 있지 않다.

## 민들레를 꽃 피우자

민들레, 엉겅퀴, 클로버, 쐐기풀들은 나비를 끌어들인다. 관목 울타리가 제거되고 많은 야생 풀들을 잃고 살충제를 점점 더 많이 사용하는 정원은 나비들의 은신처를 점점 잃게 하고 있다. 될 수 있으면 한 귀퉁이 정도는 이러한 풀들이 자랄 수 있도록 남겨두자. (민들레는 맛있는 샐러드 재료이기도 하다.)

## 정원에 아름답고 향기로운 꽃을 심자

인동덩굴, 라일락, 라벤더, 백리향, 금잔화, 아메리카 패랭이들은 정원에 아름다운 향기와 색채를 더해 주며 또한 나비들도 이러한 꽃들에 끌린다.

## 고슴도치를 장려하자

나방류는 불쾌하고 귀찮지만 그들을 죽이기 위해 사용하는 화학 약품이 정원을 돌아다니는 다른 야생 동물과 고슴도치까지 죽일 수 있다. 하루 저녁에 열 마리나 되는 고슴도치들이 정원으로 들어올지 모른다. 나방류의 ▲괄태충을 잡아 먹는 고슴도치를 장려하자.

## 연못을 안전하게 하자

정원의 연못은 작은 포유 동물과 어린이들에게 위험한 장소일 수 있다. 연못 가장자리에 벽돌이나 바위를 반쯤 물에 잠기게 쌓아 작은 동물들이 피해 가도록 하자. 어린 아이들을 보호하기 위해서는 연못 위에 올이 성긴 그물을 펼쳐 놓는다.

## 이탄을 사지 말자

영국에서는 매년 정원용으로 핵연료의 원료가 될 수 있는 귀중한 ▲이탄이 2백만 톤씩 팔리고 있다. 지난 15년간 우리는 이탄의 약 96퍼센트를 채굴했고, 현재는 야생 딱정벌레와 이끼를 비롯해 다양한 식물과 새와 포유 동물과 곤충이 서식하는 순수 이탄 늪지가 2만 5천 에이커만 남아 있을 뿐이다. 세계 전체 늪의 7분의 1은 영국에 있다. 퇴비 더미의 비료와 같은 다른 대안을 찾고 정원용으로 이탄을 사지 말자.

## 새들에게 양질의 땅콩을 먹이자

푸른박새들은 자기 중량의 3분의 1이나 되는 땅콩을 먹을 수 있다고 하나 무의식중에 아플라톡신이 들어간 오래되고 곰팡이가 핀 땅콩을 주는 사람들 때문에 뜻하지 않게 많은 수의 새가 죽음을 당한다. 여러 나라에서 인간들이 땅콩을

---

▲ 괄태충(slug) : 복족류의 연체동물로 달팽이처럼 생겼으나 껍데기가 없고 엷은 갈색으로 검은줄이 있다. 초식성으로 채소나 과수 · 뽕나무 등에 해를 끼친다.

▲ 이탄(泥炭) : 발열량이 적으며 비료 · 연탄의 원료로 쓰임.

소비하는데 대해서는 엄격한 기준이 적용되고 있으나 새들에게 곰팡이가 핀 땅콩을 먹이는 위험을 알고 있는 사람은 거의 없다.

### 무분별한 포장을 삼가하자

아주 작은 면적이라도 정원에 콘크리트를 바르지 말자. 콘크리트는 아주 중요한 태양 에너지가 흙에 도달하는 것을 막기 때문에 밑에 있는 땅이 불모지가 되게 하며 또한 자연 배수를 방해한다. 아무튼 콘크리트는 돌 만큼의 내구력은 없다.

정원에 통로나 안뜰을 만들고 싶다면 돌이나 벽돌 또는 나무나 슬레이트를 이용하자. 그리고 틈 사이로 풀이 자라도록 내버려 두자. 근처의 정원 센터에서 비용이 적게 들고 매력적인 아이디어를 알아보자.

### 새들을 보호하자

모이 주머니를 나무에 매달거나 탁자를 설치해 새들에게 먹이 장소를 마련해 주자. 탁자는 고양이들이 접근할 수 없는 곳에 설치해야 한다. 우리의 마을이 살충제와 화학 약품과 배수 및 땅 고르기로 많이 파괴되었으므로 새들의 진짜 천국은 정원일 수 있다.

### 모닥불은 위험할 수 있으니 조심하자

단지 모닥불을 위한 모닥불은 피우지 말자. 유독한 연기를 낼 수 있으므로 가정의 쓰레기나 나무를 불에 태우면 안된다. 이웃이 빨래줄에 세탁물을 널어 놓았는지 혹은 어린아이들이 근처에서 놀고 있는지를 고려하자. 또한 주위에 나무나 숲이 있는지도 조사하자.

### 묘목을 보호하자

낡은 가마니를 깔거나 둘러 묘목을 잡초와 곤충으로부터 보호하자. 어린 나무가 불쑥 솟아오를 곳들에는 가마니에 작은 구멍을 낸다.

## 약초를 기르자

싱싱한 약초는 정원을 더 아름답게 하고 우리의 평범한 식사를 특별하게 해준다. 약초는 기르기가 쉽고 나비와 벌을 꼬이게 하며 나방을 쫓고 때로는 병을 치료하는 데 사용되기도 한다. 삶을 활기있게 하는 관상용 샐비어, 마른 꽃잎에 향료를 섞으면 방향제가 되는 라벤더, 먹을 수 있는 산파, 금잔화, ▲로즈메리, ▲마요라나, 샐비어, 백리향들을 길러보자.

## 화학약품 처리를 하지 않은 종자를 사자

씨앗 봉투는 1880년대에 필라델피아에서 워싱턴 버피가 자신이 팔고 있는 꽃과 야채의 씨앗을 가금(家禽)을 위한 먹이로 사용하기 시작했을 때부터 최초로 시장에 나왔다. 그러나 사람들은 가금용보다 씨앗을 더 원해 1900년대 초에는 그가 2백종 이상의 꽃과 종자를 판매용으로 공급하고 있었다. 오늘날에는 전세계적으로 씨앗 봉투가 수십억 개씩 팔리고 있다. 살균제나 화학 약품을 쓰지 않고 기른 씨앗을 사자. 이러한 것이 내구력이 더 강할 것이다.

## 채소류를 직접 기르자

가정에서 직접 식품을 재배하면 에너지를 절약하고 낭비와 화학 약품과 (물론 유기적으로 한다면) 인공 비료를 배제한다. 또한 훌륭하고 맛있는 식료품을 공급한다. 콩, 브로콜리, 양배추, 상치, 오이, 마늘, 양파, 토마토, 양방풍나물, 멜론까지 길러보자. 아스파라거스처럼 아마도 수퍼마켓에서 사기 힘든 보다 이국적인 야채들을 약간 길러보는 것도 좋다.

---

▲ 로즈메리(rosemary) : 상록관목으로 충실 · 정조 · 기억의 상징
▲ 마요라나(marjoram) : 박하 종류로 약용 · 조리용으로 쓰임

## 고유의 꽃씨를 뿌리자

정원을 사랑하는 이웃으로부터 씨를 얻어 고장 특유의 꽃을 길러보자. 그러한 꽃들은 낯익은 풍토에 잘 적응하고 쉽게 자랄 것이며 또한 포장이나 수송에 드는 낭비가 줄어들 것이고 화학 약품을 뿌린 것이 아님을 확인할 수 있다.

## 새들을 끌어들이자

특정한 꽃과 관목들을 기르면 아주 다양한 새들을 정원으로 유인할 수 있다. 예를 들어 지빠귀과의 검은 새와 작은 새들을 유인하려면 섬개야광나무를, 황금방울새를 유인하려면 엉겅퀴를 심는다.

나무에서 열매를 따먹는다고 새들을 쫓지 말자. 새들은 작은 포유동물과 곤충을 엄청나게 잡아 먹음으로써 먹이 사슬에 가담할 것이다. 특히 박새과의 새들은 벌레를 아주 좋아하고 딸기류는 먹지 않는다.

## 도시 거주자들을 위한 퇴비를 만들자

정원이 없거나 퇴비를 급히 원하는 이들은 가정에서 나오는 음식 찌꺼기들을 되도록 최대한 잘게 부수어 검은 비닐 봉지에 넣고 묶어야 한다. 그 봉투를 한 달 동안 햇볕이 드는 장소에 놓아 둔다. 부패하는 찌꺼기를 상당히 비축해야 하고 원래 유기 물질의 모양을 육안으로 확인할 수 있고 색깔이 제법 검을 때가 가장 좋다.

## 모터가 달린 잔디깎이를 삼가하자

잔디깎이는 1830년 영국에서 에드윈 버딩이라는 이름의 공장 노동자에 의해 발명되었다. 그가 고안한 좀더 커다란 장비들은 영국의 대저택들에서 말에 의해 움직여졌고 인도의 델리에서는 소들이 끌고 다녔다. 그러나 오늘날 모터가 달리고 가솔린이나 전기를 엄청나게 잡아먹는 잔디깎이는 대부분 평범한 잔디에는 값비싸고 낭비적인 장비이다. 손으로 미는 방식으로도 충분할 것이고 아무리 정원에 긍지를 느끼는 사람이라도 많은 시간과 노력이 요구된다면 자연 그대로 자

진디 순찰병

라도록 놔두는 것도 좋을 것이다.

### 야생 동물 전용 면적을 확보하자

우리는 정원의 정리 정돈에 너무 치중해 무질서가 대단히 생산적일 수 있다는 사실을 잊어버린다. 한 구석을 야생으로 남겨두면 곧 생명으로 가득차 진디를 잡아먹는 곤충과 포유 동물들의 서식지가 될 것이다.

### 자연을 보호하는 정원용 가구를 사자

여름철에는 정원을 자주 사용하게 되고 편안하고 쾌적한 분위기를 조성하려면 몇몇 가구가 필수적이다. 전통적인 침엽수나 주철로 만든 의자가 좋은 상태로 유지하려면 계속 페인트칠을 하거나 관리를 해주어야 한다. 일부 정원용 가구에 사용되는 재목은 열대 우림이 원산지이므로 구입 전에 가구의 재료를 조사하자.

## 짝을 이루는 초목을 선택하자

짝을 이루는 초목들은 진디 같은 벌레들을 쫓고 주위의 초목들에게 소량의 미네랄을 공급하기 때문에 중요하다. 마늘과 양파는 훌륭한 진디 방충제이나 함께 심으면 안된다. 양파는 당근 옆에, 마늘은 장미 옆에 파종하자. 약초는 나방류를 방지한다. 정원에 파종을 하기 전에 체계화시키면 잡초와 해충을 제거하는 비유기적 방법을 생각해 내는 시간이 상당히 절약될 것이다.

## 온실을 짓자

온실은 커다란 이익을 준다. 쌀쌀한 날씨에는 따뜻한 피난처가 되고 씨앗을 기르고 연장을 간직하는 완벽한 장소이다. 특히 날씨가 추울 때면 옥외에서는 살아 남지 못하는 초목들을 온실 속에서 기르고 보호할 수 있으며 태양 에너지를 위한 저장소가 되기도 한다.

## 열심히 땅을 파자

토양의 수명을 연장하고 훌륭한 배수로를 만들어주며 뿌리를 먹고 사는 해충을 막는 가장 효과적인 방법 가운데 하나는 땅을 깊이 파는 것이다. 또한 근육을 움직이는 좋은 운동도 된다.

## 잔디를 그냥 내버려두자

캐나다에서 가장 체계적인 정원사 가운데 한 사람인 캐롤 루빈은 손질이 잘 된 정원에 대한 우리의 태도를 이렇게 요약한다. '잔디가 푸른 양탄자처럼 보이기를 원한다면 카펫을 까는 것이 더 좋을 것'이라고. 체계적으로 기르든 기르지 않든 미나리아재비속의 식물과 데이지와 클로버들을 참고 견딜 준비가 되어야 한다.

클로버는 토양에 질소를 주기 때문에 유익하고 소위 잡초라 불리는 다른 풀들도 실상은 잔디에 거의 해를 끼치지 않을 것이다.

## 야생화를 심자

정원에 나비를 끌어들이려면 암석 정원에는 미나리아재비와 용담속의 식물을 심고, 풀 가장자리에는 달구지 국화류를, 연못가에는 꽃황새 냉이나 대마 짚신나물을 심어야 한다. 이러한 꽃들은 종종 발아가 더디므로 훌륭하고 체계적인 공급자로부터 종자를 구하고 신중하게 지시를 따라야 한다.

## 날벌레를 되찾자

다 큰 날벌레는 꽃의 가루와 꿀만 먹고도 만족하지만 유충은 진딧물과 다른 진디들을 좋아하기 때문에 정원에 유익하다. 날벌레들을 유인하기 위해 나도고수와 회향풀을 심자. 그러한 풀들은 요리용과 약용의 이중 역할을 할 것이다. 금잔화와 데이지도 쓸모가 있다.

## 잔디를 돌보자

지구 표면의 4분의 1은 지구상에서 가장 중요한 식물 가운데 하나인 잔디로 뒤덮여 있다. 우리는 대부분 잔디를 보통 정원의 잔디로만 생각하지만 잔디과에는 옥수수, 밀, 사탕수수, 쌀, 기장, 보리를 비롯한 7천 개 이상의 다른 종이 포함된다.

미국에는 2천만 에이커가 넘는 잔디가 있고 잔디에 뿌려지는 화학 비료, 석회, 가성 칼리와 다른 물질들이 환경에 미치는 영향은 엄청나다. (미국에서만해도 잔디에 1백만 톤의 화학 약품이 살포되는 것으로 추정되고 있다.) 화학 약품을 줄이면 정원의 오염을 감소시키고 환경 또한 보호될 것이다.

## 도구를 노인용으로 개조하자

정원을 가꾸는 것은 나이에 상관없이 모든 사람들이 즐길 수 있는 일이지만 노약자들은 적절한 장비의 부족으로 종종 곤란을 겪는다. 그렇다고 좌절하지는 말자! ▲헬프 더 에이지드는 균형이 잘 잡히고 가벼우면서도 날카로운 도구들을 선택해야 한다고 말한다. 예를 들어 모종 삽 대신에 밀가루 따위를 퍼내는 작은 삽이나 컵 또는 기존의 손잡이가 달린 음료수 용기를 자른 것처럼 값싼 가사용품을 이용하자.

## 벌을 기르자

어떤 정원에든 벌은 중요한 부분이다. 벌들은 꽃과 식물의 이화 수분을 돕고 일부는 설탕 대신에 필요한 꿀을 공급할 수 있다. 화려하고 자유로운 꿀벌들은 정원의 훌륭한 식구이다. 벌에는 30가지 이상의 종류가 있으나 벌통이 없다면 아마도 가장 자주 보게 되는 것은 평범한 벌들이다.

정원에 사는 벌들은 땅 속 구멍에 살면서 다른 종류 보다 더 낮은 온도에도 날아다닌다. 그러한 벌들은 특별히 퇴비더미를 좋아하고 쉽사리 쏘지는 않으니 해치려 들지 말자. 벌을 위해 특별히 체꽃, 콩과의 살갈퀴, 지치과와 미나리아재비 속의 식물을 기르자.

## 퇴비를 만들기 시작하자

퇴비는 모든 정원을 위한 만병통치약이다. 퇴비는 토양을 기름지게 하고 비옥하게 한다. 먹다 남은 음식, 거름, 낙엽, 정원 쓰레기, 심지어는 (유색 잉크를 쓰지 않은) 신문지로도 퇴비 더미를 만들 수 있다. 그러나 완전히 부패하기 전에 사용하면 안되며 퇴비 활성제를 사용하면 6개월 이내에 사용할 수 있다.

퇴비더미를 만들면 가정 폐기물의 약 30퍼센트가 처리되고 다른 화학 약품을 사용할 필요가 없으며 에너지도 절약될 것이다.

## 집게벌레를 보호하자

린덴은 집게벌레를 죽이기 위해 사용되는 살충제이다. 그것은 분해하기 힘든 독약으로 박쥐 수를 감소시킨다는 비난을 받아 왔고 또한 특별히 다른 동물들처럼 몸 안에서 스스로 해독시키는 능력이 없는 고양이에게도 해롭다. 그런데 집게벌레는 고막을 뚫고 들어가고 소중한 꽃들을 망친다는 이유로 비난을 받으

▲ Help the Aged : 노인들을 돕는 기관

면서 대단히 나쁘게 말해지는 생물이다.
 사실 집게벌레는 어느 정도 꽃들을 해칠 수는 있어도 거의 무해한 채식 동물이다. 집게벌레 살충제는 진딧물을 잡아 먹는 무당벌레 같은 다른 유익한 곤충들을 박멸하고 정원의 생태계를 파괴하게 될 것이다.

### 원예 도구를 잘 관리하자

 원예 도구들은 귀중한 것이다. 그러한 것들을 잘 관리하는 것은 단지 비용 이상의 이유에서 대단히 중요하다. 날이 뭉툭하면 잔디를 잡아 뜯을 것이고 그러면 잔디가 약해지고 잡초와 질병을 끌어들일 것이다. 무딘 전지 가위로 가지를 치면 장미를 죽일 수도 있다. 그리고 열대 우림 목재로 된 손잡이가 달린 도구는 사지말자.

### 원예용 화학 약품은 신중하게 처리하자

 뒤늦게 정원을 체계적으로 가꾸겠다고 결정했을 경우 정원의 헛간이나 온실에서 위험하고 독한 각종 제초제와 살충제가 발견될지 모른다. 그때 대부분의 경우 유익한 방법은 그것들을 지방 당국에 보내 처분하는 것이다. 이미 오염된 우리의 하수구에 독성을 더 첨가하는 것일 터이므로 절대로 하수구로 내려보내면 안된다.

### 자연 비료를 기르자

 자연 비료는 특별히 흙을 기름지게 하기 위해 기르는 식물들로 만들어진다. 그러한 식물들은 일반적으로 빨리 성장하고 잡초의 번식을 막는 잎을 다량으로 생산한다. 또한 흙이 놀고 있는 겨울에 씨를 뿌리게 되는 식물들은 가을에 방출되는 미생물을 잡아 봄철을 위해 비축하며 동시에 서리로부터 흙을 보호해 준다. 이를 위해 겨자와 호밀이나 ▲호로파 또는 클로버를 기르자.

▲ 호로파(fenugreek) : 콩과의 식물

## 물을 절약하자

북미의 정원사들은 평균 잔디에 물을 최고 40퍼센트까지 지나치게 주면서 잔디 0.4헥타르당 4만 5천리터 이상의 물을 낭비한다. 물을 지나치게 주는 것은 잔디를 망치고 귀중한 여름철의 물 공급을 다 써버리기 쉬운 일이다.

잔디에 물을 주는 것을 완전히 포기한다면 매년 여름 가정에서 사용되는 물의 4분의 1이 절약될 수 있지만 꼭 물을 주어야 한다면 물이 훨씬 더 천천히 증발하는 저녁에 스프링클러와 호스를 사용하자. 가뭄이 들 때는 잔디에 물을 주지 말자. 잔디가 갈색으로 변한다 해도 비가 내리면 다시 회복될 것이다. 물은 좀더 근본적인 필요를 위해 아주 중요한 자원이다.

## 흙을 정리하자

해충에 저항하는 식물과 잔디는 양질의 건강한 토양을 필요로 한다. 땅을 건강하게 유지하려면 규칙적으로 정원에 유기 비료를 공급할 필요가 있다. 흙을 검사하고 책이나 보고서들을 많이 입수해 지식을 얻자. 그 중요성은 아무리 말해도 부족하다.

## 유기 비료를 선택하자

비료는 식물과 비가 빼앗아 간 것을 정원에 되돌려준다. 자양분이 부족하면 결국 모든 식물들이 죽을 것이므로 정원을 훌륭하게 관리하려면 비료가 대단히 중요하다. 정원에 필요한 주요 자양분 세 가지는 질소와 칼륨과 인이지만 소량의 칼슘과 철, 아연, 마그네슘 또한 필요한 것이다.

유기 비료에는 퇴비 외에도 어분과 ▲캘프회, 나무재들이 들어 있는데 이것을 직접 만든다면 정원을 위해 가장 풍성하고 값싼 자양분이 될 것이다.

## 박쥐 집을 만들어주자

---

▲ 캘프회(kelp meai) : 해초의 재

영국에 서식하는 박쥐들은 모두 해롭지 않고 저녁에 수천 마리의 곤충을 잡아 먹을 수 있다. 박쥐는 법으로 보호되고 박쥐 집을 만들어주면 박쥐들이 정원을 드나들게 할 수 있다.


## 새들을 잘 먹이자

3월 이후에는 새들에게 빵과 건과류 같은 인공 식품을 먹이지 말자. 이러한 것들은 대개 봄철에는 어린 새들에게 충분한 영양을 공급하지 못한다. 새들은 주로 봄에는 벌레와 딸기류의 과실을, 겨울에는 견과류와 사과, ▲수이트와 귀리(빵의 경우 물에 적신 것이어야 함) 같은 인공 식품을 먹고 살 것이다. 말린 코코넛은 몸 속에서 부풀어 새를 죽일 수 있기 때문에 주면 안된다. 딸기류와 씨앗을 생산하고 곤충의 번식을 유지하는 나무와 관목들을 심어 새들이 봄철에 먹게 하자.


## 새들에게 피난처를 제공하자

특별히 나무의 수가 줄어들고 있으므로 새들이 집을 찾도록 도와줄 필요가 있다. 겨울에 피난처가 되도록 상록수와 호랑가시나무 또는 두꺼운 울타리를 심고 집을 제공해 온갖 새들이 정원에 남아 있게 하자.


## 연못을 만들자

정원에 연못이 있으면 다른 정원사들이 필요없을 것이다. 연못은 개구리와 물방개 등의 수생 갑충을 끌어들일 것이고, 연못가를 날아다니는 새들과 모기 유충을 잡아먹는 금붕어들을 지켜볼 수 있을 것이다. 비용을 적게 들이면서 퍼진 형태의 작은 못을 만들려면 질긴 부틸 고무를 기초로 사용한다. 또한 조류(藻類)가 점차 늘어나는 것을 방지하기 위해 연못에 산소를 화합시키는 부유 식물을 심는다.

▲ 수이트(suet) : 소, 양 따위의 지방

"와, 유기 식품이다!"   "엉겅퀴는 누가 기르자고 했을까?"

## 진딧물를 근본적으로 제거하자

진딧물를 죽이기 위해 살충제를 사용하면 역효과를 가져온다. 진딧물 살충제는 일반적으로 그대로 놓아두면 이 기분 나쁜 벌레를 잡아먹는 동물까지 죽인다. 환경에 안전한 세척액의 부드러운 거품을 혼합해 사용하면 진디의 말랑말랑한 층을 제거해 말라죽게 할 것이다.

특히 무당벌레처럼 진디를 좋아하는 벌레를 끌어들이는 식물을 기르자. 그리고 전문가로부터 조언을 받는다. 아무튼 독성으로 인해 다른 나라에서는 금지되어 있으므로 린덴이나 카프탄 같은 강한 살충제를 사용하지 말자.

## 제초제를 확인해 보자

한 전통적인 원예 가이드에서는 많은 1년생 및 다년생 잡초를 효과적으로 방지해 준다는 이유로 여전히 2,4-D를 제초제로 권하고 있다. 그러나 미국에서는 그것을 사용하는 농장 근로자들 사이에서 진귀한 형태의 암이 발병할 가능성이 점점 커지고 있다는 증거가 나와 있다.

## 덮개를 씌우자

땅을 파는 것이 싫다면 정원에 덮개를 씌우는 것도 좋다. 덮개를 씌워주면 채소 산출을 50퍼센트나 늘릴 수 있는 쉬운 방법이기도 하다. 가을에 잡초와 꽃들을 평평하게 하고 두꺼운 퇴비층이나 잘 썩은 비료로 덮은 다음 신문이나 낡은 카펫(검은 비닐 봉지도 좋다)을 위에 씌우기만 하면 된다. 봄이 될 때쯤이면 훌륭하고 비옥한 토양이 될 것이다.

## 관목과 덤불 숲 주위에 호랑가시나무를 심자

관목과 덤불 숲 주위에 호랑가시나무를 심으면 가시투성이 잎을 싫어하는 고양이가 접근을 하지 못한다. 그러나 새들은 아주 기꺼이 호랑가시나무를 견디어 낸다. 그러니 호랑가시나무로 된 방어물을 만들도록 하자.

## 맥주를 이용해 정원을 가꾸자

헌 깡통에 맥주를 반쯤 채워 땅 속에 묻는다. 그러면 즉각 나방 유충들이 이 맛있는 음식에 이끌릴 것이고 전혀 화학 약품에 의존할 필요가 없이 아침이면 수십 마리의 나방 유충을 수거할 수 있을 것이다.

## 유기적으로 뿌리를 내리게 하자

살균제를 사용하지 않고 식물의 뿌리 성장을 촉진시키려면 예부터 내려오는 유기적인 방법을 이용하는 것이 좋다. 버드나무 가지를 잘라 6일 내지 20일 동안 물 속에 담가둔다. 그런 다음에 생긴 혼합물은 ▲퓨셔와 같은 경목 식물의 뿌리를 내리는데 도움이 되는 훌륭한 유기 호르몬이다. 뿌리 성장을 촉진하려면 그 속에 접지를 담그기만 하면 된다. 그 혼합물은 대단히 위험하므로 어린이와 애완동물을 가까이 접근하지 못하게 하고 아주 조심스럽게 표시를 해두어야 한다.

## ▲한련을 심자

덩굴 식물인 한련은 식용 꽃이지만 오이로부터 진디등에를 쫓는데도 도움이 된다. 진디등에가 한련 잎의 안쪽에 이끌리기 때문이다.

## 달(月)을 이용한 재배법을 시도하자

초승달 전에 씨앗을 뿌리면 땅으로 끌어당기는 중력이 더 강하기 때문에 뿌리의 성장을 촉진하고 또한 식물이 안정되고 생존 가능성이 높아진다. 만월 시기에 옮겨 심고 잘라주는 것은 잎의 성장을 더 좋게 하고 약초와 채소의 특성이 더 풍부해진다고 한다.

---

▲ 퓨셔(fuchsia) : 바늘꽃과의 관상용 식물
▲ 한련(nasturtium) : 한련과의 한해살이 풀로 남미가 원산. 잎과 씨는 향미료로 쓰임

## 쐐기풀을 이용하자

쐐기풀은 쓸모가 많은 잡초이다. 쐐기풀은 전세계적으로 5백 종이 발견되나 평범한 쐐기풀은 영국과 같은 온화한 기후에서 널리 나타난다. 비록 이 약초인 잡초에 찔릴 수도 있지만 비타민 함유량이 높기 때문에 과거에는 강장제로 사용되었고 폐와 담이 든 가슴을 깨끗하게 하기 위한 음료로 이용되어 왔다. 정원에 쐐기풀이 있으면 토양이 풍부하고 비옥하다는 표시이다.

쐐기풀을 모아 공기가 통하지 않는 용기에 넣고 물을 부은 후에 4주 내지 6주 동안 내버려두었다가 희석하지 않은 채 사용하면 살충제가 되고 열 배의 물로 희석하면 훌륭하고 기름진 비료가 된다. 게다가 그것은 공짜이다!

## 금잔화로 진디를 교묘하게 속이자

진디를 속이는 데는 금잔화가 최고이다. 금잔화의 냄새는 진디가 좋아하는 꽃들의 냄새를 막아주고 개나 고양이들이 화단에 뛰어드는 것도 막아준다. 금잔화가 있으면 진딧물들을 완전히 속여 딴 꽃들을 진디에서 구할 수 있다.

## 딱총나무 열매와 대황을 섞어 진디에 대항하는 무기로 사용하자

약 1.8킬로그램의 딱총나무 열매나 대황 잎을 4.5리터의 물에 1시간 반 동안 끓이면 뛰어난 유기 살충제가 된다. 여기에다 보통의 순한 비누 1티스푼을 추가하면 혼합물이 잎에 남아 진디를 막는 묽은 액체 스프레이가 된다.

# 애완동물과 환경

### 박하를 이용해 벼룩을 없애자

 박하과에 속하는 박하류의 식물을 최초로 벼룩 퇴치에 이용한 것은 로마인들이었다. 이 성가신 벌레들을 피하려면 고양이나 개의 목걸이에 말린 박하잎을 싸서 넣거나 박하유로 자주 목욕을 시켜주면 된다.
 돈을 들여 인공적으로 만들어진 개망초를 이용하지 말자. 그것은 종종 유독한 유기 인산염 화합물이 함유돼 간혹 애완동물들이 독살되는 치명적인 사고의 원인이다.

### 외국산 새를 사지 말자.

 유럽과 북미 대륙은 야생 조류의 가장 커다란 시장이다. 좀더 가난한 나라들은 수백만 마리의 각종 앵무새와 플라밍고, 잉꼬, 육식 새들을 포획해 팔도록 장려된다.
 잡힌 새들 중 일부는 멸종 위기에 처한 새들이고 90퍼센트는 목적지에 닿기 전에 죽는다. 그들은 충분한 음식이나 마실 물도 없이 플라스틱 통으로 된 상자 속에 처넣어진다. 새들은 종종 자기 몸의 열 때문에 질식해 죽기도 한다. 다른 많은 새들은 검역소에서 기다리는 도중에 죽는다.
 이들 외국산 새들은 애완동물이 아니다. 그들은 박해를 받지 않고 자연 서식지에서 자유롭게 날아다니도록 허용되어야 한다.

### 산 동물을 상품으로 수여하는 것에 반대하자

 박람회장이나 바자 또는 축제의 상품에는 종종 금붕어와 같은 산 애완동물이 포함되고 있다. 이러한 물고기들은 스트레스를 받고 중요한 사망의 원인인 산소

결핍으로 고통을 받는다.
 금붕어는 물의 온도가 잠깐만 바뀌어도 즉사할 수 있고 집에 도착해 폴리에틸렌 봉지에서 수도물 그릇으로 옮기는 것도 치명적일 수 있다. 금붕어는 실내 온도와 같은 물을 필요로 하고 결코 필요한 산소를 공급해 주지 못하는 작은 어항 속에 가두어서는 안된다.
 상으로 주어지는 금붕어를 거절하고 박람회 상인들로 하여금 좀더 생태학적으로 건전한 아이디어를 채용하게 하자.

### 조랑말이나 말은 시골에서 기르자

 도시에서나 시골에서 조랑말은 어린아이들에게 인기있는 애완 동물이다. 세계적으로 말과 조랑말은 종류가 1백 가지가 넘지만 영국 조랑말의 대다수는 아홉개의 황무지 품종의 혈통이다. 그들은 강한 군집 본능을 가진 대단히 예민한 동물이므로 시골에서 다른 조랑말들과 함께 길러져야 한다.
 영국 동물애호협회는 도시 지역에서 조랑말을 기르는 걱정스런 형태의 동향을 보고하고 있다. 그들에게는 적어도 1헥타르(2.5 에이커)의 땅과 움막이 주어져야 한다.

### 일회용 애완동물은 사지 말자

 매년 크리스마스 때면 영국 동물애호협회와 배터시 개 보호소 등의 구제소는 원하지 않는 선물이기 때문에 버려지는 애완동물들을 살펴주고 있다. 그래도 길 잃은 동물과 구제소에 남아 있는 동물들(특히 개)은 거리를 배회하는 동물에 비하면 극히 작은 비율에 불과하다.
 만일 애완동물을 원한다면 신중하게 생각해 운동을 시켜주고 관심을 기울일 시간을 할애할 수 있다고 확신할 때만 사야 한다. 작년에 영국에서는 1백만 마리 이상의 개가 안락사를 당했다. 헌신적으로 돌볼 확신이 없는 것 같으면 다른 사람들에게 애완동물을 선물하지 말자.

## 개를 훈련시키자

강아지는 생후 8주만 되면 집에서 훈련시킬 수 있고 완전히 훈련시키려면 대개 약 1개월이 걸린다. 하수 도랑을 이용하도록 개를 훈련시키는 데는 그 이상의 시간이 걸리지 않을 것인데 놀랍도록 많은 개 임자들이 불결한 포장도로에 별 관심이 없는 듯하다. 개를 훈련시켜 거리를 청결하게 하자.

## 마늘을 이용하자

인간에게 마늘은 중요한 식품이며 동물들에도 유용할 수 있다. 애완동물 애호가들에게 고양이와 개의 구충을 위해 알약으로 된 화학 약품 대신 유독성이 없고 안전한 대용품으로 마늘을 추천한다. 개와 고양이 먹이에 생마늘을 섞어 먹이자.

## 이웃에 방해가 되지 않게 하자

도시에서 개를 기르면 개로서는 필요한 만큼 자주 밖으로 나가지 못할 수 있고 또 이웃은 개짖는 소리에 참아야 하기 때문에 문제가 될 수 있다.

집에서 개를 기르고 있다면 개를 보살펴 가능하면 이 성가신 소음 공해를 막아야 할 책임이 있다. 개에게 충분한 산책과 운동을 시키면 틀림없이 행복해 할 것이다.

## 정원에 암탉을 기르자

정원이 충분히 크다면 개나 고양이 대신 암탉을 기르는 것도 괜찮다. 암탉은 부엌에서 나오는 음식 찌꺼기와 곡식알을 먹여 기를 수 있고 정원을 위한 비료뿐만 아니라 신선한 유기 달걀을 생산할 것이다. 그러나 시골이 아니라면 어린 수탉은 시끄러울 수 있다. 닭을 구하기 전에 신중하게 생각해 보도록 하자.

## 열대 수족관을 거부하자

열대어는 대부분 열대 지방의 민물고기이지만 전세계적으로 판매되기 위해 수출되고 있다. 열대어는 갇힌 상태에서는 기르기가 힘들고 수입된 열대어의 60퍼센트가 구입한지 1년 이내에 죽는다. 때로는 어항이 너무 작고 염소로 소독된 물은 열대어들에게 해로워 희생되고 있다.

외국산 수생 동식물들은 본고장에 남아 있어야 한다.

## 애완동물에게 건강 식품을 주자

오늘날의 개와 고양이들은 건강에 대단히 해로운 식품을 먹는다. 애완동물용인 깡통 제품에는 동물들이 중독될 수 있는 설탕과 홍분제와 방부제가 들어 있다. 깡통은 납으로 오염돼 있을 수 있고 안에 들어있는 고기는 인간이 먹기에는 부적당하기 때문에 애완동물에게 먹이는 것이다. 이상적으로 개와 고양이들에게는 먹이의 내장을 날것으로 먹여야 한다. 처음에는 그들이 이러한 먹이를 싫어할 것이지만 결국은 날 음식을 먹인 동물이 훨씬 더 건강할 것이다. 그러나 그러한 먹이는 손에 넣기가 거의 불가능하므로 애완동물의 식생활 계획에 관한 한 신중한 생각을 해야한다.

  고양이는 먹이의 약 4분의 3이 고기여야 하나 개는 3분의 1만 고기로 하고 나머지는 곡식류와 음식 찌꺼기와 야채로 해도 된다. 대신에 개는 태어날 때부터 채식주의로 길러질 수 있는데 전문기관에서 적당한 식품에 관한 조언을 구하도록 해야한다. 건강한 식생활이 주어지면 개와 고양이가 기생충에 감염될 확률이 적으므로 병원비도 줄어들 수 있다.

## 방울을 달아주자

  영국에서는 매년 고양이들이 적어도 1천만 마리의 새를 죽이고 있다. 고양이의 목에 방울을 달아 새들이 죽음을 당하지 않게 하도록 하자. 방울 소리는 크면 클수록 좋다.

  가능하면 여름과 새의 번식 기간 동안에는 해가 뜰 때와 오전 8시 반 그리고 땅거미가 질 때는 고양이를 내보내지 말자. 이 시간에는 어미새들이 이제 깃털이 갓난 새끼새들을 위해 먹이를 찾느라 분주하기 때문에 주의가 가장 산만해져 있기 때문이다.

내가 하는 자연보호

# 위생과 아름다움

### 아주 단호해지자

　대형 백화점들에서 미용 제품을 쇼핑할 때면 자주 훈련된 미용사처럼 보이는 하얀 가운에 단정한 차림의 판매원이 접근한다. 그러나 그들은 전문 미용사가 아니라 단순히 물건을 팔기 위해 있는 사람들이다.
　우리가 사는 미용 제품과 치료제의 3분의 1은 적어도 이들 판매원들로부터 구입되는데 손님들이 거절을 할 만큼 단호하지 못하기 때문이다. 우리는 정말로 필요하지 않은 물건들을 사서 자원과 에너지를 낭비하고 있는 중이다.

### 손수 헤어 스프레이를 만들자

　현대의 헤어 스프레이들은 에어로졸 형태로서 암을 일으키는 폴리비닐 피로리돈 플라스틱(PVP), 포름알데히드, 인공 향과 알코올을 비롯해 광범위한 합성 화학물을 함유하고 있다.
　헤어 스프레이는 극도로 가연성이고 가끔은 우발적인 흡입이나 눈에 뿌리는 결과에 대해 경고하는 표시가 붙어 있다. 정말로 헤어 스프레이를 사용해야 한다면 직접 만들어 보면 어떨까?
　조제법은 레몬을 통째로 잘라 물 속에 넣고 혼합물이 반만 남을 때까지 끓이는 것이다. 그런 다음 걸러내고 식혀 청결한 머리에 바르면 효과적인 스프레이 대용품이 될 수 있다. 혼합물을 펌프로 작용되는 용기에 담아 냉장고에 넣어두고 쓰면 값싸고 안전하면서 유독성이 없는 스프레이가 된다.

### 매니큐어를 추방하자

　손톱에 칠하는 매니큐어와 그 제거제는 유독한 화학 약품의 묽은 혼합물로 주요 성분은 무서운 페놀, 톨루엔, 포름알데히드, 크실렌이다. 크실렌 같은 화학 약품에 장기적으로 노출되면 신경 계통에 영향을 미치므로 전문가들은 피부 접촉을 피하라고 충고한다.

건강한 손톱은 공기와의 접촉을 필요로 하므로 매니큐어를 추방하도록 하자. 하지만 불행하게도 자연 대용품은 없다.

## 암모니아를 사용하지 않는 파마를 하자

파마 용액에는 일반적으로 삼키거나 흡입하면 대단히 유독한 암모늄 디오글리콜레이트가 들어 있다. 그것은 발진과 종기의 원인이 되고 머리 피부를 통해 혈액 속으로 흡입될 수 있다. 또한 암모니아는 호흡을 곤란하게 하므로 암모니아가 들어 있지 않은 제품을 찾거나 미용사에게 특별히 요청하자.

## 머리를 자연으로 염색하자

머리 염색은 대체로 극히 위험하다. 비록 미국의 법규는 그것에 대한 경고를 금지하는 허점을 갖고 있지만 일부는 발암 물질로 알려져 있다. 머리 염색약에는 암모니아, 세제, 에틸 알콜, 글리콜, 색과 향료, 과산화수소, 납, 유황 합성물들이 함유되어 있다. 영국에는 머리 염색약 사용에 적용되는 법규가 없고 포장에도 완전한 성분 표시가 돼있지 않다.

내용물을 완전히 확신하고 있지 않는 한은 붉은 머리털에는 헤너나 파프리카, 갈색 머리에는 생강과 뜨거운 커피 또는 육두구 씨앗, 벌꿀색 머리에는 ▲카밀레나 실론 차 같은 자연 대용품을 고수하는 것이 더 좋다.

## 정향 나무로 입냄새를 없애자

입냄새를 없애기 위해 어리석게도 암모니아와 과산화수소, 에틸 알콜, 포름알데히드 등이 함유된 양치질 약이 필요하다고 생각하지 말자. 그것이 문제에 대

---

▲ 카밀레(chamomile) : 국화과의 약용식물

연속 멜로드라마 같은 화장품 사업

한 해답은 아니니 우선은 정향 나무를 씹고 양치질을 하면서 식생활을 바꿔보자. 그래도 입냄새가 난다면 치과를 찾아가 본다.

## 동물을 학대하지 않는 제품을 사자

전세계적으로 이익을 위해 실시되는 실험들에서 매년 2백만마리 이상의 동물들이 고통스런 죽음을 당한다. 새로운 미용 용품, 향수, 립스틱, 매니큐어, 화장용 파우더, 헤어 스프레이, 아이 섀도들이 개와 토끼, 침팬지, 쥐들에 실험되고 있다.

립스틱 내용물은 치사량을 실험하기 위해 동물들에게 강제로 먹여진다. 샴푸와 로션은 효과를 실험하기 위해 토끼 눈에 떨어뜨려지는데 토끼는 눈을 깜박이거나 눈물을 흘릴 수 없기 때문에 그 고통을 피할 수가 없다. 그러므로 더이상 동물에 가혹하게 실험된 화장품을 사지 말아야 한다.

## 사향유를 거부하자

사향노루 수컷은 세계에서 가장 귀중한 향료 가운데 하나인 사향 기름을 분비한다. 1킬로그램의 사향을 얻으려면 40마리의 다 성장한 숫 사향노루를 죽여야 한다. 1986년에는 전세계에서 이 절멸 위기에 처한 동물이 3만 7천 마리나 도살된 것으로 집계되었는데 대부분이 불법이다. 현재는 사슴이 희귀하기 때문에 3백 종의 합성 화학 약품으로 진짜를 대신하게 되었다.

동물 권리 보호 단체들은 샤넬 넘버 5, 마담 로차스를 비롯한 일부 향수들에 여전히 사슴의 사향이 들어 있다고 말한다.

사향노루는 국제법으로 보호를 받지만 야생 동물 기금에서 수집한 증거에 의하면 일본과 프랑스가 아직도 사향 기름을 수입하고 있고 그중 80퍼센트는 비합법적으로 취득된 것으로 여겨진다.

## 보습제를 쓰지 말자

피부보호 산업은 영국에서만 해도 연간 4천만 파운드(약 560억원) 상당의 판매고를 올리는 것으로 추정되며 급성장 중이다. 대부분의 피부과학자들은 제품에 별 차이가 없다고 주장하지만 보습제 (모이스춰라이저)의 가격은 28그램 당 50페니(약 700원)에서 50파운드이다.

세계적으로 뛰어난 피부과학자의 한 사람인 앨버트 클리그만 교수는 와셀린과 햇볕에 타는 것을 방지하는 선 크림의 두가지 제품만 사용하라고 권한다. 좋은 겉포장에 돈을 낭비하지 말자.

## 선전을 무시하자

피부를 변하게 하고 DNA 세포를 회복시키며 주름을 제거하고 10년은 젊어 보이게 한다는 요란한 선전에 속지 말자. 영국에서는 미용 제품에 연간 15억 파운드가 소비되는데 대부분은 광고와 판촉에 쓰이고 제품 자체에는 극히 일부분만 투자된다.

판촉은 제품의 효과에 대해서는 전혀 아무것도 증명하지 못하는 거짓 과학 용어들에 의존한다. 선전을 무시하고 (한 예로 주름 방지에 맥아유를 써보는 식으로) 거액을 들이지 않는 대용품을 찾아 보자.

## 납을 사용한 눈 화장품을 쓰지 말자

대개 납을 기초로 한 동양의 눈 화장품인 서마(Surma)는 유독성이며 특별히 어린이들에게 해롭다. 영국 정부는 1985년에 그것이 건강에 해롭다는 엄한 경고를 내렸지만 대부분 상점을 통해서가 아니라 친지들을 통해 영국으로 반입된다. 화장품의 계속적인 납 사용은 심각한 건강의 위협일 뿐만 아니라 환경 문제이기도 하다.

## 좀더 건강한 립스틱을 바르자

립스틱은 라놀린, 와셀린, 실리콘, 왁스, 피마자유, 향수와 대개 에오신이라는 선홍색의 색소를 근거로 한 유제품이다. FD 와 C 레드 넘버 2로 알려진 색상들은 미국에서 금지돼 있지만 영국에서는 아니다.

티탄 2산화물은 핑크색과 불투명한 명암의 색조를 만들기 위해 사용되는 하얀 색소이다.

티탄 2산화물의 계속된 제조는 폐수가 영국 해안 지방에서 심각한 환경 문제를 일으키므로 반대 운동이 일어났다. 위험한 화약 약품을 쓰지 않고 동물 학대의 원인이 되지 않는 립스틱을 사도록 하자.

## 동물을 학대하지 않는 눈 화장품을 사자

대부분의 눈 화장품과 마스카라, 아이섀도, 아이 라이너, 아이 펜슬들은 별다른 표시가 되어 있지 않는 한 동물에 실험된 것들이다. 드레이즈 눈 테스트는 특별히 울거나 눈을 깜박일 수 없는 동물들에게 사용되기 때문에 잔인하다. 일부 눈 화장품들에는 동물성 성분까지 함유돼 있다. 그러한 제품들을 사용하지 말자.

## 피부표백제를 피하자

1960년에 화장품과 향수 산업은 검은 피부를 한 사람들을 매료시키는 새로운 시장을 발견했다. 시장에 나온 좀더 놀라운 제품들 가운데 하나는 피부를 엷게 하는 수은 비누였다. 이것은 계속적인 수은 사용으로 인한 환경 문제는 말할 것도 없고 간과 신장에 심각한 문제를 일으킬 수 있다.

영국에서는 수은 비누가 금지돼 있지만 1985년 런던에 본사를 둔 한 회사가 아프리카 수출 전용이라고 주장하는 수은 비누 생산으로 벌금을 부과받았다.

### 향수 사용을 줄이자

매년 전세계적으로 방향제에 20억 달러(약 1조 4천억원)라는 놀라운 액수가 소비돼 (영국에서만은 4억 파운드) 향수 산업은 세계에서 가장 커다란 미용 산업의 하나가 된다. 그러나 그 돈의 대부분은 광고와 포장에 지불된다.

한 회사는 'Passion'의 향수 판촉에 1천만 달러(약 70억원)를 썼다. 매년 약 50종의 새 향수가 시장에 선을 보이는데 대개가 사치스럽고 화려한 선전을 앞세운다.

많은 제품들의 주요 성분은 발진과 알레르기를 일으키는 향료이다. 일부 향수는 (햇빛에 반응하는) 감광성으로 햇빛 속에서 바르면 염증을 일으킨다. 그러나 향수는 정신을 고양시키는 심리 효과를 발휘한다. 되도록 동물에 실험된 것이 아니고 다시 보충해 넣을 수 있는 병에 든 향수나 순수 방향유를 사용하면 어떨까?

### 산호를 절제하자

산호 보석은 아름답게 보여 전세계 산호초의 지나친 남획과 폐기물 처리와 팔찌, 목걸이, 반지 등의 자질구레한 장신구 거래로 위험에 처해 있다.

산호초는 모든 물고기의 3분의 1을 부양하므로 어류의 본거지가 세계 곳곳에서 서서히 파괴되고 있는 셈이다. 이 귀중한 산호를 보호하자.

### 자연 그대로의 땀을 흘리자

미국 여성의 92퍼센트와 남성 86퍼센트가 방취제를 사용하고 있다. 인간의 체취 대용품을 생산하는 거대한 수익성 산업은 진짜 체취를 갖고 있는 사람들의 수와 걸맞지 않게 상당히 크다. 땀 방지제와 방취제들에는 알루미늄 클로로하이드레이트, 포름알데히드, 암모니아 같은 물질들이 함유돼 있고 화학적으로 생산된 향수와 방향도 들어 있다. 또한 대개는 그 낭비적인 에어로졸 통에 포장돼 있다.

이러한 제품들의 가장 위험한 성분은 아마도 알루미늄이다. 땀 방지제에 함유된 알루미늄은 땀이 나는 것을 방지하기 위해 피부의 털구멍을 막는 작용을 한다. 방취제는 땀을 막지 않고 냄새를 바꾼다.

많은 사람들이 가장 효과적인 대안으로 베이킹 소다를 추천해 왔지만 규칙적으로 몸을 씻는 것이 상당한 도움이 된다. 만일 체취가 불쾌하다면 식생활이나 생활방식을 점검해 보자. 땀을 흘리는 것은 몸이 독을 밖으로 내보내는 방법이므로 특별히 평소 음식에서 이러한 독을 섭취하고 있는지 조사해야 할 것이다.

### 면도용 오소리 털을 거부하자

오소리의 거센 털은 면도용 솔에 가장 좋은 강모로 간주된다. 현재 영국의 시골에서는 오소리가 사냥과 미끼를 이용한 포획과 자연 서식지인 삼림 및 관목의 유실 때문에 아주 희귀한 동물이 되었다.

오소리의 털 만큼 오래 가는 대용품들도 많다. 깨끗한 면도를 위해 오소리를 잡을 필요는 없는 것이다.

### 시계의 태엽을 감아 주자

베터리로 작동되는 탁상시계와 손목시계 대신에 구식의 태엽 감는 시계를 사용하면 어떨까? 이것이 훨씬 더 값도 싸고 이 단순한 과학 원리는 수년간 쓸 수 있다는 의미일 것이다.

### 자연을 이용해 손톱을 손질하자

손톱의 각피를 부드럽게 하기 위하여 합성 화학 약품을 이용하는 방법 대신 올리브유를 사용하자. 올리브유를 일주일에 한번만 발라주면 부드러운 손톱을 간직할 수 있다.

# 의복

### 튼튼하고 발에 잘 맞는 구두를 사자

영국에서는 연간 2억 켤레의 구두가 판매되는데 대개 발에 안 맞는 구두들이다. 1~2년 사이에 여러 켤레의 구두를 사는 대신 튼튼하고 발에 꼭 맞는 구두를 선택하자.

믿기지 않겠지만 북미 여성들의 45퍼센트가 유행을 따르기 위해 불편한 구두를 신고 있으며 적어도 북미 남성의 20퍼센트도 똑같은 실수를 범하고 있다. 자신에게 친절을 베풀어 최신 유행이 아니라 발에 맞는 구두를 고집하자.

### 다리미질을 덜 하자

다리미는 이미 기원전 4세기에 그리스에서 사용되었으나 1882년에 이르러서야 비로소 전기 다리미가 발명되었다. 전등 설비가 가능하고 소켓을 플러그로 이용할 수 있는 북미 대륙에서는 점점 많은 수의 가정들이 전기 다리미를 사용하게 되었다.

다리미질은 많은 에너지를 사용하며 결과적으로 온실 효과를 높이는 탄산가스를 발생하게 한다. 대부분의 의류에는 전혀 다리미질이 필요없다(어떤 사람들은 아직도 내의와 손수건을 다림질한다). 스스로 상당한 수고를 덜게끔 다리미질을 최소한으로 줄이자. 또한 다림질을 하는 시간을 정해 다리미를 거듭하는 낭비를 피하자.

특히 증기 다리미는 건식 다리미 보다 더 많은 에너지를 소비한다.

### 추울 때는 옷을 많이 껴입자

1년 내내 고집스럽게 여름옷을 입으면서 겨울에 중앙 난방의 온도를 올리는

'다리미질을 덜 합시다' 와아!

사람들이 있다. 그렇게 하면 많은 에너지가 소비되고 오염을 증가시키며 비용이 더 들게 된다.

추운 날씨에는 인위적으로 온기를 만들어 내려 하지 말고 체온을 유지하게 하는 따뜻한 옷을 많이 껴 입어야 한다.

## 알좀약을 사용하지 말자

알좀약은 삼키면 대단히 유독한 디클로로벤젠이나 파라디클로로벤젠 또는 나프탈렌이 원료이다. 조사 결과 이러한 물질들은 실험실 동물들에게 암을 일으키는 것으로 밝혀졌다. 또한 환경 속에 아주 끈질기게 남아 있으며 장기적으로 이러한 물질에 노출되면 간과 신장이 손상되는 원인이 될 수 있다.

알좀약을 사용하는 것은 이러한 화학 약품의 증발 기체와 분자를 옷에 계속 뿌린다는 의미이다.

좀더 안전하고 값싼 대안으로 라벤더 봉투를 사용하고 좀나방의 알이 스는 것을 막도록 옷을 청결하게 보관하자.


## 옷을 빨랫줄에 널어 말리자

궁극적으로 옷을 말리고 소독하는 것은 태양이다. 집에 정원이나 발코니가 있다면 옷을 말리는 최고로 좋은 방법은 옥외의 빨래줄에 너는 것이다. 회전식 건조기는 4킬로그램의 옷을 건조시키는 데 시간당 3킬로와트의 전기를 사용하므로 돈이 들 뿐만 아니라 오염을 더 늘리는 원인이 된다.


## 열대 우림 구두를 사지 말자

영국에서 매년 1억 8천 8백 70만 켤레의 구두 생산에 사용되는 수입 가죽의 일부는 남미가 원산지이다. 가죽은 소 방목 산업의 부산물 가운데 하나로 이는 광대한 열대 우림 지역을 파괴하고 있다. 비록 남미 국가들은 외채를 갚기 위하여 소득을 절실히 필요로 하지만 구두를 살 때는 좀더 자세히 들여다보고 되도록 국산품을 사자.


## 대체 표백제를 사용하자

태양은 생태학적으로 가장 유익한 표백제이다. 그러나 햇빛이 빛나고 있지 않을 때는 염소 처리 표백제 대신 소금과 석회석, 과산화수로 만들어진 과산화나트륨을 사용할 수 있다.

분말 세제로 된 광학 표백제는 사용하지 말자. 그것은 단순히 더 깨끗해진 것처럼 생각되게 속일 뿐이다. 과산화나트륨은 오직 높은 온도에서만 작용한다.

대체 비누 제조업체인 이커버사는 영국에서 60도 이하의 온도에서 색깔이 있는 옷을 세탁하느라 연간 5만 톤의 퍼보레이트가 낭비된다고 추정한다. 정말로 꼭 필요한 때만 세탁에 표백제를 사용하고 좀더 안전한 대안을 선택하자.


## 자연을 덜 해치는 섬유 연화제를 사용하자

섬유 연화제는 순전히 합성 섬유에 점차 늘고 있는 정전기를 감소시키기 위해 발명되었다. 능란한 광고와 판촉 활동으로 사람들은 모든 의류에 그것이 필요한 것으로 생각하게 되었다. 그러나 그것은 많은 사람들에게 알레르기 반응을 일으키는 화학 약품 찌꺼기를 모든 섬유에 남기고 있다. 또한 연화제는 스웨터에 있는 자연발생적 기름을 분해하여 더욱 더럽게 되는 원인이 된다.

정말로 섬유 연화제가 필요하다면 옷을 마지막으로 헹굴 때에 4분의 1컵의 투명 식초를 사용해 보자.

### 비누 조각으로 얼룩을 제거하자

대부분의 얼룩은 옷을 세탁물 속에 집어 넣기 전에 부드러운 비누 조각과 따뜻한 물로 잘 문지르면 완화될 수 있다. 해롭고 낭비적인 화학 약품에 돈을 쓰지 말자.

### 직접 녹말 스프레이를 만들자

셔츠에 밀착감을 높이는 분무 녹말 에어로졸은 일반적으로 대단히 유독한 제품이다. 그것들에는 포름알데히드와 펜타클로로페놀과 페놀이 함유돼 있을 수 있고 부식성이 있으며 피부에 닿으면 위험하다. 또한 열이 가해지면 독한 연기를 내뿜는다. 1 티스푼의 옥수수 녹말을 1리터의 물에 녹여 흔든 다음 재보충이 가능한 스프레이 병에 넣고 뿌려보자.

### 드라이 클리닝을 절제하자

드라이 클리닝에 사용되는 용제들은 건강과 환경 문제의 원인이 되는 것으로 알려져 있다. 퍼클로로에틸렌은 눈과 목을 집중적으로 자극하고 열이 가해지면 독성의 연기를 낸다. 또 물 속에서는 유독하므로 결코 하수구로 버리면 안된다.

일부 용제들은 오존층을 해친다고 알려져 있으므로 완전히 금지돼야 한다. 꼭 드라이 클리닝만 해야 되는 의류를 사지 않으면 그 위험을 최소화할 수 있다.

## 옷 쇼핑에 인색하자

우리는 모두 정말로 원하지 않는 옷들을 사고 있다. 영국에서만 해도 한번도 입지 않고 필요없는 3백억 파운드 상당의 옷들이 옷장과 서랍 속에 방치돼 있는 것으로 추정된다. 옷을 쇼핑하러 갈 때는 인색하자. 몸에 맞지도 않는 옷을 사는 것은 비합리적이다.(정확히 언제 그 만큼의 체중을 늘리거나 줄인단 말인가?) 단지 세일이라는 이유로 필요하지 않은 옷을 사지는 말자.

## 스타킹을 절제하자

여성들은 그리스에서 부드러운 가죽인 시코스로 다리를 가렸던 서기 600년부터 스타킹을 신어 왔다. 라틴어로 고쳐 쓴 사커스는 나중에 ▲삭이 되어 로마에서 영국섬으로 전해졌다. 초기의 영국제 스타킹들은 실크로 만들어졌지만 최근에는 연간 약 5억 켤레의 스타킹이 나일론으로 생산된다.

나일론 스타킹은 1938년 미국에서 화학 약품 회사인 뒤퐁에 의해 발명되었고 첫 해에 3백만 켤레가 팔렸다. 나일론 스타킹은 처음에는 실크 스타킹보다 더 오래 가는 것 같았으나 오늘날에는 여성들이 1년에 평균 25켤레의 나일론 스타킹을 소비한다.

나일론 스타킹은 미생물에 의해 분해되지 않고 종종 ▲아구창과 같은 건강 문제와 연관된다. 면 스타킹이나 양말을 좀더 자주 신거나 아니면 맨 다리를 즐기자.

## 유행을 단계적으로 철수하자

최신 유행의 첨단 의상들이 1년에 네번씩 만들어져 나온다. 그리고 우리가 최신 유행에 따라 의상을 계속 바꾸도록 색깔의 유행과 모양, 크기가 달라진다. 유행은 우리 문화의 중요한 부분이지만 순진한 고객들을 설득해 매년 수십억 벌의 옷을 사게 하는 선전 판매 전략이 되었다.

---

▲ 삭(sock) : 짧은 양말

▲ 아구창(thrush) : 어린아이의 입술과 잇몸이 헐어서 썩는 병

잘 만들어진 고전적인 옷들은 판매를 위해 일시적인 유행을 필요로 하지 않기 때문에 좀더 오래 유행하게 된다. 단지 유행 때문에 옷을 사지는 말자.

### 에너지에 효율적인 세탁기를 구입하자

영국에서 옷을 세탁하는데 필요한 에너지는 중요한 온실 가스인 탄산가스를 3백 5십만 톤 이상 생산한다. 세탁기를 새로 구입해야 한다면 에너지를 효율적으로 이용하는 것을 선택하자. 우리 모두가 그렇게 한다면 생산되는 탄산가스의 수준을 60퍼센트 이상 감소시킬 수 있다.

미국 정부는 모든 전기 제품에 에너지 표시를 하도록 규정했고 이것은 고객들이 제품을 사기 전에 절약할 수 있는 액수를 계산할 수 있게 하였다. 대부분의 회사들은 자기 회사 모델에 대해 자세한 정보를 명시하지만 판매원으로부터 더욱 확실한 정보를 알아내야 한다. 가정에서 그것을 답습하면 상당한 돈을 절약하고 오염을 줄일 수 있다.

### 동물에 실험된 옷은 사지 말자

의류 산업은 교묘하게 동물을 이용하고 있다. 모피, 가죽, 울, 목면, 합성 의류의 생산과 가공에, 동물에 실험된 화학 약품, 약제, 왁친, 표백제, 염료, 살충제가 필요하다. 동물에 실험된 의류는 거부하자.

동물이 관련되지 않은 옷을 보장할 수 있는 기업의 수가 점차 늘고 있는 것에 주목하여 보자.

### 모피 거래에 반대하자

모피 코트는 도시 지역에 사는 우리들에게는 사치스런 옷이다. 모피 코트는 생존을 위해 필요한 것이 아니라 단지 신분의 상징 역할을 할 뿐이다. 또한 붉은 여우, 스라소니, 표범, ▲오셀로와 같은 동물들이 전세계적으로 잔인하고 원시적

---

▲ 오셀로(ocelot) : 중남미산의 표범 비슷한 스라소니.

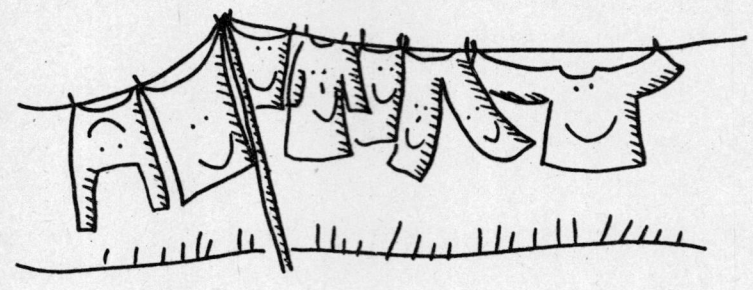

인 포획 방법이라고 비난을 받아온 강철 덫에 걸리는 등 비인간적인 관례들이 많다. 그러한 동물들 가운데 많은 수가 멸종되어 가고 있지만·우리가 모피 거래를 반대하기 전에는 계속해서 잡힐 것이다.

진짜 모피 코트를 소유할 권리가 있는 유일한 생물은 동물 그 자신이다.

## 손수 옷을 만들어 입자

창조력을 발휘해 직접 옷을 만들어 입자. 재봉틀과 시간, 기술이 가능하다면 돈을 절약하면서 좀더 자립하게 되고 개성적으로 옷을 입을 수 있다.

## 상표를 자세히 읽자

식품에 붙어있는 상표를 읽는 것만으로는 충분하지 않다. 옷에 붙어 있는 상표도 읽어야 한다. 자연과 합성 섬유의 혼합에 유의하고 드라이클리닝을 해야 하는지 아니면 손 세탁이 가능한지 세탁이나 클리닝에 대한 설명에 유의하자. 에너지를 절약하고 화학 약품과 특수 세제 소비와 물론 오염까지도 줄여줄 수 있는 의류를 선택하자.

## 대체 실크를 사자

중국은 4천년 이상 세계 최대의 실크 생산국이었으며 뽕나무 나방의 이용은 좀더 집약적이고 기계화되었다. 50마리의 나방은 2만개 이상의 알을 낳을 수 있고 정확히 3주일 후에 생사를 만들어 낸다.

끓는 물이나 산 속에 넣거나 가스를 주입하면 번데기가 죽고 누에고치는 그대로 남아 현대적인 동력 직조기를 위해 필요한 결합력을 갖는 가는 연사가 만들어진다. 뜨거운 물에 담가 부드럽게 된 누에고치에서 실을 뽑아내 손으로 감은 생사는 고르지 않고 동력 직조기에 적당하지 않다.

대체 실크에는 해초에서 뽑아낸 알긴 섬유와 땅콩에서 뽑아내는 아딜, 옥수수에서 뽑아내는 비카라 등이 있다.

## 구두를 닦자

구두약은 구두를 좋은 상태로 유지하는데 도움이 되고 따라서 비를 맞아도 좀더 오래 신을 수 있게 한다. 그러나 독성이 없는 약을 써야 한다. 미국에서의 실험 결과 보통의 구두약에서 염화 메틸렌과 니트로벤젠 등 일곱 가지의 유독 성분이 발견되었다.

디클로로메탄으로도 알려진 염화 메틸렌은 동물에 암을 일으키는 요인으로 알려져 있고 인간에게 강한 피부 염증을 일으킨다.

동물에 실험하지 않은 색소와 식물성 기름과 유기 왁스가 들어간 구두 세제를 사도록 하여 우리가 생산하는 불필요한 화학 제품의 수를 줄이자.

## 의류를 재활용하자

낡은 옷이 구호품 가게에서 재생 이용하기에 적합하지 않다고 느껴지면 집에서 해보자. 닳아 해진 타올은 작은 사각형으로 잘라 손수건을 만든다. 헌 시트와 셔츠들은 행주나 가구를 닦는 수건으로 변형시킨다.

단추나 지퍼와 벨트 등은 떼어 깡통 속에 보관해 두었다가 비상시에 사용하거나 무언가를 손수 만들 때 요긴하게 쓸 수 있다.

# 건강과 행복

### 자동차에 반대하는 운동을 하자

자동차가 우리의 건강에 미치는 영향은 심각하다. 영국에서 막대한 양의 아황산 가스와 질소 가스 그리고 납 외에도 체내 조직 속에서 혈액의 산소 운반을 방해하는 일산화탄소가 4백 52만톤 가량 방출된다.

임산부와 어린 아이들은 특히 위험에 처해 있다. 세계 보건기구의 일산화탄소 방출에 대한 제한은 1987년 이후 런던에서 줄곧 위반돼 왔다. 매년 자동차에서 환경 속으로 방출되는 74만톤의 산화 질소와 54만 5천톤의 탄화 수소는 햇빛을 받으면 오존을 형성한다. 환경 속에 오존의 수준이 증가하면 할수록 심장병 환자도 늘어난다.

보다 건강하려면 자동차에 반대하는 운동을 벌이자. 대중 교통이나 자전거를 이용하든지 아니면 다른 대안을 찾자.

### 손수하기 재료로 부터 스스로를 보호하자

돈과 에너지를 절약하기 위한 경쟁에서 많은 사람들이 가정의 단열 응용에 잠재적으로 해로운 재료들을 사용하고 있다. 예를 들어 영국 정부는 석면으로 단열을 해야 한다며 이때는 마스크와 두꺼운 고무 장갑을 착용해 결코 재료에 피부를 노출시키지 않도록 극도로 조심해야 한다고 충고한다.

작업이 끝나면 마스크를 쓰레기통 속에 집어넣고 옷을 모두 세탁하고 남은 단열제는 즉각 봉투에 따로 담아 버려야 한다. 그리고 작은 입자들이 집안으로 날아드는 것을 방지하기 위해 다락방의 문과 출입구는 모두 닫아 두어야 한다.

위의 경고 사항들은 모두 심각하게 받아들여져야 한다. 에너지 절약도 중요하지만 건강 또한 아주 중요한 것이다.

## 질 세척제나 세제를 사용하지 말자

여성용 세척제에는 일반적으로 암모니아, 세제, 인공 향, 피부에 쉽게 흡수되고 대단히 유독한 페놀이 들어 있다. 소위 여성용 위생 스프레이들은 물론 인공 화학 약품이 들어간 에어로졸이다.

그처럼 불필요한 약품이 없이도 규칙적으로 씻으면 청결을 유지할 수 있다. 걱정스런 질 냄새나 분비물이 있다면 냄새를 감추려 애쓰는 것 보다 의사를 찾아가는 것이 훨씬 더 좋다. 목욕물에 차나무와 라렌더 오일을 소량 떨어뜨려 사용해보자.

## 나무를 사랑할 줄 알자

나무는 이 지구상의 모든 식물 중에서 가장 당당하고 가장 오래된 식물로 자랑스럽게 서 있다. 실제로 일부 건강 전문가들은 정력을 얻기 위해 나무 껴안기를 추천한다. 참나무 아래 5분 정도 앉아 있으면 기분이 차분하고 침착해질 수 있다.

우리 모두 나무를 사랑할 줄 알자.

## 상처는 깨끗한 알콜로 소독하자

사실상 가장 잘 알려진 일부 소독약들에는 부식성이 있어 위험하다고 하는 염화 페놀 혼합물인 트라이클로로페놀이 들어있다. 105그램의 페놀은 사망의 원인이 되고 피부로 흡수되면 유독한 것으로 알려져 있다.

경미한 상처는 따뜻한 비누물 또는 소금물이나 금잔화 물약으로 가볍게 씻어주면 된다. 심한 상처라면 병원에서 치료해야 한다

## 인두염은 샐비어 잎차로 치료하자

한번은 입천정을 벤 적이 있었다. 2주일 동안 화학 약품으로 된 양치질 약과 방부제를 사용했지만 소용이 없었다. 그때 한 친구가 내게 자신을 너무 무자비하게 다룬다고 말하며 끓인 샐비어 잎차로 양치질을 하거나 마시라고 권했다.

그것은 정말 효험이 있었고 나는 그 이후로 아픈 목이나 편도선, 부스럼, 벤 상처에 그것을 추천해 왔고 한번도 실망한 적이 없었다. 다만 샐비어 잎차는 맛이 지독하므로 어린 아이에게 마시게 하려면 꿀을 약간 타는 것이 좋다. 욕실 캐비닛에 화학 약품을 줄이고 샐비어를 준비해 두자.

### 병원 구내에 나무를 심자

창문으로 나무를 볼 수 있다면 병원 입원 환자들이 좀더 빠른 회복률을 보인다는 증거가 있다. 지방의 자연보호 단체들은 병원과 협력해 병원 구내에 아름답고 평화로운 분위기를 조성해야 한다.

특별히 과수원을 만들면 나무 뿐만 아니라 열매도 제공해 유익할 것이며, 간호를 도와줄 만큼 건강한 환자들에게는 일종의 치료법을 제공할 수도 있다.

### 야생 침팬지를 보호하자

의료 연구를 위한 동물 실험은 논쟁의 여지가 있는 문제이다. 많은 알약과 특효약들이 인간에게 주어지기 전에 안전과 반응을 검사하기 위해 동물들에게 실험되어 왔다. 그러나 이러한 실험에 반대하는 중요한 이유가 있다. 아프리카 침팬지들은 의료 연구용으로 수출되고 있기 때문에 점점 더 위협을 받고 있다.

침팬지는 인간들에게서 발견되는 것과 유사한 혈액형을 갖고 있으며 따라서 이러한 연구에 대단히 유익하다. 세계 자연보호 기금은 영장류의 34퍼센트가 피해를 입기 쉽다고 판단한다.

특효약에 대한 필요성이 아무리 크다 해도 우리 자신을 치료하기 위해 다른 영장류의 동물이 절멸되게 할 수는 없다. 반드시 모든 실험들이 인간의 생명을 구하기 위해 필요하다고 정당화될 수는 없다.

침팬지들은 기껏해야 터무니없고 야만적인 이유들 때문에 감전사를 당하고 굶고 두들겨 맞으며 불에 태워지고 눈이 멀며 종종 진통제도 없이 살해 되어 왔다.

## 마약의 동물 실험을 반대하자

1984년 텍사스대학은 행동을 조사하기 위해 환각제인 LSD를 새끼 고양이들에게 주사했다. 새끼 고양이들은 조정이 불가능하게 되었고 구토와 몸의 경련 같은 반응을 보였다. 아무튼 인간에게는 다를 수도 있는 반응을 결정하기 위해 동물들에게 그러한 마약을 주사할 필요는 없다.

## 약 복용을 줄이자

영국에서는 공적으로 인가된 1만 8천 종류의 약이 판매되고 있으나 세계 보건기구는 절대적으로 필요한 약제와 왁친은 5백 종류에 불과하다고 말한다. 모든 처방약 가운데 오직 3분의 1만이 적절하게 조제돼 복용된다. 제약 산업은 단지 우리를 좀더 건강하게 하기 위해서가 아니라 이익을 얻기 위하여 점점 더 많은 약을 사게 하려 애쓴다.

우리의 생활방식과 음식 그리고 몸에 가해지는 스트레스는 대부분 예방될 수 있다. 알약을 먹기 전에 신중하게 생각하도록 하자. 정말로 필요한가 아니면 문제를 해결하는 다른 방법이 있는가를 모색하자.

## 과식을 하지 말자

소위 선진 사회에서 가장 커다란 비극 가운데 하나는 사실상 풍요가 우리를 죽이고 있다는 것이다. 동물성 지방이 높은 음식과 콜레스테롤이 풍부한 낙농식품과 설탕 및 정제 가공 식품의 지나친 섭취는 심장 마비와 비만과 고혈압을 가져온다. 영국에서는 그것이 사망의 주요 원인이 되고 있다.

음식을 적당히 먹으면 좀더 건강한 삶을 누릴 것이고 폐기물과 지나치게 정제된 식품과 포장을 줄임으로써 지구를 도울 것이다.

## 암 특효약을 발견하기 위한 동물 실험을 거부하자

의술의 가장 터무니없는 가공의 일 가운데 하나는 무시무시한 병인 암에 대한 치료법을 발견하기 위해 동물들에게 약을 실험해야 한다는 것이다. 세계 보건기구는 암의 80퍼센트가 생활 방식 및 환경 요인과 관련이 있으며 따라서 대부분 예방될 수 있다고 말한다.

산업용 화학 약품, 흡연, 식품 중독, 나쁜 식사 습관은 모두 암의 원인으로 알려져 있다. 과학자들은 50년 동안 동물에게 실험을 한 결과 다른 연구 방법들이 좀더 비용을 절약하는데 효과적이고 인간적이며 더 정확하다는 사실을 발견했다. 인간에 대한 임상 치료는 화학 요법 치료에 사용된 약제에 대해 최초의 중요한 난관을 타개하기 위해 사용된 방법이었다.

이제는 열 가지 종류의 희귀한 암이 인간 연구에 의해 개발된 약으로 치료될 수 있다. 영국 국립 암 연구소는 현재까지 50만 마리의 동물에게 특효약들을 실험해 왔으나 성공률은 0.0001퍼센트에 불과했다. 이러한 동물 학살은 정당화될 수 없다. 동물을 실험하지 않는 암 연구소들을 지원하고 다른 동물 실험을 중단하도록 요청하자.

### 자기 관리를 하자

자기 관리를 하자. 자신의 건강을 관리해야 다른 사람들을 돌볼 힘이 있을 것이다. 진정으로 지구를 구하고 싶다면 우선 자신을 구하는 것이 첫걸음이다.

다른 어느 누구도 자기 자신 만큼은 관심이 없을 것이다. 충분한 수면을 취하고, 건강에 좋은 음식을 먹고, 스트레스 정도를 줄이고, 불필요한 화학 약품에 스스로 노출되지 않도록 하며 적당한 체격을 유지하자.

### 생태학에 깊은 관심을 갖자

여러 집단의 사람들이 호주의 열대 우림에서 지구의 절망적인 상태를 의논하기 위해 만났다. 그들은 두렵고 화가 났으며 혼란스러웠다. 주위의 모든 것이 붕괴 상태에 있는 듯했고 그들이 구하고 싶어하는 숲은 재목을 위해 벌채하여 곧 파괴될 예정이었다.

그러한 모임의 결과로 1984년에는 인류협의회가 발족되었는데 앞으로의 기념 사업에 기대하는 사람들에게는 특별히 위안이 되었다. 많은 사람들은 자연과의 불가분한 관계를 느끼지만 자연과 친밀한 관계를 즐기면서 그 접촉으로부터 힘을 얻는 기회를 갖는 사람은 거의 없다.
　심오한 생태학은 인간이 지구와의 관계를 기억하고 삶을 재평가하도록 도와주고 책임과 영감, 명쾌함을 발견하도록 돕는데 그 목적이 있다.

### 쇠고기 섭취를 줄이자

　점점 늘어가는 소의 숫자는 지구에 희한한 문제를 제기하고 있다. 소는 트림을 하고 방귀를 뀌면서 강력한 온실 가스인 메탄을 방출한다. 그 뿐만이 아니라 우선 소를 사육하려면 스테이크에서 얻는 에너지의 20배나 되는 에너지가 필요하다. 그것은 수백만 명의 사람들을 위한 주식으로 사용될 수 있는 막대한 양의 곡식과 콩이 소를 먹이기 위해 재배된다는 의미이다.

### 직접 두통을 퇴치하자

　두통의 십중팔구는 불안, 우울, 근심과 다른 감정적인 문제들을 비롯한 스트레스의 결과이다. 미국 식품의약국의 조사관들은 그러한 유형의 두통에는 알약이 아무런 위안을 제공하지 못한다는 결론을 내렸다. 그들은 열이나 숙취가 있을 때만 알약을 복용하라고 권한다.
　두통의 자연 치유를 위해서는 카밀레나 박하 또는 로즈메리 같은 약초탕을 마시고 마사지를 받으면서 목의 근육을 풀어주며 스트레스를 줄이고 잠을 좀 자도록 노력한다. 또 양 발을 바닥에 꼭 붙이고 곧은 자세로 똑바로 앉아 머리에서 에너지가 빠져나간다고 상상한다.
　이처럼 단순한 조치들을 이용하면 영국에서 매년 좀더 급성인 질병들에 대한 연구를 위해 약제에 소비된 15억 파운드라는 거액의 돈과 상당한 자원을 절약할 수 있다.

### 인구 계획을 지원하자

　여성의 무력함, 환경의 타락, 사회의 불완전과 기아는 현재 이 지구가 당면해 있는 인구 문제의 주요인들이다. 빈곤한 국가들의 가난한 사람들에게 있어서 유일한 힘의 원천은 자식이다. 선진공업국들이 취해야 할 단 한가지 가장 중요한 조치는 세계 여성들에게 가족 계획을 할 수 있는 힘을 나누어 주는 것이다. 국제 정책은 바뀌어야 한다.

해결책은 단지 약이나 주사를 제공하는 것만이 아니라 부(富)와 지식을 모든 사람과 나누는 것이다.

### 식생활의 균형을 유지하자

미국인은 평균 매일 2킬로그램의 음식을 소비하지만 벨기에는 하루 평균 3,850 칼로리로 1989년에 최다 칼로리 소비국이라는 명예가 주어졌다. 과식을 하지 않고도 맛있고 영양이 풍부한 음식을 즐길 수 있다. 이 지구를 구하는 일은 또한 인간을 구하는 일이다.

### 중독에서 헤어나자

커다랗고 비옥한 땅들이 대체로 산업화된 세계에 살고 있는 소수의 담배, 설탕, 커피, 알콜 중독자들을 먹여 살리는 일에 바쳐진다. 중독자들은 전문 단체로부터 도움을 받을 수도 있지만 중독의 원인과 결과를 깨닫는 것이 절대적으로 중요하다.

지구전체가 각종 중독들이 환경과 수명에 미치는 해를 공동으로 책임져야 할 필요가 있다.

### 탐폰을 사용하지 말자

탐폰은 미국에서 중독성 충격 증후군과 탐폰 사용 사이에 직접적인 연관이 있다는 사실이 발견된 1980년대 초반 이후로 줄곧 논쟁에 휘말려 왔다. 그러나 1942년에도 의사들은 탐폰 사용에 대해 염려를 표시했고 좀더 최근의 조사에서는 탐폰을 사용하는 여성들의 75퍼센트가 문제에 부닥친다는 것이 드러났다.

탐폰은 환경에도 해를 미친다. 목면은 살충제의 도움을 받아야만 생산되고 목제 펄프에서 얻어지는 레이온은 부산물로 디옥신을 형성하며 강과 바다를 오염시키는 염소를 이용해 만들어진다. 또한 탐폰은 살균되지 않는다. 1989년도에는 여성환경네크워크가 생리대 보호 스캔들을 발표해 탐폰 업계를 폭로했었다. 탐폰 대신에 생리대를 사용하도록 하자.

## 알레르기의 정체를 알아내자

오늘날의 극도로 오염된 환경은 알레르기를 비롯해 유사한 질병들의 증가에 직접적인 원인이 되고 있다. 알레르기는 (인명을 빼앗을 수 있는) 천식, 습진, 활동항진, 화분증, 복통 등을 수반할 수 있다. 인류는 화학 약품에 대한 민감성 때문에 많은 식품과 약품들에 대해 알레르기를 일으키게 되었다.

런던 나이팅게일 병원에서 알레르기 및 환경을 담당하는 진 먼로 박사는 화학 약품에 대한 과민의 만연을 유행성이라고 평했는데 우리의 몸이 화학 약품의 자극에 예민한 반응을 보이면서 엄청난 스트레스를 받는다고 한다.

식품 중독, 공기 오염, 살충제, 물 오염 그리고 다른 화학 약품의 자극을 줄이거나 제거하면 알레르기의 위험을 감소시킬 수 있다.

## 사소한 병에는 약초를 이용하자

우리가 앓는 병의 많은 수는 인두염이나 부스럼 또는 벌레 물린 데나 두통과 같은 사소한 것들이다. 우리가 매일 입으로 넘기는 수십억 개의 알약 대신에 다양한 대안들이 있는데 수세기 동안 전해져 내려오는 것들이다.

사소한 병에는 자연 치료법을 이용하자. 전문 서적을 참고하고 믿을 만한 건강 식품점에서 약초를 구입하되 무엇보다도 자신의 몸과 고통의 원인을 알게 되어야 한다. 그러면 몸에 대해 긍정적인 태도를 갖게 되어 스스로의 치유에 도움이 될 수 있을 것이다.

## 동독(同毒) 요법을 이용하자

▲동독 요법은 독은 독으로 푼다는 원리로 작용한다. 동독 요법은 약초, 소금, 광천수, 어떤 경우에는 엷게 희석한 병든 조직으로 만든다. 그 희석시킨 약물은

개인의 몸이 갖는 스스로의 치유 과정을 자극하기 위해 오히려 완친처럼 환자에게 주어진다.

이 요법은 개인의 가족 내력, 기호, 감정을 고려해 정확하게 처방되므로 가벼운 증세 외에 다른 병을 스스로 치료하려 애쓰는 것은 현명하지 않다.

동독 요법은 확실히 효과가 있고 많은 이들이 훌륭한 결과를 얻어 왔다. 동독 요법은 환경에 거의 또는 전혀 해를 미치지 않으면서 환자 치료에 육체와 정신을 통일적으로 보는 자세를 부여하고, 동물 실험의 기록이 없기 때문에 틀림없이 미래의 의학이 될 수 있을 것이다.

## 자연스럽게 감각을 자극하자

자극과 청결에 방향유를 이용하자. 에어로졸 공기 청정제와 화학 약품으로 된 목욕용 오일 대신 사용할 수 있는 방향유는 마사지에도 훌륭하다.

방향유는 향기로운 나무와 풀에서 얻어지고 방에 특별한 분위기를 조성하기 위해 촛불에 가까이 하면 멋진 냄새가 난다. 또한 방향유는 광범위하게 입수할 수 있다.

## 침술 요법을 시도하자

침술은 동양에서 3천년 이상 행해져 왔다. 이 치료 기술의 원리는 음(陰)과 양(陽)이라는 두 개의 대립하는 힘이 균형을 이루고 있는 것이 건강이고 음과 양이 더 이상 조화를 이루고 있지 않을 때는 두 힘이 끊임없이 유동하는 상태로 육체가 아프게 된다는 것이다.

침술은 날카로운 침으로 몸의 선을 따라 중요한 부분들을 자극함으로써 균형을 바로 잡고 생명력을 전한다. 그것은 정신과 육체를 하나로 보는 치료법으로 알려져 있고 스트레스와 감정을 육체의 병과 함께 생각하며 만성적인 고통에 60퍼센트 효과가 있다고 말해진다. 또한 화학 약품이나 약제를 사용하지 않고 환

---

▲ 동독요법(homoeopathy) : 어떤 증상과 비슷한 증상을 나타내는 약물을 조금씩 환자에게 주어 치료하는 방법

경에 불리한 영향을 미치지도 않는다.


## 긴장을 풀자!

스트레스와 스트레스에 관련된 병들이 현대 질병의 대다수를 차지한다. 명상은 긴장 완화에 도움이 될 수 있다.

강좌에 참여하거나 집에서 조용히 앉아 반 시간 정도 호흡에 전념해 보자.


## 재사용이 가능한 실금 패드를 써보자

네 명의 여성 중 한 명은 살아가면서 언젠가는 실금을 경험하는데 지난 수년 간 기업들은 대개 부피가 크고 값비싼 종이로 된 일회용 실금 패드를 판매해 왔다. 그것이 환경에 미치는 효과는 제지 공장에서 종이가 표백될 때 디옥신과 푸란 형태의 오염에서 부터 처리에까지 미친다.

플라스틱띠는 미생물로 분해되지 않고 포장된 채 쓰레기통 속에 버려지면 약 5백년 동안 그대로 남아 있을 것이다. 부피가 큰 종이 냅킨보다 좀더 품위가 있고 돈이 절약되고 세탁도 할 수 있는 실금용 패드를 사용해 보자.


## 종이 티슈를 되도록 사용하지 말자

영국에서는 연간 3억 1천만 상자의 종이 티슈가 팔린다. 재생 이용이 불가능한 표백된 흰색 티슈는 용납할 수 없는 사치이다. 전세계 사람들이 모두 매달 티슈 한 상자씩을 사용한다면 전 지구상에 나무가 한 그루도 남아 있지 않을 것이다.

손수건은 프랑스에서 선원들이 동양에서 가벼운 린넨으로 된 머리 덮개를 갖고 돌아온 것에서 비롯되었고 손수건이란 단어는 사람들이 이 천을 손에 쥐고 다니기 시작했을 때에 채용되었다. 손수건은 곧 유행하는 물건이 되었고 1530년에는 로테르담의 에라스무스에 의해 코 닦는 수건으로 추천되었다.

현재는 면 손수건이 널리 통용되고 있다. 손수건은 긴 안목으로 보면 더 값이 쌀 뿐 아니라 훨씬 덜 낭비적이다.

## 금연을 하자

담배는 건강 뿐만 아니라 환경에도 해롭다. 담배의 독에는 중금속과 디옥신, 살충제 찌꺼기가 포함되고 매년 전세계적으로 피워지는 수백만 곽의 담배는 모든 사람을 오염시킨다.

담배는 토양으로부터 무기 화합물을 빨아들이고 대량의 살충제를 필요로 할 뿐 아니라 매년 담배 저장 공장에 연료를 공급하려면 1만 2천 평방 킬로미터의 숲이 필요한 것으로 계산된다.

담배를 피워 자신과 다른 사람들에게 해를 끼치지 말자.

## 불필요한 엑스레이 사진 촬영을 피하자

우리가 스스로 노출되는 인공 방사선의 가장 커다란 출처는 단연 엑스레이이다. 그러나 엑스레이의 위험은 이익보다 더 무섭다. 영국에서는 매년 엑스레이 사진 촬영이 5백 건의 암을 가외로 발병시키는 원인이 된다고 추정된다. 중상자들은 엑스레이 사진을 필요로 하지만 차과나 병원에 갈 때마다 찍을 필요는 없다. 그러므로 특별히 조심해서 보호를 받도록 하고 생사가 달려있을 때만 엑스레이 사진에 동의하자. 정말로 엑스레이 사진이 필요하다면 기관을 보호하기 위해 납으로 된 방패를 요구하자.

## 코뿔소를 지키자

코뿔소가 심각한 절멸 위기에 놓여 있다. 코뿔소는 1천년 이상 사냥의 대상이 돼왔고 1987년에는 수천 종만이 남아 있었다. 코뿔소는 그 뿔에 아주 불가사의한 병을 고치는 힘이 있다는 오래된 미신 때문에 사실상 잡히자 마자 사살되고 있다.

밀렵꾼들은 세련되게 높은 보수를 받으면서 종종 국립공원과 사냥 지정 지역들을 황폐화시키고 있다. 우리가 단호한 국제 조치를 요구하지 않는다면 코뿔소는 15년 이내에 절멸할 것이다. 이러한 유형의 약은 사지 말자.

## 스모그를 없애자

일찍이 환경보호론자로서 내가 알게 되었던 가장 당황스런 일들 가운데 하나는 가장 멋있게 보이는 저녁놀 중 일부가 사실은 우리가 대기 속으로 배출한 화학 혼합물에 대한 햇빛의 반응에 의해 생긴다는 사실이었다. 스모그는 자동차 오염과 공장에서 배출되는 가스에서 비롯된다.

특히 그것은 동물에 유독하고 폐를 해친다. 영국 폐 재단은 오염 물질 수준이 극도로 높은 1989년에 런던 사람들에게 스스로를 보호하도록 마스크를 써야 한다고 제안했다. 특히 위험한 것은 천식이나 기관지 병과 폐렴을 앓고 있는 사람들이었다.

자동차 사용을 삼가하고 화학 약품 사용을 줄이면 스모그 제거에 도움이 될 것이다.

## 살충제의 독성을 주지시키자

살충제와 관련된 질병에 대한 진단과 치료법에 대해 알려진 바는 거의 없지만 전세계적으로 25만 명이나 되는 많은 사람들이 이러한 병에 걸려 있을지 모른다. 농장 근로자들은 집약 농업 방식에서 사용되는 잠재적으로 위험한 독성의 화학 혼합물에 노출되어 있다.

전세계에서 집단 중독 증세가 보고되어 왔다. 일반인들은 특별히 씻지 않은 과일과 야채 등 오염된 식료품의 섭취를 통한 위험 상태에 놓여 있다. 시골에서 걷고 있을 때도 위험에 처해진다.

살충제의 효과는 암과 중앙 신경 계통의 병에서부터 신장병, 피부병, 심지어는 기억 상실에 까지 미친다. 살충제에 의한 화학 중독의 영향을 완전히 이해하는 전문 병원은 몇 개 되지 않는다. 게다가 2세에게 미칠 수 있는 영향은 전혀 불분명하다. 좀더 많은 연구를 요구하자.

## 비타민제를 거부하자

약초를 달인 즙, 비타민제, 무기질 알약을 비롯한 다양한 건강 보충제들은 건강 사업이지만 우리의 몸에 전혀 효과가 없을지도 모른다.

영국에서 이 관계 산업은 연간 1억 3천 5백만 파운드의 수익을 올린다. 영국 국민들은 1987년 한 해에만도 30억 개 이상의 알약을 먹었다.

대체로 균형잡힌 식사를 하고 있다면 전혀 그러한 약들이 필요없다. 대부분의 훌륭한 식사는 우리의 몸이 필요로 하는 무기질과 비타민을 충분히 공급한다. 담배를 피는 사람들과 적절한 식사를 안하고 다른 알약들을 먹는 사람들만이 종합 비타민 알약을 필요로 할 것이다.

무기질 보충은 불필요하다. 대부분의 요소들은 몇 백만 분의 1정도만 필요할 뿐이고 알약 형태로 섭취되면 오히려 몸에 유독할 수도 있다.

선진공업국에서는 비타민과 무기질 결핍이 거의 발견되지 않으니 구태여 보충에 신경쓰지 말고 평소의 음식을 점검하자.

### 자연스럽게 긴장을 풀자

광적으로 빨리 움직이는 1990년대의 생활 방식은 약으로는 해결할 수 없을 문제를 초래할 것이다. 영국에서는 1백만 명 이상이 인공적인 환경의 스트레스와 긴장에서 해소하도록 하는 진정제에 중독돼 있다고 한다. 보건성은 모든 진정제들이 되도록 꼭 필요한 경우에만 짧은 기간을 위해 처방되야 한다고 촉구했다.

육체를 진정시키기 위한 대안과 육체적 정신적 치료 방법들에는 긴장을 풀어주는 마사지와 깊은 호흡과 명상, 약초를 달인 차, 커피 덜 마시기, 습관성과 설탕을 포기하고 문제를 상의 할 수 있는 상담자를 찾는 것 등이 있다.

### 보다 많이 걷자.

매일 1마일씩(약 1600m) 걸으면 좀더 건강해 질 수 있고 매주 1파운드(약 0.45Kg)의 체중을 줄일 수 있다. 오염도 없고 공연히 소란을 피울 일도 없다.

### 열대 삼림을 보호하자

약 3천 종의 식물이 암을 치료하는 속성을 갖고 있는 것으로 알려져 있고 이들 중 4분의 3 가량이 열대 삼림에서 자란다. 그 이상일 수도 있다.

### 약을 거절하자

의사들은 약의 형태로 투약을 하는데 그것으로 치료될 것임을 알아서가 아니라 우리가 그것을 기대한다고 생각하기 때문이다.

몸 속으로 받아들이는 화학 약품의 수량을 줄이고 잠재적으로 해로운 약은 생산을 축소하자.


### 불소량을 줄이자

불소는 치아가 보기 흉하게 되는 결과를 낳기도 하지만 19세기 초에 이탈리아에서 치과 의사들이 충치 감소에 도움이 된다는 사실을 발견하기 전까지는 독으로 간주되었다. 1930년대에 금속 제련 산업은 많은 부식성의 위험한 불화물을 처분해야 한다는 것을 발견하고 그것을 음료수 회사들에 판매하는 아이디어를 생각해냈다.

우리의 육체는 극소량의 불소라면 심각한 부작용이 없이 견딜 수가 있다. 그러나 하루에 4밀리그램 이상이면 치아가 약해지고 뼈가 기형으로 변하는 원인이 될 수 있다. 불소가 섞인 치약을 거부하고 불소가 들어간 음료수에 반대하는 운동을 하자.

흙 속에는 불소가 들어 있기 때문에 차와 신선한 야채에서 얻는 양만으로도 충분하다.


### 염소의 사용을 줄이자

염소와 염소 화합물은 표백제, 소독제, 가정용 세제 및 소화기에 쓰이며 또한 목재 펄프 가공, 설탕 정제, 염료와 약제 및 오일 조제, 냉동 야채 준비에 이용된다. 염소는 극단적으로 반응을 나타낸다. 염소는 다른 화학 약품들과 연결돼 우리의 건강과 환경에 대단히 위험한 합성물을 형성할 수 있다. 많은 사람들이 염소에 민감한데 그 사실을 깨닫지 못한다.

예를 들어 수영장에서의 반응에 주목하자. 염화 표백제와 염소를 사용하는 식료품을 절제하고 염소를 쓰지 않는 종이를 사용하도록 하는 운동을 벌이자.

## 용제 흡입량을 줄이자

폴리스티렌과 플라스틱 제품, 카페인이 제거된 커피, (아이스크림과 케이크, 비스킷 같은) 글리세롤 함유 식품, 잉크, 립스틱, 염료, 세제, 방취제 등 많은 제품에 용제가 들어 있다. 일부는 다른 제품들보다 더 유독하지만 모두 상당한 일상적인 노출을 뜻하고 그러한 것들의 계속적인 제조는 환경을 해친다. 유독성이 없는 대안을 찾아보자.

## 올바른 호흡을 하자

대부분의 사람들은 제대로 숨을 쉬지 않는다. 우리는 우리를 계속 살아 있게 하는 폐를 일부만 사용하고 있다. 제대로 숨을 쉬면 몸의 모든 기관들이 마사지를 받을 것이다. 그것은 한 줌의 종합 비타민이나 알약 보다 더 건강과 행복에 유익하고 돈도 들지 않는다.

매일 시간을 내서 버스 정류장이나 전철에서 또는 세탁을 하는 동안에 호흡을 연습하자. 그러면 곧 그것이 제2의 천성이 될 것이다.

## 치과 의사를 견제하자

치과에서 봉을 제거하면 좀더 기민한 느낌이 들고 선명하게 생각이 되며 기억이 향상되는 경우가 있다. 봉에는 수은, 동, 은, 주석과 가끔은 아연이 들어있다. 음식을 씹으면 소량의 봉이 입 안의 음식으로 방출되며 장기간의 시간에 걸쳐 중독이 될 수 있다.

스웨덴 정부는 1987년에 태아에 미치는 위험 때문에 임산부의 치아에 수은 봉을 해넣는 것을 금지시켰다. 그것은 치과 의술에서 수은 사용을 단계적으로 금지시키기 위한 첫 조치로 여겨졌다. 치아에 수은 봉을 해넣으면 면역 계통에 영향을 미칠 수 있으므로 치과 의사에게 다른 합성물을 사용하도록 요구하자.

## 좀 더 많이 웃자.

세상을 너무 심각하게 받아들이지 말자. 웃음이 짐을 더 가볍게 덜어줄 수 있다. 웃으면 몸 전체의 긴장이 풀어지고 호흡이 깊어지며 혈관이 확장되고 순환이 더 좋아지며 각 조직의 치유가 더 빨라진다.

　모든 문제들을 웃음으로 해결할 수는 없을지 모르나, 확실히 세상을 좀더 유쾌하게 살 수 있다.

## 이야기를 하자

　불행을 억누르지 말자. 친구나 카운셀러 또는 식구와 함께 문제를 처음부터 끝까지 이야기하면 생명을 구할 수도 있다. 남의 말을 진지하고 관심있게 잘 들어주는 사람이라면 즉시 근심이 어느 정도 해결될 것이고 건강한 확신과 자부심을 갖게 될 것이다.

# 죽음

### 기념수 심는 계획에 착수하자

사랑하는 이가 죽을 때는 내일을 위한 미래를 뒤에 남길 수 있다. 삶과 죽음을 기념하는 나무를 심으면 모두가 즐길 수 있는 살아있는 기념물이 될 것이다.

### 재는 비료가 아니다.

장미나 꽃에 화장된 유해를 뿌리는 것은 성장에 도움이 안되고 오히려 장미를 죽일지도 모른다. 가능하면 넓은 면적에 재를 살포하거나 화장터에 유해 처리를 부탁한다.

### 지속성이 있는 관을 선택하자.

매년 영국에서 사용되는 6십만 개의 관 중에서 적어도 80퍼센트는 벨기에로부터 수입된 판지와 화장판재로 만들어진다. 판지 자체는 오염 물질인 포름알데히드 풀과 수지로 접착되고 대부분의 화장판재는 열대 우림이 원산지이고 나머지 20퍼센트는 북미산 참나무로 만들어진다.

환경에 안전한 선택을 하려면 1988년도에 벨기에로부터 들여온 2천 입방미터나 되는 열대 화장판재의 수입을 중단하고 발암 물질과 자극제로 의심되는 포름알데히드 사용에 반대하는 운동을 해야 한다. 가능하면 북미산 참나무나 영국산 목재를 사자.

### PVC를 피하자

염화 폴리비닐(PVC)로 된 관의 내장은 환경 문제의 원인이 되고 있다. 영국

**나무를 자식 처럼 사랑하자!**

의 화장터들은 오염 방출에 대해 국가의 면책을 받고 있으며 화장터 주변에서 측정되는 높은 수준의 디옥신에 대해 염려가 표시되어 왔다.

웨일즈 지방의 한 화장터에서는 재 속에서 디옥신이 발견되었다. 관의 내장에 PVC가 사용되었음을 발견하기 전까지는 디옥신이 나올 만한 출처를 알아낼 수 없었다는데 PVC가 불에 타면서 디옥신을 만들어낸다.

# 건강한 육아와 푸른교실

# 어린이와 청소년

## 두뇌를 이용하자

어린이들은 학교에서 다른 어린이들로 부터 아주 쉽게 이나 서캐가 옮을 수 있다. 아이에게 이가 옮으면 우선 약국으로 달려가기 쉽다. 그러나 머리이를 없애는 샴푸 속에 든 화학 혼합물에는 살충제인 린덴과 카바릴과 말라티온이 포함되어 있다. 린덴은 가장 위험한 것으로 수년 전에 양을 씻기는 약품의 성분으로 첨가되는 것이 금지되었다.

대신에 사과즙 또는 맥아 식초나 로즈메리, 유칼립투스, 제라늄, 라벤더, 코코넛의 오일처럼 독성이 없는 것을 사용해 이를 없애 보자. 아이 머리피부에 오일을 문질러 바른 다음 참빗을 사용해 죽은 이를 제거한다. 천연유를 바르는 것은 훨씬 더 안전할 뿐 아니라 좀더 값싼 치료법이기도 하다.

## 혼잡한 길이나 고속 도로에서 놀게 하지 말자

어린이들은 빨리 달리는 자동차와 관련된 모험과 드릴감을 좋아하지만 길가에서 노는 아이들은 종종 정말로 진짜 위험이 도사리고 있다는 것을 모른다. 그러한 장소에는 극단적으로 심각하거나 치명적이기까지 한 명백한 사고 위험 뿐만 아니라 어떤 보이지 않는 위협들도 있다.

자동차에서 방출되는 가연 가솔린의 연기와 다른 배기가스들에 노출되면 뇌병, 천식, 복통, 마비, 빈혈 같은 병에 걸릴 수 있다.

## 일회용 기저귀를 거부하자

영국의 일회용 기저귀 시장은 매년 3억 3천만 파운드 이상의 판매고를 올린다. 그러나 이 편리한 상품은 환경과 대단히 밀접한 관계를 갖고 있다. 우선 5백

126 건강한 육아와 푸른교실

산더미 같은 버터는 처리할 수 있다. 하지만 산더미 같은 기저귀는?

개 내지 1천개의 기저귀를 생산하려면 보통 크기의 나무 한 그루가 필요하다.
 여성환경네트워크의 운동으로 변화가 있었던 1989년 이전까지는 기저귀에 사용되는 종이 펄프가 염소로 표백돼 디옥신 오염 문제를 일으키고 있었다. 아직도 생산 과정에는 플라스틱과 합성 흡수 화학 약품의 혼합물이 사용된다. 간단히 말해 환경과 경제를 고려할 때 이러한 기저귀를 사용하고 버리는 댓가는 엄청나다.
 일회용 기저귀는 가정 쓰레기의 약 4퍼센트를 차지하고 미국에서 조사한 결과 미생물로 분해되려면 5백년 이상이 걸리는 것으로 나타났다. 그러므로 스스로 돈을 절약하고 환경을 구하기 위하여 가능하면 천 기저귀를 사용하자.

### 기저귀 서비스를 이용하자

 북미에서 증가 추세에 있는 기저귀 서비스는 많은 이점을 갖고 있다. 깨끗하고 편안한 면 기저귀를 차는 아기에게는 좋은 소식이다. 기저귀가 한꺼번에 세탁되기 때문에 에너지가 덜 소비되고 일회용 기저귀가 아니므로 플라스틱과 화학 약품이 쓰이지 않는다는 의미이며 또한 나무를 보호하는 것이다.
 기저귀 서비스를 이용하는 것이 일회용 기저귀를 사들이는 것보다 결국 더 싸게 먹힌다. 게다가 더이상 직접 기저귀를 빨 필요가 없이 매주 기저귀가 수거되면서 눈부시도록 깨끗하게 소독된 것으로 교환된다.

## 좀더 자식을 보호하는 상을 주자

 부모가 되는 것만으로도 힘들지만 어린 아이들에게 착한 행동에 대한 상으로 단 것을 주어야 하는가의 여부는 진짜 딜레마일 수 있다. 설탕은 충치를 더욱 악화시키고 몸에 관한 한 어린이들에게 단 것과 초콜릿 그리고 발포성 음료수와 비스킷을 주는 것은 상이 아니라 벌이다.
 달콤한 상을 받아 씹으면서 만족해 하는 아이로부터 부모가 얻는 잠깐의 위안에 대한 댓가 치고는 아이의 건강에 대한 위험과 값비싼 포장 비용이 좀 높은 댓가가 아닐까?

## 아이들에게 천연 간식을 주자

 어린 아이들에게 옛부터 전해 내려오는 진짜 음식을 해주면 어떨까? 간식용으로 오렌지와 사과나 당근 등의 과일과 야채들을 한 입에 들어갈 만한 크기로 잘라 먹게 하고 좀더 나이가 들면 건포도와 견과류를 준다.

## 유아식을 끊자

 무설탕 또는 설탕 소량 첨가라는 표시가 되어 있는 유아식에도 여전히 순설탕이 25퍼센트나 함유돼 있을 수 있다고 한다. 정부가 유아식에 설탕의 양이 감소돼야 한다고 권장하자. 제조업자들은 포도당과 인공 감미료와 과당 같은 대용품을 찾아냈으나 성분을 밝히지 않게 되었을 뿐이다.
 유아식에는 절대로 설탕이 들어가면 안되고 유아식 제조업자들이 정확한 표시를 지키기 전까지는 설탕이 첨가된 것들은 피해야 한다.
 우리가 먹는 자연 식료품으로 직접 아기 음식을 만들어준다면 훨씬 더 건강하고 값싼 유아식이 될 것이다.

## 모유가 최고이다

환경을 의식하는 어머니에게는 모유로 키우는 것이 가장 좋은 선택이고 아기를 위해서도 가장 안전한 방법이다. 분유로 아기를 기르는 어머니 3백만 명이 버리는 포장에서는 7만 톤의 양철 쓰레기가 나온다.

아기의 인공 영양식을 판매하는 다국적 기업들은 어떠한 것을 첨가해도 모유의 정확한 성분을 재현할 수는 없다. 그러나 이점에도 불구하고 서방 국가들에서 아기를 모유로 키우는 것을 가장 방해하는 것은 의사와 위생 관리를 비롯한 많은 사람들의 당황한 반응이나 노골적인 무감각과 싸워야 하는 것이다.

모유로 키우고 싶거나 조금이나마 관심이 있다면 아기를 갖기 전에 모유 지지 단체에 연락하자.

## 퍼스널 스테레오 사용을 피하자

1990년 초에 영국 국립농아협회는 조사 결과 시중에서 판매되는 퍼스널 스테레오 한 대가 90데시벨의 출력을 낼 수 있다는 사실을 발견했는데 그것은 공기 드릴 한 개가 내는 소음과 맞먹는 것이다. 또한 퍼스널 스테레오는 소리가 압축되어 훨씬 더 작고 좀더 민감한 귀구멍으로 들어가기 때문에 특별히 어린이들의 귀에 위험하다.

더욱이 소리는 좀더 높은 음에 맞추어 길들여지므로 귀 속에서는 압력의 정도가 더 크다. 곧 악순환이 일어나 지나치게 커다란 음악을 듣는 것은 더 높은 주파수를 감지할 수 있는 능력을 약하게 하고 따라서 듣기 위하여 소음을 더 크게 해야 한다.

또한 퍼스널 스테레오는 사용자에게 잠재적으로 위험할 뿐만 아니라 다른 사람들에게도 소음 공해의 원인이 된다. 결국 이 낯선 장난감은 보기 보다 더 해로운 것일 수 있다.

## 무공해 장난감을 사주자

세계 최대의 완구점인 런던의 햄리즈는 기계 장치 타입의 장난감으로부터 등을 돌리고 나무 인형과 장난감 곰같은 좀더 전통적이고 잘 만들어진 품목을 선택하기 시작하는 중이라고 보고했다. 이러한 경향은 긴 안목으로 보아 (크리스마스나 생일이 지나면 금새 버려지는)배터리가 다 소모되고 부서져 버려지는 트릭 장난감 수의 감소와 함께 자원의 엄청난 절약을 의미한다. 대조적으로 잘 만들어진 봉제 곰 인형은 수 대에 걸쳐 지속될 수 있고 최근에는 사실 오히려 수집 종목의 하나로 지위가 격상되었다.

## 직접 만들게 하자

대량 생산된 장난감 대신 아이에게 약간의 상상력을 동원하도록 격려하면 어떨까? 상자, 빈 용기, 천 조각, 구슬, 그리고 자연을 이용해 물건을 만들 수 있다. 그러면 돈을 절약하는 한편 어린이들이 값비싼 장난감을 망가트렸을 때의 당황감에서 벗어날 것이다. 이러한 접근법은 또한 일부 어린 아이 장난감의 낭비적인 포장을 줄이는 데 도움이 될 수 있다.

## 머리털은 정원에 유익하다

잘라낸 어린이들의 머리털을 정원에 이용하자. 머리털의 질소가 수년에 걸쳐 방출돼 나무나 관목에 영양을 공급할 수 있다.

## 출산 전에 주의하자

아이를 갖기 전에 몸조심을 하는 것은 임신 중에 몸에 일어나는 변화 만큼 중요하다. 건강한 신체에 잉태된 건강한 아기는 출생부터 평생 건강할 가능성이 더 높다. 우리가 먹고 마시고 숨쉬는 음식과 물 그리고 공기는 모두 육체에 영향을 미친다. 행복한 가정을 이루고 싶다면 출산 전의 관리에 대해 조언을 받자.

## 아이에게 마사지를 해주자

어린이들은 몸의 접촉을 필요로 하고 이를 몹시 좋아한다. 밤에 아이들을 진정시키고 푹 잠자게 하려면 마음을 가라앉히고 긴장을 풀어주는 마사지가 도움이 될 것이다. 분위기에 따라 아몬드유에 각각 다른 방향유를 몇 방울 섞어 사용해보자.

마사지는 불안하거나 우울한 아이들에게 도움이 되고 매우 활동적인 아이들까지도 조용하게 달랠 수 있다. 또한 부모 자식간에 유대를 조성한다. 자식들에게 사랑한다는 말도 잊지 말자.

## 위험한 화학 약품을 피하자

임신은 삶에 위험과 변화를 가져온다. 많은 임산부들이 담배와 알콜 또는 다른 약들은 줄이지만 일부 보이지 않는 화학 약품들이 임산부에게 심각한 영향을 미칠 수 있다. 미국에서는 의사들이 세제와 머리 염색약, 식품 첨가제, 향수, 심지어는 차와 커피까지도 금하라고 충고한다.

## 초음파 정밀 검사를 삼가하자

세계보건기구는 자궁 속의 태아를 감시하기 위한 고주파 정밀 검사의 이용에 이의를 제기했다. 이 과학기술에 관한 장기적인 안전 연구는 없는 듯하나 미국으로부터의 보고에 의하면 정밀 검사와 청력 부진 사이에 관계가 있다고 하며 정밀 검사를 난독(難讀)증과 연결시킨 보고도 있었다.

많은 임산부들이 아기가 이 정밀 검사에 의해 영향을 받는 것처럼 느껴졌고 자궁 속에서 도망치려 했다고 말했다. 정밀 검사의 장기적인 의미에 대해 좀더 알게 되기 전까지는 생사가 걸린 일이 아니라면 임산부가 그 이용에 이의를 제기할 수 있다.

## 임신 중에는 엑스레이 촬영을 삼가하자

임신 중의 엑스레이 사진 촬영은 삼가하는게 좋다. 지난 30년 동안 우리는 임산부에 대한 상례적인 엑스레이 사진 촬영이 어린이 백혈병과 장기적인 암 증세에 책임이 있음을 깨달아 왔다. 현재는 엑스레이 방사선이 태아에게 영향을 미칠 수 있고 나이에 상관없이 모든 어린이들이 비상시를 제외하고는 엑스레이를 피해야 한다고 알려져 있다.

## 일회용 유아용품을 피하자

사용 후에 버릴 수 있는 천과 얼굴이나 엉덩이를 닦는 손수건과 세제가 매주 수백만 통씩 신생아들에게 사용된다. 제조업자들은 사용이 간편하고 사용 후에 버릴 수 있다는 이점을 선전한다. 분명히 성인용 손수건 보다는 화학 약품이 덜 함유되어 있지만 대부분이 목재 펄프 같은 제품으로 만들어진 오염 물질이다.

## 아기를 벌거벗게 하자!

아기들의 엉덩이는 온통 플라스틱과 일회용 기저귀와 온갖 종류의 화학 약품과 크림으로 뒤덮여 있다. 기저귀 발진은 사실상 플라스틱 팬티가 도입되기 전까지는 알려지지 않았었다. 메리야스 울 커버는 라솔린으로 처리하면 아기를 어느 정도 보호하고 엉덩이에 공기도 통하게 해준다. 그러나 가장 좋은 방법은 아기로 하여금 가능하면 자주 오랫동안 벌거벗고 있게 하는 것이다.

## 아이에게 담배연기를 허용하지 말자

간접적인 흡연자(실제로 담배를 피지는 않으나 다른 사람들의 연기를 들이마셔야 하는 이들)들은 ▲카타르, 감기, 천식, 기침과 같은 병에 걸릴 확률이 높다. 부모가 담배를 피우면 담배에서 나오는 카드뮴과 납이 자녀들에게 흡수될 수 있고 어린이들이 니코틴을 들이마실 때는 더 민감하다고 시사하는 보고서들이 있다.

임산부가 임신 기간 중에 담배를 피우면 태아에게 해롭다는 것은 이미 잘 알

---

▲ 카타르(catarrh) : 점막의 질환

전가족을 위한 TV 광선 방사 시간!

려진 사실이다. 그렇다면 어린 아이들에게도 담배가 어느 정도 영향을 미칠 것임이 분명하다. 자녀를 위하여 금연하자.

### 자녀에게 먹이는 음식물에 조심하자

먹는 것은 즐겁지만 인공 식품류는 아니다. 방부제, 착색제, 유화제, 설탕으로 만들어진 디저트, 과자, 젤리, 크림들은 대개 저 영양가 식품이다. 그러한 것들은 알레르기를 더욱 악화시키고 활동 과다의 원인이 되며 어린이들이 다른 병에 걸릴 확률도 커질 수 있다. 인공 식품을 거부하자.

### 무언가를 기르게 하자

어린이들은 무언가 키우는 것을 몹시 좋아한다. 이것은 그들이 살고 있는 세계와 자연에 대하여 배우도록 해준다. 아이들에게 집에서 씨나 종자와 구근을 기르도록 격려하자. 빨리 싹트는 양배추를 길러 아이들에게 먹이는 것도 좋다. 그러면 아이들이 식품과 흙의 관계를 빨리 이해할 것이다.


## 화학약품에 대한 과민성을 경계하자

점점 많은 수의 어린이들이 우유와 우유 기초 식품, 설탕 및 인공 식품에 알레르기 반응을 보이고 있다. 일부 의사들은 그 증상을 알아 내는 것이 어려우나 이에 가장 유능한 판단자는 바로 부모일 것이다. 아이에게 무엇이 잘못돼 있는가에 주목하고 필요할 때는 신속한 조치를 취하자.


## 옷을 재생시키자

단지 수개월 밖에 입지 못할 어린이와 유아 옷에 정말로 막대한 액수의 돈을 쓸 만한 가치가 있을까? 많은 중고품 할인 판매점과 바자에서 특별히 원가에 못 미치는 가격으로 신생아복을 팔고 있다. 유아복을 재 이용하고 가능하면 자녀로 하여금 어린 나이에 자연보호를 생각하도록 가르치자.


## 자연을 읽게 하자

자연의 경이를 보여주고 오염을 설명하면서 생태를 탐험하는 아동용 도서가 많이 나와 있다. 어린이들을 위한 이야기 책은 남녀나 인종을 차별하지 않는 언어로 쓰여져 진정으로 균형잡힌 시각으로 세계를 이해하도록 도와줘야 한다.

어린이를 책을 구입할 때는 건강한 생태와 사회 원리를 지지하는 책을 찾자.


## 독성이 없는 장난감을 사자

페인트와 와니스를 비롯해 독성이 없는 재료로 만들어진 장난감을 구입할 수 있다. 비록 일부 페인트에서는 납이 제거되었지만 페인트칠이 된 장난감에 다른 해로운 화학물이 숨겨져 있을지 모른다. 자녀들에게 안전하다고 확신되지 않는 장난감은 사주지 말자. 튼튼하게 손으로 만든 장난감을 찾자. 열대 우림 나무로 만든 장난감은 사지 말고 플라스틱과 배터리와 금속도 최소한으로 줄인다.

자녀들에게 어린 나이에 낭비적인 소비주의를 거부하도록 가르치자.

### 어린이들이 너무 TV 가까이에 앉지 못하게 하자

TV 수상기에서 방출되는 비이온화 전자 방사선은 아직도 정밀한 검사를 받고 있는 중이다. 아무튼 과학자들이 유일하게 동의하는 것은 어린이들이 TV 바로 앞에 앉지 말아야 한다는 것인데 방사선이 2미터 밖에서는 재빨리 흩어져 사라지지만 바로 앞에서는 가장 강력한 듯하기 때문이다.

스웨덴의 TV 수상기 생산업자들은 방사선을 절반으로 줄인 모델을 내놓았다. 전세계적으로 저 방사선 모델이 생산되게 하는 운동을 벌이자.

# 학교

### 훌륭한 환경 보호 사업을 위한 기금을 조성하자

국내외의 긍정적이고 적극적인 환경 보호 사업을 후원하는 것은 학생들이 그 과정에서 돈을 모금하고 배우는 훌륭한 방법이다. 나무 보호 및 식수 계획, 파종 강습, 식수 정화 사업, 소규모의 태양열 계획 등 장려할 사업이 무수히 많다.

### 생태에 관심있는 외국 학교와 자매 결연을 맺자

비슷하게 생태를 의식하는 학교와 자매 결연을 맺으면 지역 환경 문제와 성공에 대한 정보를 교환하면서 동시에 세계를 배울 수 있다.

### 자연 정원을 계획하자

작은 토지 한 구획만 있으면 자연과 야생동물에 대해 많은 공부를 할 수 있다. 크기와 색깔 별로 식물을 선정해 계절에 대해 배우고 새와 나비들을 위해 본래의 서식지를 늘리고 새로운 서식지를 만들면서 식용 약초도 길러보자. 그처럼 가치있는 모험에는 학교 선생님과 학부모와 관리 및 물주기 당번 학생들의 계속적인 참여가 필요할 것이다.

### 점심시간을 위한 나무를 배정하자

호주의 학교들은 새로운 점심시간 운동을 개발해 오는 중이다. 어린이들이 나무 한 그루씩를 택해 학교를 졸업할 때까지 내내 그 밑에서 점심을 먹고 쉬면서 돌보게 하는 것이다.

## 폭력이 없는 과학을 지지하자

1986년에 대학과 공예학교 등 각급 학교에서 실시된 실험에서 75만 마리 이상의 동물이 죽었다. 학생과 운동가들은 이 잔인한 학습 방법에 대한 금지를 촉구하고 있다. 그들은 동물 학대가 없는 과학 공부를 주장하면서 동물 실험을 거부하고 싶어하는 학생들을 강요할지 모르는 어떤 징벌이나 행정 조치에도 반대하는 운동을 벌이고 있다.

## 채식주의 학교 급식에 찬성하는 운동을 하자

학교에서 점심 시간에 다양하게 선택할 수 있는 채식 위주의 식사를 제공하게 하자. 지역 당국에 진정을 하고 탄원서를 만들며 교사들을 한편으로 끌어들이고, 부모들에게 대신 편지를 써달라고 부탁하며 육식을 제외한 견본 식단표를 제시하자.

## 학교에서 첨가제를 금지시키자

1980년대 초반에 실시된 뉴욕시 주립 학교들의 조사에서는 첨가제와 화학 약품을 덜 섭취하는 어린이들이 더 똑똑하고 덜 공격적이라는 결론이 나왔다. 1백만 명 이상의 어린이들이 참가한 이 조사에서는 첨가제가 들어가지 않은 건강 식품이 제공된 어린이들 사이에서의 평균 석차 향상이 15퍼센트라는 사실도 발견되었다. 일부 아동들에게는 하루 중 가장 유일하게 괜찮은 식사가 학교 급식이므로 지역 문교 당국이 특별히 미래의 세대가 가능한 최상의 음식을 먹도록 빈틈없는 주의를 기울여야 한다.

## 글을 쓰고 그림을 그리자

환경 교육은 교과서에서만 얻어지는 것이 아니다. 수필이나 소설 또는 시로 견해를 표현하거나 그림으로써 곤경에 빠진 지구에 대한 염려를 함께 나누자. 정보를 퍼뜨리고 의식을 불러 일으키기 위한 도구로 학교 교지를 이용하는 것도 좋다.

'태양열 계산기가 더 오래 가는군.'

## 소음 협정을 체결하자

소음은 오염원이고 하나의 환경 문제로 인식돼야 한다. 억제되지 않은 채 방치된 소음은 극단적인 경우 귀가 먹는 결과를 가져올 수 있다. 우리의 몸에 대한 관심에는 귀에 대한 것도 포함돼야 하고 소음으로 인한 공해를 아는 것이 중요한 시작이다. 부모, 학교, 이웃과 소음 협정을 맺어 모두를 만족하도록 하자.

## 오염 수준을 검사하자

과학 실험실은 오염에 대한 공부를 시작하는 좋은 장소이고 학교 건물 주위의 환경이 우선 대상이다. 예를 들어 산성비에 대한 실험을 하거나 지역 내의 쓰레기 양에 대해 조사하자. 그리고 시정에 필요한 돈과 에너지로 계산한 비용도 산출해 보자.

## 보다 나은 대중 수송을 위한 운동을 벌이자

학교에 다니는 청소년들은 대부분 대중 교통 수단으로 이동한다. 이전에는 걷는 것이 제법 안전했었지만 길들이 넓어지고 돈을 절약하기 위해 학교들이 합병됨에 따라 점점 사고가 늘고 있다. 안전하고 환경에 덜 해를 미치는 대중 교통 수단을 위한 운동을 벌이자.

## 태양열 계산기를 사용하자

계산기를 사용한다면 실제 제공량보다 생산에 50배나 더 많은 에너지가 소비되는 배터리를 거부하고 대신 태양 에너지를 이용하는 계산기를 택하자. 태양열 계산기는 가격도 같을 뿐 아니라 결코 배터리 같은 것을 보충할 필요가 없다. 또한 직사광이 없이도 작동이 가능한데 전구에서 나오는 빛이 동력 공급에 충분하기 때문이다.

## 패스트 푸드를 금지시키자

햄버거나 칩과 핫도그 형태의 패스트 푸드는 양질의 식사를 해야 하는 젊은 이들에게 용납될 수 없다. 패스트 푸드 병을 근절시키는 가장 빠른 방법은 동년배들의 압력이다. 환경 보호를 지지하는 학생들은 방부제와 착색제, 인공재료 및 상당량의 지방과 설탕이 들어가고 낭비적인 포장으로 덮힌 패스트 푸드와 관련된 문제들을 알고 있을 것이다. 다른 학생들에게도 얘기를 해주자.

## 신입생을 축하하는 나무를 심자

매년 각 학교마다 신입생들이 들어온다. 그들의 입학을 축하하면서 환경에 대해 긍정적이고 적극적인 방법으로 나무를 심는 것보다 더 좋은 방법은 없을 것이다. 졸업생들이 신입생들을 위해 나무를 심을 것이다.

학교 내에 공간이 없으면 지역 당국이나 공원 관리부에 요청해 작은 부지를 내주도록 요청한다.

### 제3 세계 원조와 개발에 대해 배우자

소위 개발도상국들의 곤경은 세계적인 불안의 한 원인이다. 학생들은 제1 세계, 즉 선진공업국들의 생활 방식이 제3 세계의 만성적인 문제에 책임이 있다는 것을 알아야 한다. 미래의 세대인 그들에게 죄의식을 갖게 하는 것이 아니라 우리 모두에게 이 지구의 천연 자원을 공유하고 보존할 책임이 있다는 것을 이해하도록 정보를 주고 태도를 바꾸게 하는 것이다.

### 만년필을 다시 사용하도록 하자

국민학교에서부터 대학교까지 학교에서 일회용 펜이 통상적으로 쓰이게 되었다. 우리는 사실상 수백만 개의 일회용 펜을 버리고 있다. 아무도 먹물과 석판 시대로 되돌아가고 싶어하지 않지만 잉크를 보충할 수 있는 펜을 쓰면 비용이 덜 들고 자원도 덜 소모될 것이다.

### 지식을 나누어 주도록 연사를 초청하자

환경이나 동물 보호 단체에서 연사를 초청해 이야기를 들어보면 어떨까? 그들은 환경에 관한 토론을 폭넓게 하고 정보를 제공해줄 것이다. 정부와 산업체 연사들도 환영하자.

### 학교를 금연 구역화하자

흡연은 대부분 학창 시절에 시작된다. 많은 젊은이들이 친구들로부터 압력을 받아 흡연을 시작하고 아마도 역시 흡연을 그다지 좋아하지 않는 친구들과 보조를 맞추기 위한 것 외에는 별다른 이유도 없이 중독되고 만다. 학교에서 할 수 있는 가장 큰 공헌은 흡연이 사회적으로 인정될 수 없음을 모두에게 설득하는 것이다.

### 자전거를 제대로 타자

도로상에서의 사고를 피하도록 길에서 제대로 자전거를 타는 방법을 배우자. 자동차 운전자는 면허를 얻으려면 시험에 통과해야 한다. 우리가 할 수 있는 최소한의 일은 자전거를 안전하고 능숙하게 타는 법을 배우는 것이다.

## 컴퓨터를 점검하자

많은 학교들이 수학과 컴퓨터 공부와 언어 공부에 컴퓨터를 사용하면서 컴퓨터에서 방출되는 적은 수준의 방사선에 관한 문제가 중요해졌다. 컴퓨터를 사용할 때는 몸에 편한 의자와 적당한 통풍과 조명이 아주 중요하다. 브라운관 디스플레이 장치는 방사선 방출 검사를 받아야 하고 노출이 한번에 한 시간 이상 지속되면 안된다. 성인이 되어서 직장 생활에까지 연결되도록 학교에서 훌륭한 조작 습관에 익숙해져야 한다.

## 쓰레기를 모으자

폐품 수집은 젊은이들에게 재생 이용과 쓰레기의 위험을 가르칠 수 있지만 학교 시설에 필요한 수입을 얻는 데도 도움이 될 수 있다. 수집물들에 대해 적당한 가격을 받도록 협상하자. 만일 쓸만한 옷이나 골동품들을 내놓을 각오가 되어 있다면 염가 판매도 실시한다.

## 명단을 붙여두자

사람들이 원하는 단체에 연락할 수 있도록 재생 이용 센터와 시설을 비롯해 지방과 전국의 환경 보호 단체와 자선 단체들의 명단을 눈에 잘 띄는 곳에 붙여놓자.

## 간단한 테스트와 대회를 준비하자

간단한 테스트와 시합은 두뇌를 예민하게 한다. 간단한 환경 테스트를 열어 지식을 시험해 보면 어떨까?

## 세탁할 수 있는 천으로 돌아가자

전국적으로 화장실들에서 세탁할 수 있는 면포가 종이 타올로 대체되고 있는 중이다. 종이 냅킨은 에너지 집약적이다. 면포로 되돌아가는 운동을 벌이자. 재생된 종이로 만들어지고 염소를 쓰지 않는 휴지를 사용하자.

## 환경의 날을 휴일로 정하자.

학교에서는 쉬는 날이 극히 드물지만 1년의 교육 과정 중에서 중요한 부분을 차지한다. 학생들은 쉬는 날과 관련이 있을 때 더 빨리 많은 것을 배운다. 쉬는 날에 대한 이유가 무엇이든 지역 내의 자연 공원이나 풍차 또는 에너지 절약 센터를 방문하도록 해서 경험을 늘리는 것도 좋을 것이다.

## 제조업자들에게 편지를 쓰자

환경에 안전하지 않은 제품을 생산하는 제조업자와 회사들에게 시정을 요구하는 편지를 쓰는 방법으로 소비자의 힘을 과시하면 어떨까? 고발 편지를 써서 설득력있게 논쟁하는 법을 배우자.

## 매점을 조사하자

학교 매점은 우리 신체에 화학 약품과 폐기물을 쏟아넣을 뿐만 아니라 치아를 망치는 설탕과 첨가제가 잔뜩 들어간 많은 단 것과 간식의 공급처일 수 있다. 매점의 판매 품목에 양질의 스낵과 신선한 과일, 다양한 견과류와 건포도가 추가되도록 하자. 초콜릿 대신 ▲구주콩나무, 가지각색의 단것 대신 신선한 오렌지 즙은 어떨까? 무설탕 과자는?

## 에어로졸을 금지시키자

오존과 친화력이 있는 에어로졸일지라도 학교에서는 에어로졸을 금지시키자.

---

▲ 구주콩나무(carob) : 지중해지방 원산의 콩

에어로졸로 된 CFC 대용품들은 오존을 고갈시키거나 탄화수소로 온실 효과의 한 원인이 되고 있다. 가장 안전한 환경을 위한 선택은 에어로졸을 완전히 금지시키는 것이다.

### 폐물 수집일을 정하자

무언가 만들기를 좋아하는 국민학교와 유치원생들을 위해 계란 상자, 희한한 옷, 세척액 용기 등과 같은 잡동사니 재료들을 모으자. 겉을 꾸미기 위한 재료로 변형될 때면 폐물도 유용할 수 있다.

### 진정서에 서명하자

적극적으로 관여하자. 환경 문제에 대한 진정서를 모아 서명하고 다른 이들과 함께 항의를 말로 표현하자.

### 화초를 기르자

병에다 아무렇게나 화초 뿌리를 기르지 말고 모험심을 발휘해 학교 구내를 자랑스러운 곳으로 만들자. 토종의 꽃과 채소를 심자. 축제나 바자에서 그러한 것들을 수확하거나 꺾어 팔면 현금을 조달할 수도 있다.

### 야생동물을 비디오에 담자

많은 학교들이 비디오나 사진 촬영 장비를 대여해준다. 그러한 장비를 사용할 기회가 주어지면 배우는 재미를 느낄 뿐만 아니라 앞으로의 세대를 위해 지역 야생동물에 대한 귀중한 기록을 선사할 수 있다.

### 문제를 토론하자

자신이 속한 학교에 아직 토론회가 없다면 시작해 보자. 토론회를 만들면 이

지구에 대한 염려를 명확히 표명할 수 있게 될 것이다.


## 학교에 대한 환경 효과 연구를 하자

우선 자신이 배우는 건물부터 착수해 환경 효과를 평가하는 방법을 배울 수 있다. 환경 효과를 공부하려면 자신이 만들어내는 폐기물, 에너지 소비량, 사용되는 장비가 지역 환경과 제조 순간부터 처치될 때까지 모든 과정에 미치는 영향까지도 주목할 수 있다.


## 그룹을 형성하자

몇 명의 친구들과 모여 환경 보호 단체를 이루어 가능한 조치와 모임과 캠페인들에 대해 의논하고 서로 가르쳐준다. '지구의 보호자들'과 같은 청년 단체들을 운영하는 기관에 가입하자.


## 재생 용지만 사용하자

학교 안에서는 재생 용지만 사용하게 하는 운동을 벌이자. 일부 학교의 공책들은 이미 재생된 종이로 만들어지지만 그 숫자가 대폭 증가될 수 있다.


## 종이를 모으자

학생들이 다 쓴 공책을 수거해 학교 구내의 수집 장소에 모으자.


## 교과 과정에 환경학을 추가하자

현재 많은 학교들이 환경학을 가르치고 있지만 핵심 과목은 아니다. 즉 필수 과목이 아니라는 의미이다. 적당한 시험을 치러 젊은이들의 지구에 대한 자각이 높아지도록 환경학을 필수 과목으로 지정해줄 것을 요청하자.

### 자연보호 도서 부문을 설치하도록 하는 캠페인을 벌이자

학교에 환경에 관한 책과 잡지와 신문들을 보관하는 자연 보호 전문 분야를 별도로 설치하자.

### 신중하게 실험하자

화학 실험실들은 모든 화학 약품들을 무분별하게 하수구로 쏟아 넣어 물 오염에 가세하지 말고 대신 재생 이용이나 안전 처리 방침을 갖고 있어야 한다. 학교에서의 화학 약품 처리에 적용되는 법규들이 있다. 화학 교사들이 이 법규들을 준수하고 있는지 확인해 보자.

지구를 구하는 소비자

# 쇼핑

### 미생물로 분해되는 플라스틱을 거부하자

플라스틱 산업은 소위 미생물로 분해되는 플라스틱을 소개함으로써 플라스틱 제품에 대한 환경보호론자들의 비평과 싸우기 시작했다. 이 전분으로 만든 풀을 기초로 한 플라스틱은 젖은 땅에 묻으면 이산화물과 물로 분해될 것으로 기대된다. 미생물로 분해되는 플라스틱 가운데 일부는 인간의 눈으로는 더이상 볼 수 없을 만큼 아주 작은 조각들로 부서질 뿐이므로 환경을 의식하는 구매자들은 이러한 선전에 속지 말아야 한다. 그러한 것들은 '미생물로 파괴할 수 있는 플라스틱'이라 불린다.

작은 플라스틱 중합체를 전분 중합체로 교환하는 것은 사실상 자신의 양심을 만족시키기 위해 굶주린 사람으로부터 음식을 빼앗는 것과 같다. 또한 이러한 플라스틱은 매립식 쓰레기 처리장에서 빨리 분해되지 않을 것 같다.

플라스틱은 재생 이용되야 하고 미생물에 의해 무해 물질로 분해되도록 쓰레기 더미 속에 남아 있어서는 안된다. 생물 분해성이 있는 플라스틱은 생산에 더 많은 에너지가 필요하나 보통 플라스틱 만큼 튼튼하지 않고 재생 가능성이 더 적다.

### 정말로 물건을 사러 갈 필요가 있는가를 곰곰 생각하자

쇼핑은 가장 즐거운 오락의 하나라고 말한다. 소비가 폭등했던 1980년대에는 충동적 구매자, 전문적 구매자, 기능적 구매자라는 말이 있었다. 미국에서는 매일 30억 달러가 쇼핑에 쓰여지고 그 일부는 결코 손도 대지 않을 식품과 의류를 위한 것들이다.

우리는 이런 식으로 식료품과 화학제품과 운송에 쓰여지는 돈을 낭비한다. 쇼핑을 하고 싶은 기분이 들 때는 정말로 필요한가를 스스로 자문해보자. 윈도우

쇼핑을 원한다면 수표나 현금과 크레디트 카드는 집에 두고 가자.

### 대량으로 구입하자

물건을 대량으로 구입하면 돈 뿐만이 아니라 포장과 운반과 저장 비용도 절약이 되고 쇼핑을 위한 외출 횟수도 줄어든다. 야채와 곡식을 대량으로 구입하는 좋은 생활협동조합을 찾아 보거나 시골을 방문해 신선한 식품을 사자.

### 상표를 읽자

식료품에 붙어있는 상표를 읽는 습관을 들여야 한다. 설탕이나 소금을 피하고 싶을 때는 첨가 유무를 조사하자. 한 일류 백화점에서 검사한 과일과 야채 통조림들에는 모두 설탕이 포함돼 있었다. 인공 화학 약품이나 첨가제를 쓰지 않고 만든 식품을 찾자. 특정 국가의 제품은 배척하고 싶을지도 모르니 원산지에 대해서도 알아 본다.

### 간단하게 구입하자

슈퍼마킷에는 너무나 많은 상품들이 있어 보통의 손님이라면 선택하기가 혼란스러워져 너무 많이 사는 것도 이해가 될 수 있다. 쇼핑을 할 때는 직면한 환경 문제에 대해 어떤 결정을 내리고 필요한 것만을 사야 할 것이다. 오염 감소에 도움이 되게 하려면 가능하면 덜 가공되고 제일 가까운 거리를 이동한 제품을 사도록 하자.

### 일회용 함정에서 빠져나오자

우수한 품질의 튼튼한 제품을 사면 비용이 더 들지 모르나 시간이 흐름에 따라 돈이 절약된다는 사실을 알 것이다. 또한 그것은 원료와 값싼 염가 상품의 포장과 가공을 줄이고 오염과 수십억 톤의 쓰레기를 감소시킴으로써 여러 가지 면에서 환경에 도움이 되기도 한다.

### 카톤을 사용하지 말자

카톤(종이 곽)에 든 우유와 음료수들은 예를 들어 유리병보다 겹쳐 쌓을 때 공간을 덜 차지하므로 운송에서 에너지를 절약할 수 있다. 그러나 카톤은 다시 사용하거나 재생시킬 수 없고 미생물에 의해 분해되지도 않는다.

카톤은 가공에서부터 재사용이 불가능한 판지 상자의 수명이 끝날 때까지 환경을 해치고 오염시키는 고도로 표백된 종이와 알루미늄과 플라스틱의 층으로 만들어진다. 다시 사용할 수 있는 유리병처럼 환경에 덜 해로운 대안을 강요해야 한다.

### 생활협동조합에서 물건을 사자

생활협동조합에서 물건을 사면 지구에 유익한 좋은 사업과 소규모의 제조 과정을 지원하는 것이다. 가장 유명한 소비자 협동조합의 하나는 일본의 세이카수 클럽이다. 그 클럽은 15만 가구를 회원으로 두고 있고 주로 여성들에 의해 운영되고 설립된다. 세이카수 클럽은 가사 용품들을 이익을 붙이지 않고 팔고 있으며 구매자에 의해 지불되는 적정 가격은 농장주나 생산자에게 바로 전해진다.

협동조합은 대량 광고를 필요로 하지는 않지만 정기 회보를 통해 회원들에게 정보를 알린다. 그리고 각 품목에 엄격한 환경 및 건강 기준에 부응하는 한 개의 상품만이 선정된다. 또한 수익에 대한 욕심보다 분배와 필요성에 기초를 둔 상품을 제공한다.

### 재생 이용할 수 있는 포장을 사자

식품의 포장 방법은 환경을 고려할 때 대단히 중요하다. 알루미늄과 플라스틱 띠를 사용하는 종이 포장과 스티로폼 용기는 재생 이용이 불가능하다. 한 겹의 종이, 강철, 알루미늄, 유리, 고무로 된 단순한 포장은 재생 이용할 수 있지만 나중에 단순히 쓰레기통 속으로 던져버릴 것이라면 쓸만한 가치가 없다.

### 두 겹 이상으로 포장된 상품은 사지 말자

사실상 시중에서 팔리는 상품들 가운데 두 겹 이상의 포장을 필요로 하는 것은 없다. 초콜릿 한 상자를 예로 들어보자. 그 속에는 실제 내용보다 포장이 더 많을 수 있다. 미용 제품, 선물, 게임용품, 과자 등은 우리가 지불하는 돈의 대부분이 가외의 포장으로 들어가는 주요 과대 포장 상품들이다.

## 비닐 쇼핑 백을 거절하자

쇼핑을 하러 갈 때에 직접 쇼핑 가방이나 튼튼한 쇼핑 백을 휴대하자. 재생 이용이나 미생물에 의한 분해가 전혀 불가능한 비닐 쇼핑 백들이 수없이 사방에서 무료로 손님들에게 주어진다. 간단하게 자연을 보호하는 대안이 있다. 그것은 비닐 쇼핑 백을 거절하고 재사용하는 것이다.

## 폴리스티렌 포장을 거절하자

CFC가 함유돼 오존층을 손상시키는 플리스티렌 포장을 거절하자. 포장한 상품에 라벨이 붙어있지 않으면 분명히 CFC가 함유돼 있는 것으로 가정한다. 새로운 포장에 조차도 약한 온실 가스라고 불리는 HCFC-22 또는 탄화수소가 함유돼 있다. 포장하지 않은 식품을 사고 집에서 쇼핑 백을 갖고 가거나 재생시킨 갈색 종이 봉투를 사용하자.

## 편지를 쓰자

펜(文)은 칼(武) 보다 강하다고 하니 그것을 이용하면 어떨까? 포장지 제조업자들에게 편지를 써서 우리가 정기적으로 사는 물건들에 대한 과대 포장과 - CFC를 삼가라고 요구하자. 통조림 제조업자들에게 편지를 써서 설탕을 제거하라고 요구하자. 종이 공급업자들에게 표백하지 않고 재생시킨 종이를 생산하라고 요구하는 편지를 쓰자. 그러면 제조업자들은 주의할 것이고 그들의 상품을 사지 않는다면 팔 곳이 없을 것이다. 또한 당신의 요구를 뒷받침할 정보와 통계를 얻고 항상 정중하게 회답을 부탁하자.

찾아내고 모으는 기술을 연마한다.

## 경품에 속지 말자

정유소들은 손님에게 토스터나 장식용 유리컵들을 주고 화장품 회사들은 값비싼 타올과 액세서리들을 제공한다. 높은 판매 수익과 격렬한 경쟁이 그것을 가능하게 해왔지만 현재는 많은 회사들이 그러한 추세를 후회하기 시작하고 있는데 그 이유는 고객들이 상품 자체보다 공짜 선물에 더 관심이 있는 듯하기 때문이다. 공짜 선물에 속지 말고 제공되는 상품이 정말로 필요한지 자문해 보자.

## 환경 방침을 갖고 있는 상점을 이용하자

소비자들이 좀더 자각을 하게 되자 지금은 많은 슈퍼마킷들이 환경 방침을 고려하고 있다. 자체 상품에 대한 방침을 밝히고 다른 상품들에도 높은 수준을 요구하는 상점에서 물건을 선택하자. 정직하고 유익한 광고를 하고 라벨을 붙이는 것이 선택을 도와주는 가장 빠르고 확실한 방법이다. 손님 또한 당연한 권리이니 그것을 요구해야 한다.

## 구멍가게를 돕자

커다란 주차장이 딸린 교외의 대형 슈퍼마킷과 상점가들은 사실상 소규모의 지역 상점들을 파산시켜 왔다. 소규모의 상점은 에너지를 절약시켜 준다. 손님이 운전을 할 필요가 없고 다만 쇼핑 백을 들고 걸어가면 되기 때문이다. 또한 그러한 구멍가게들은 지방 토산품을 공급할 가능성이 더 크고 자동차가 없는 사람들에게 아주 중요한 생명선을 제공한다.

## 재충전이 가능한 배터리를 사자

배터리로 움직이는 물건을 가지고 있어야 한다면, 가능하면 항시 재충전이 가능한 배터리를 사자. 값싼 배터리 충전기를 사용하면 최고 5백 회까지 배터리를 재생시킬 수 있다. 재충전용 배터리들은 비록 돈과 자원을 절약해 주지만 대단히 유독한 물질인 카드뮴에 들어 있어서 유럽에서는 서서히 제조를 중단하고 있다.

지구 카드뮴 양의 3분의 1이 배터리에 들어가는데 그것이 환경에 미치는 영향은 극도로 심각하다. 앞으로는 제조업자들이 좀더 안전한 재충전 배터리를 공급해야 할 것이고 소비자들도 그렇게 되도록 격려해야 한다.

## 신선한 식품에 라벨을 붙이도록 요구하자

오늘날의 고객들에게는 라벨을 붙이는 것이 중요하게 되었지만 대개는 이미 포장된 식료품으로 한정돼 있다. 포장되지 않은 식품에 사용된 살충제에 대해 알리는 라벨과 불필요한 찌꺼기를 씻어내거나 제거하는 방법에 대한 정보도 요구하자. 이러한 행동은 좀더 많은 생산자들의 살충제 사용을 중단시킬 것이고 소비자는 상품을 더 잘 알게 될 것이다.


### 압제 정권을 종식시키기 위한 쇼핑을 하자

 텔레비전과 신문에서 전세계 도처에서 진행되고 있는 야만적인 압제 정권을 보여주는 사진들을 보면 종종 무력감을 느낀다. 남아프리카의 흑인 및 유색 인종 차별 정책으로 인한 인간의 고통은 많은 사람들로 하여금 인종 차별을 자각하게 하는 한편 불매 동맹이 갖는 정치적 힘을 깨닫게 했다.

 즉 물건을 살 때 압제 정권이 지배하는 나라에서 만든 상품을 사지 않음으로써 관심이 있다는 것을 보여줄 수 있다.


### 염가 판매장에 가자

 값싼 중고품들을 구입하자. 그것이 재생 이용의 한 형태이다.


### 열대 우림을 사들이자

 실제로 열대 우림을 구입하라는 말은 아니다. 열대 우림을 보호하는 상품을 구입해 열대 우림 보호 단체들을 지지할 수 있다. 열대 우림은 어느 누구의 소유도 될 수 없지만 열대 우림을 보호 한다는 것은 토착민들이 계속 그곳에서 살 수 있고 그 지역이 산업이나 소 목축업자에 의해 개발되지 않는 것을 의미한다. 세계 자연 보호 기금 같은 기관들이 그러한 계획들을 운용하고 있다.


### 자연보호 표지의 속임수를 조심하자.

 영국 소비자 협회는 상거래 세계에서 '환경에 친화력에 있는 제품'이라는 새로운 속임수를 겨냥한 조사를 실시했었다. 기업들은 배터리와 에어로졸 깡통 같은 제품들에서 수은과 카드뮴 내용물을 제거했으니 그것이 자연 보호이고 환경에 친화력이 있다는 지나친 주장을 하고 있다.

 환경에 친화력이 있다는 표시가 된 제품들은 피하자고 전하고 싶다. 그것은 대개 그 제품에 한 가지 좋은 점은 있지만 잠재적으로 많은 다른 점들이 부적당하다는 의미이다. 진정으로 친화력이 있는 상품을 생산하는 회사들은 그처럼 노골적으로 말할 필요가 없다. 포장에 적힌 성분 표시와 정보는 소비자에게 모든 것을 정확히 알려야 한다.

## 물물교환을 하자

더이상 필요하지 않은 물건이나 옷을 친구들과 교환하자. 옷과 물건을 재활용하는 기술을 되찾자. 돈도 절약되고 그 과정 또한 즐거울 것이다.

## 광고에 현혹되지 말자

광고 제작은 대기업이다. TV 광고를 할 능력이 있는 회사는 대개 비싸게 제조되고 조작된 상품의 판매를 광고 선전으로 촉진하고 있는 것이다. 그 비용은 언제나 고객인 당신에게 돌려진다.

광고를 조심하고 상품을 스스로 판단하도록 하자. 북미에서는 시청자들의 47퍼센트가 TV 광고를 짜증스럽고 불필요하다고 생각한다.

## 계획 관리에 유의하자

곳곳에서 슈퍼마킷과 대형 슈퍼마킷들이 생겨나고 있다. 위치는 종종 도시 근교가 되는데 이때 넓은 땅들이 콘크리트로 뒤덮혀진다. 허가를 받기 전에 계획들은 사정되야 하는데 이 단계에서 우리가 건축에 영향을 줄 수 있다.

우리는 그것에 절대 반대하던가 또는 개발업자들로 하여금 이를테면 현장에 나무를 기른다는 식의 특정 조건들에 동의하도록 할 수 있다.

## 쇼핑 탁아소를 설치하게 하자

쇼핑에 어린이들을 데려가는 것은 하고 싶은 일의 진행에 방해가 돼 혼란스러울 수 있다. 슈퍼마킷 계산대에는 단 것과 초콜릿과 비스킷 그리고 감자 튀김

등이 선반에 낮게 진열돼 있어 어린이들을 유혹한다.

　쇼핑객을 위한 탁아소가 있다면 돈과 스트레스를 절약하고 줄일 수 있다. 대형 슈퍼마킷에 탁아소를 설치하는 캠페인을 벌이고 좀더 규모가 작은 번화가의 상점들도 함께 가담해 탁아소를 제공하게 한다.

### 가외 포장을 되돌려 주자

　스웨덴에서는 1992년 말까지 치약 상자가 단계적으로 완전히 없어질 것인데 이는 가외 포장이 불필요하고 에너지와 자원을 낭비하기 때문이다. 다음에 슈퍼마킷에 갈 때는 불필요한 포장을 두고 오도록 하거나 적어도 제조업자들에게 불평하는 편지를 쓰자. 곧 누군가가 그 의미를 파악할 것이다.

### 재사용이 가능한 상품을 지지하자.

　우유병처럼 재사용할 수 있는 용기와 자동차 차체 공장에서 보충할 수 있는 플라스틱 용기와 공탁금과 함께 반환할 수 있는 음료수병과 포장에 든 상품과 식품을 생산하는 기업들을 지지하자.

# 식사

### 자연식 또는 채식주의 식당에서 회식하자

많은 식당들이 채식주의와 자연 식품으로 된 식사를 제공하는 이점을 인식하기 시작하고 있다. 미국에서 가장 가치가 있었던 식사는 최고의 채식주의 식당인 뉴욕주 이타카의 전설적인 무스우드 레스토랑을 방문했을 때였다. 전세계의 다른 훌륭한 자연 식품 식당들에 대한 안내서들이 많으니 참고하자.

### 초콜릿 먹기를 삼가하자

초콜릿의 소비에 있어서는 영국이 세계 최고이다. 최다 판매 상품은 키트캣이고 그 다음은 마스 바이다. 두 개의 상품은 연간 3억 파운드 상당의 판매고를 올린다.

영국 초콜릿 시장만 해도 매년 24억 파운드(약 3조 3천 6백억원) 상당이 거래된다. 초콜릿의 주요 성분인 코코아는 최근에 카카오콩에 사용되는 대단히 위험한 살충제 때문에 환경보호론자들의 조사를 받아 왔다. 초콜릿 바 자체는 고도로 가공 처리되고 설탕으로 달게 만들어지는데 이것이 치아와 소화 등 종합 건강에 영향을 미친다.

초콜릿은 18세기 초에 건강한 알콜 대용품으로 퀘이커 교도들에 의해 선호되었지만 오늘날의 가공되고 살충제가 사용된 갖가지 초콜릿은 경우가 다르다. 가능하면 가장 순수한 코코아를 찾아 마시거나 (순수 과일로 만든) 과당으로 달게 한 초콜릿을 먹고 가능하다면 초콜릿을 덜 사도록 하자.

### 흑빵을 먹자

일찍이 1826년에 의사들은 흰 빵을 주로 하는 식사와 관련된 건강 위험에 대해 경고를 했었다. 흰 빵은 고도로 가공돼 영양가를 거의 다 빼앗긴다.

 18세기 초에는 부유한 사람들만이 흰 빵을 먹었고 제빵업자들은 부자들처럼 흰 빵을 원하는 대중을 위해 석회와 백악과 동물뼈를 첨가해 빵을 좀더 하얗게 만들려고 했다.

 흑빵을 흰색으로 가공하는 명백한 이유는 고객에게 더 좋은 제품이나 더 폭넓은 선택을 제공하기 위한 것이 아니라 제빵 비용을 줄이고 공기와 물을 많이 사용해 더 높은 이익을 얻으려는 것이다. 가능하면 언제나 기본적인 흑빵을 먹도록 하자.

## 진짜 식품을 먹자

 우리들은 간편하게 미리 가공된 식품을 구입함으로써 식품 가공 산업 때문에 개발도상국의 수백만에 달하는 가난한 사람들이 계속 배고픔을 느끼도록 내버려둘 뿐만 아니라 스스로를 불행하게 만들고 있다. 느슨한 관리, 부족한 연구, 독으로 알려진 화학 약품과 성분의 추가 등은 진짜 부끄러운 행위이다. 우리들은 대부분 생각없이 음식을 먹는다. 우리는 당연히 누군가가 내심 우리에게 관심을 가질 것이라고 여기나 반드시 그렇지는 않다. 소비자인 우리는 인스턴트 식품에 중독되고 있다. 우리는 음식 준비 때문에 인생에 방해를 받지 않기 위해 값싸고 청결하게 포장되고 매력적으로 보이는 식품을 기대한다.

 우리가 좀더 분별있는 눈으로 식품을 선택하기 시작한다면 상당한 에너지를 절약하면서 오염을 피할 수 있다. 북미인들이 먹는 음식의 75퍼센트 이상은 가공된 것이고 그것은 에너지의 견지에서 환산해 매년 1백억 달러(약 7조원) 이상의 비용이 든다. 식품 가공은 직접적으로 오염과 산성 비와 온실 효과 그리고 다른 많은 환경 문제들을 늘리는 요인이다.

## 제철에 과일과 채소를 사자

 과일과 채소를 제철에 사면 운송에 드는 에너지가 절약되고 결과적으로 오염도 줄어든다. 우리는 사시 사철 바나나와 오렌지 같은 과일들을 요구한다. 우리가 먹도록 제철을 벗어나 수천 킬로미터 운반돼 바로 눈 앞의 선반에 진열돼 있다는 이유로 이국적인 과일들이 많이 팔리고 있다.

그러한 과일들은 좀더 오래 신선하게 보관하기 위하여 살충제와 화학 약품으로 처리되어 있음을 알아야 한다. 제철이 될 때까지 과일과 채소들을 구입하지 않는다면 더 좋은 식품을 즐길 수 있다. 지역 내에서 재배되고 소비되는 식품은 모두 우리의 평소 음식에 중요한 부분이다.

### 페로 군도(群島) 생선을 보이코트하자

1989년에 환경보호론자들은 페로 군도의 주민들로 하여금 검은 고래 살해를 중단하라고 설득하려 실패한 이후 페로 군도에서 포획된 생선에 대해 완전한 불매운동을 요구했다. 페로 군도 주민들에 의한 수천만 마리 고래의 의식적인 학살은 주식을 공급하기 위한 것이 아니다.

고래 및 돌고래 보존협회 같은 단체들은 그 이유가 오락성 스포츠라고 말한다. 고래들은 커다란 갈고리로 해변가로 끌려와서 얼음 구멍 속에서 절개되기 때문에 아주 서서히 죽게 된다. 영국과 미국 시장이 페로 군도 생선의 90퍼센트를 소화한다.

### 채소를 잘게 썰자

요리를 하기 전에 야채나 고기와 다른 식품들을 되도록 잘게 썬다면 조리 시간이 반으로 줄어들고 에너지와 돈도 절약될 것이다. 예를 들어 감자를 으깨려면 듬성듬성 깍둑썰기를 할 수 있고 당근은 얇게 긁어낼 수 있다.

여러 가지 야채를 한꺼번에 조리하거나 찌는 것도 좋다.

### 캘리포니아산 포도를 사지 말자

미국 농장 근로자 조합 연맹은 카프탄, 메틸 나트륨, 파라치온 같은 살충제를 사용하는 노동자들이 막대한 고통을 받고 있다는 이유로 캘리포니아산 포도에 대한 불매운동을 요구했었다.

해마다 보고되는 30만 건의 중독 증상에 노동자와 그 가족들이 앓고 있으며 암과 출생 결함은 포함 조차 되어 있지 않다. 그러나 지하수 오염이 지역 사회와 야생동물에 영향을 미치므로 지역 환경 또한 병이 든다.

사용되는 살균제의 하나인 카프탄은 극소량이라도 어류에 해를 미치기 때문에 핀란드와 노르웨이 및 스웨덴에서 금지되거나 엄격하게 제한을 받아 왔다.


## 말린 감자는 필요없다

과대 포장된 우주 시대의 말린 감자는 분명히 자연보호주의자를 위한 식품은 아니다. 그 내용물은 피로포스페이트와 첨가 비타민, 소금, 말린 ▲유장, 유화제 E471과 E450, 방부제 E223과 E220 및 E222 그리고 산화 방지제 E321로 말린 감자에서는 눈을 씻고 봐도 보이지 않을 정도이다. 또 말린 감자에 물을 부어 전기 주전자에 넣고 끓이는데 드는 에너지는 직접 갈아 으깨기 위해 감자 한 개를 가스 레인지에 요리하는데 드는 에너지와 맞먹는다. 그러니 진짜 감자를 사는 것이 훨씬 더 좋은 것이다.


## 자외선처리 식품을 거부하자

보존 기간을 늘리기 위해 아주 신선하고 좋은 식품에 코발트 60이나 세슘 137로 조사(照射)할 필요는 없다. 환경 보호 단체들은 그것이 단지 핵 폐기물인 발광원을 소모하는 또다른 방법에 불과하다고 주장한다.

자외선을 쪼인다고 위험한 박테리아가 모두 죽는 것은 아니다. (예를 들어 클로스트리듐 보트리늄은 영향을 받지 않고 보툴리누스 중독에 오염된 식품은 치명적일 수 있다.) 또한 자외선을 쪼이는 것은 여러가지 다른 방법으로 식품에 영향을 미치는데 가장 주목할 것은 맛에 관해서이다.

그것은 식품의 맛과 비타민을 약하게 할 수 있고 필수지방산을 파괴할 수 있다. 일부 슈퍼마킷은 자외선에 조사된 식품을 팔지 않기로 했다 하니 그러한 곳들을 찾아 보자. 또한 의심스러울 때는 사기 전에 문의해 본다.

---

▲ 유장 : 치즈를 만들때 우유가 응고된 뒤 분리되는 수용액

160 지구를 구하는 소비자

빈버거 두 개 나옵니다!

### 비프버거 없이 지내자

두들기고 마사지해 껍질을 벗긴 동물의 몸통과 연골, 근육, 심장, 혀, 지방에 색깔과 맛, 그리고 방부제를 첨가한 것일까? 아니면 단순히 비프버거일까? 대부분의 비프버거들은 매년 자기 몸무게의 8배나 되는 곡식을 먹어치우면서 집중 사육되는 가축 동물로 만들었을 것이다.

비프버거를 먹지 않으면 땅과 자원이 절약되고 좀더 건강한 식생활이 될 것이다. 대신 빈버거(콩으로 만든 버거)나 쇠고기가 들어가지 않은 버거를 먹자.

### 유기 빵을 사자

대부분의 슈퍼마킷들은 적어도 한 가지 종류의 유기 빵을 공급하고 건강 식품점에서는 현장에서 생산되는 빵을 살 수 있다. 영국 내에서는 매일 1천만 개 이상의 빵이 소비되며 우리는 지금 우리의 주식을 옹호할 때이다. 제빵에 사용되는 통밀은 달리 어떤 것이 첨가되기 전에 살충제 찌꺼기에 의해 손상되어 있다. 어떤 슈퍼마킷에는 빵 진열대 위에 다음과 같은 경고가 붙어 있다. '빵을 비롯한 밀가루 제품에는 산화 방지제, 인공 감미료, 색, 향료, 방부제, 밀가루 첨가물 같은 첨가제가 들어 있을 수 있습니다.' 명백히 빵은 더이상 단순 식품이 아니다.

영국에서는 일부 가공처리 과정에서 제거되는 것 대신 비타민과 첨가제를 함유하도록 법에 의해 요구된다. 그러나 주로 밀기울로 만든 것처럼 정백하지 않은 곡물로 만든 제품은 화학 비료를 사용하지 않고 재배되지 않는 한은 살충제 찌꺼기의 정도가 높다.

### 진짜 과일을 먹자

우리는 슈퍼마킷에서 과일을 사면서 상자나 깡통처럼 모두가 똑같은 색깔과 조직, 구성, 그리고 중량으로 같은 맛과 모양이기를 기대한다. 영국에는 비록 6천 종의 사과가 등록되어 있지만 단 아홉 개의 품종만이 상점과 시장을 지배하고 있다. 옛날에는 과수원들이 늘 풍성했었다. 과수원은 사과뿐만이 아니라 배, 버찌, 서양자두, 서양오얏, 오디 등을 제공했었다.

지방 특유의 품종에 대해 알아보고 식료품점에서 진열된 다양한 종류의 이름을 물어 보자. 유기 과일을 사고 또한 진짜 과일을 찾아 보자.

### 황색지느러미 참치를 사지 말자

황색지느러미 참치는 동부 열대 태평양에서 돌고래 떼 밑에 모인다. 참치잡이 배들은 돌고래들을 따라다니는 방법으로 참치를 찾고 참치를 잡기 위하여 돌고래를 배 위로 끌어올리거나 그물로 잡는다. 공식적으로는 동부 열대 태평양에서 매년 약 12만 마리의 돌고래가 죽고 있다고 하지만 실제로는 25만 마리에 가까운 고래를 격감시키고 있을지 모른다.

황색지느러미 참치 불매 운동을 벌이면 계속 돌고래를 죽이고 있는 회사들을 거부할 수 있다.

## 개구리 다리를 무시하자

방글라데시와 인도네시아에서는 전세계적으로 수출되는 다양한 진미를 위해 식용 개구리들이 도살되고 있다. 개구리의 다리는 특히 귀중한 부분이고 종종 다리가 잘라진 뒤에도 몸통은 여전히 살아서 계속 기어 달아나려 한다. 이 거래와 관련된 명백한 잔학 행위 외에도 대자연으로부터 막대한 수의 개구리를 빼앗는 것은 환경을 황폐하게 하는 결과를 낳는다. 개구리는 농작물을 파괴하면서 물에 떠 있는 해충을 잡아 먹는다.

인도는 개구리 다리 수출로 인해 거래가 최고량에 달했을 때는 매년 5백 50만 파운드(약 77억원)를 벌어들였지만 자연의 해충 조절을 대신하기 위해 유독한 살충제에 1천 3백만 파운드(약 182억원)를 썼다. 나중에 인도 정부는 생태학계와 인도주의자들의 압력을 받아 결국 개구리 다리 수출을 금지시켰다.

우리가 개구리 다리를 먹지 않는다면 오늘날의 개구리 다리 수출 시장이 없을 것이다.

## 송아지 고기를 먹지 말자

흰 송아지 고기는 네덜란드에서 영국으로 도입되었는데 이는 공장 방식으로 운영되는 축산업의 가장 극단적인 형태 가운데 하나이다. 송아지는 출생후 며칠 뒤에 어미소로부터 떼어져 가로 1.5미터 세로 56센티미터인 나무상자 속에 넣어진다. 송아지는 그 속에서 14주 동안 갇혀있게 되는데 섬유 식품은 주어지지 않는 대신에 순전히 액체로 된 우유 대용품이 공급된다. 순수한 흰 살코기를 먹을 수 있도록 의도적으로 철분이 부족되게 송아지를 사육하는 것이다. 이러한 관례는 즉각 중단되어야 하며 또한 송아지 고기를 절대로 사지 말아야 한다. 영국인들은 매해 이런 방법으로 사육된 송아지 고기를 10만 마리나 먹고 있다.

## 도살장에서 잡은 사슴고기를 사지 말자

간절히 사슴고기 산업을 발전시키고 싶어하는 상인들은 소나 양, 돼지와 같은 방식으로 공설 도살장에서 잡은 사슴 고기를 조직화하려 하고 있다.

사슴을 도살하는 가장 인간적인 방법은 농장에서 우수한 사격수가 총으로 사살하는 것이다.

## 응유 효소를 거부하자

우유를 치즈로 가공할 때는 송아지 위액에서 얻어지는 응유 효소가 사용된다. 그러나 대부분의 사람들은 응유 효소가 도살된 새끼 송아지의 위에서 얻어진다는 사실을 깨닫지 못한다. 모든 치즈에 응유 효소가 함유돼 있지는 않지만 채식주의 표시가 된 치즈를 사면 그것을 피할 수 있다.

## 채식주의가 되자

영국에는 현재 공장 운영 방식의 농장 경영, 집중 사육, 인공 식료품 및 동물성 호르몬에 저항하는 채식주의자가 3백만 명이 넘는다. 이들이 먹을 수 있는 음식은 엄청나게 다양하므로 채식주의 생활이 더 건강하고 그 만큼 즐거울 수 있다.

## 도살장 정화 캠페인을 벌이자

영국의 1천 개소에 달하는 도살장 중에서 9백 개는 너무 불결하여 세계 모든 나라에서 수입을 금지하고 있다. 조잡한 도살로 인한 파리와 배설물 오염과 곰팡이를 기르는 기름 투성이의 기계류는 도살장이 여러 가지 점에서 불결한 장소임을 증명한다.

## 착색제와 방부제를 확인하자

식품에 사용된 착색제와 방부제가 모두 유해한 것은 아니다. 일부는 자연 성

분으로 만들어져 전혀 인체에 해를 미치지 않는다. 그러나 애머랜스 염료
(E123)와 같은 것들은 석유 산업의 부산물로서 어린이들의 활동 항진과 연관되
고 있다.

애머랜스는 미국과 소련에서 금지돼 왔다. 북미에서 금지되고 있는 E상품의
대다수가 영국에서 위험하다고 판명되기 전까지는 널리 사용되어 왔다. 관계 책
자들이 많이 나와 있으니 식품에서 E 표시를 확인하도록 하자.

### 진짜 돼지고기를 사자

공장 운영식 농장에서 사육되는 돼지들은 콘크리트나 엷은 널빤지를 댄 바닥
에 살면서 자신이 배설한 오물 속에서 뒹군다. 암돼지들은 종종 사슬로 다른 돼
지들과 함께 바닥에 단단히 묶여 앞뒤로 한 발자욱도 옮길 수 없다. 새끼 돼지들
은 새끼를 낳는 나무상자 속에서 태어나 시장에 내놓기 위해 살을 찌우는 우리
로 옮겨지기 전에 2~3주 동안만 어미의 젖을 먹도록 허용된다.

일부 슈퍼마킷은 이러한 상태에 대해 항의해 왔고 지금은 돼지들이 더 나은
대접을 받기 시작하고 있다. 우리는 영국에서만 매년 1천 5백 50만 마리의 돼지
를 먹는다. 슈퍼마킷에서 돼지고기에 대해 알아 보거나 대답이 마음에 들지 않
는다면 완전히 돼지고기를 포기하자.

### 직접 아이스크림을 만들자

영국 국민은 매년 여름 소프트 아이스크림에 4천만 파운드(약 560억원)를 지
불하고 있지만 전혀 크림이 들어가지 않은 제품 생산에서는 영국이 유럽에서 선
두를 달린다. 소프트 아이스크림은 농축 탈지유 분말에 지방과 유화제와 안정제
를 넣고 설탕을 섞어 만든다. 결과적으로 소프트 아이스크림의 성분은 설탕 40
퍼센트, 지방 30퍼센트, 비지방 고체 우유 25퍼센트, 첨가제 2퍼센트이다.

소프트 아이스크림 제조의 비결은 가능한 공기를 많이 주입시키는 것이다. 돈
을 지불하고 달콤한 공기를 사는 대신 직접 아이스크림을 만들거나 슈퍼마킷에
서 살 수 있는 천연 아이스크림을 선택하면 어떨까?

## 식품 중독을 조심하자

영국 식품 조사위원회에 의하면 현대 과학기술에도 불구하고 박테리아 식품 중독 환자가 62퍼센트나 증가되었다. 중독은 종종 고객이 불량 식품을 취급한 탓으로 돌려지나 영국에서 1987년에 보고된 2만명의 환자는 식품 산업의 불결하고 불안전한 영업 상태에도 책임이 있는 것으로 드러났다.

농장, 도살장, 공장, 상점, 슈퍼마킷, 식당 등 전체적인 식료품 연쇄점들에서 위생 및 환경 기준이 개선되야 한다. 우선 농산품 제조업자들의 이해로부터 분리돼 독립된 보건성을 설치하는 것이 좋은 출발일 것이다.

## 건강한 샐러드를 먹자

영국 상치를 검사한 결과 평균 10밀리그램의 질산염이 함유되어 있는 것으로 드러났다. 미국산 토마토에서는 클로로타노닐과 퍼미드린과 확실한 듯한 발암물질이 발견되었다. 딜드린을 포함해 양파에는 50종, 오이에는 75종의 다른 살충제가 사용된다니 바로 건강의 상징인 샐러드가 건강을 위협하고 있는 셈이다. 항상 주의깊게 샐러드 재료를 씻고 가능하면 모두 껍질을 벗기자. 혹은 직접 채소를 기르거나 유기 농작물을 사자.

## 구이용 영계를 거절하자

대부분의 구이용 영계는 10만 마리나 되는 다른 닭들과 함께 커다란 우리의 어둠침침한 곳에서 사육된다. 그리고 이들은 가능한 식용 고기를 많이 생산하도록 유전학적으로 조작된다. 7주째면 닭들은 욕조에서 전기 충전으로 실신시켜 도살된 다음 목이 자동적으로 잘린다. 영국에서는 매년 약 5억 마리의 닭과 3천만 마리의 칠면조가 이러한 방법으로 도살된다. 대안도 있으니 집중 사육된 닭고기는 거부하자.

## 소금을 적게 먹자

소금은 수세기 동안 식품 보존용으로 이용되어 왔으나 현재는 냉장고와 냉동기의 도입으로 소금이 대개 맛을 내기 위해 쓰여지고 있다. 우리는 실제로 몸이 필요로 하는 양보다 열 배나 많은 소금을 여전히 섭취하고 있다. 소금은 미리 가공된 식품에 첨가되는데 그것이 미리 가공된 식품들을 먹지 않아야 하는 좋은 이유이다. 모든 음식물에 소금을 뿌리는 습관은 낭비일뿐 아니라 몸 안에 소금이 너무 많이 섭취되면 심장병의 원인이 될 수 있으므로 위험할 수 있다.

## 집중 세육으로 생산되는 계란을 거부하자

 1988년에 영국에서 전직 보건성 장관에 의해 폭로된 계란 스캔들은 전체 산업에 충격을 주었다. 계란 판매는 연간 1인당 평균 2백 개의 소비에서 절반 이하로 떨어졌고 수십만 마리의 암닭이 도살돠야 했다. 스캔들은 계란에서 발견된 박테리아와 살모넬라균의 수준에 집중되었다. 암닭들은 죽은 닭을 간 고기와 오염된 식료품을 먹여 길러지고 있었다. 닭장에 갇혀 집중 사육되는 암닭들에 대한 잔인한 행위 때문에 점점 더 많은 사람들이 자유롭게 방목되는 닭이 낳는 계란을 선택하고 있다.
 스위스에서는 최근에 암닭들이 모두 자유롭게 방목되도록 보장하는 법이 통과되었는데 그것은 돌아다니고 밖으로 나갈 수 있는 여유를 허락하는 것으로 닭장에서 사육되는 암닭들에게는 불가능한 사치이다. 그러한 상태 때문에 매년 2백만 마리 이상의 닭장에서 사육되는 암닭들이 너무 일찍 죽고 있고 평균 1년 내에 달걀 생산이 급격히 떨어져 도살된다.
 소비자들이 자유롭게 방목되는 닭의 계란을 사고 계란의 소비를 줄이며 여전히 보기 드문 유기 달걀을 찾는다면 직접적인 도움이 될 수 있다.

## 설탕을 줄이자

 영국인들은 매년 120그램 이상의 설탕을 먹어 치워 세계에서 가장 높은 설탕 소비자 중의 하나이다. 그 높은 수준은 가끔 소비자가 알지도 못하는 가운데 설탕이 함유되어 미리 포장된 식품들이 많은 탓으로 돌려진다.
 설탕은 충치의 원인이 되고 간접적으로 비만, 당뇨, 심장병, 심지어는 담석의 증가와도 관련이 있다. 그러나 설탕은 중요 사업으로 정부 관리들 조차 건강에 관해 국민에게 충고할 때에는 언급을 꺼리고 있다.

특별히 과일을 많이 섭취하는 정상적인 식사라면 설탕을 추가하지 않고도 충분한 과당과 단맛을 얻을 것이다.

## 먹는 것이 건강의 척도이다.

영국인은 평균 1년에 4킬로그램 이상의 화학 약품과 첨가제를 먹는다. 그 위에 신선한 음식에 남아 있는 살충제 찌꺼기와 수도물 및 공기 오염을 추가하고 있으니 우리에게 끔찍한 영향을 미칠 수 있는 화학 약품의 양을 생각해 보자. 예전에 사용됐던 살충제들은 대부분 현재 위험한 것으로 간주되나 매년 약 백만 종류의 화학 약품이 발명되고 있다. 아마도 수년 뒤에야 우리 산업 생활 스타일이 완전한 위험인 것을 알게 될 것이다.

음식은 우리의 복지에 아주 중요하며 첨가제가 들어가지 않은 유기 식품을 먹으면 환경 뿐만 아니라 건강에도 도움이 될 것이다.

## 하루 한 개의 사과가 반드시 건강에 좋지 않을 수도 있다

사과 재배에 사용되는 엽면 식물 성장 조정제인 에일러에 대한 기사는 제조 업체인 유니로얄로 하여금 그 화학 약품을 회수하게 했었다. 우리가 먹는 사과의 약 40퍼센트가 에일러에 의해 처리된 것으로 알려졌다.

미국에서의 수많은 연구 결과 사과가 사과 쥬스나 사과 소스로 바뀔 때는 발암 물질로 드러났던 화학 부산물 UDMH가 형성된다.

영국 정부는 지금껏 그 화학 약품에 대한 금지를 거부해 왔지만, 최근에는 국민의 요구와 제조업체의 반응 때문에 더 이상은 에일러가 미지의 화학 약품이 아님을 시인했다. 그러나 하찮은 사과에 그외에도 다른 살충제와 성장 조정제가 사용되고 있는데 검사 결과 소량의 디피닐라민과 카프탄이 발견되었다.

카프탄은 상당한 발암 물질로서 씻거나 조리하면 그 찌꺼기가 줄어들기는 하겠지만 화학 비료를 쓴 사과는 먹기 전에 모두 껍질을 벗기는 것이 가장 좋다.

### 판지 상자에 든 계란을 사자

판지 상자는 일반적으로 에너지와 자원을 절약하고 오염을 줄이는 재생 용지로 만들어진다. 상당히 최근까지 영국의 슈퍼마킷들은 기포 상자를 사용했다. 기포 상자는 제조에 사용되는 CFC처럼 오존을 파괴한다.

그러나 현재는 전세계적으로 제조업자들이 덜 해로운 재료로 바꾸는 중이다. 가능하면 언제나 재생 판지를 사용하자.

### 자연은 완벽한 과일을 만들어내지 않는다

신선한 과일과 채소를 살 때는 일반적으로 대형 슈퍼마킷 연쇄점이나 시장에서 선택하고 인정한 것들을 구입한다. 그 농작물들은 모든 면에서 완벽해 보여 가끔은 흠 하나 없이 따로 포장되거나 상자에 넣어져 천국의 과일이라고 생각해도 무리가 아닐 것이다. 그러나 이러한 시장 매매가 전세계에서 문제를 일으키고 있다.

우리의 수준이 너무 높아 결과적으로 식품과 에너지와 화학 약품과 포장을 낭비하고 있는 것이다. 정말로 모든 바나나가 똑같은 길이이고 오이는 곧아야 할 필요가 있는 것일까?

자연 발생적인 채소 곰팡이는 쉽게 벗겨 없어진다. 화학 약품을 쓰지 않고 살도록 노력하면 커다란 차이가 생길 것이고 소위 우수한 유기 농작물이 눈에 보이는 품질 그대로를 좀더 쉽게 받아들이게 될 것이다.

### 개별 포장된 스낵을 먹지 말자

우리는 점심 시간마다 그럭저럭 수백 만 가지의 감자 튀김과 과일 쥬스와 비스킷 그리고 스낵을 먹고 있다. 이처럼 소형의 포장들은 보통 크기의 것들 보다 생산에 더 많은 돈과 에너지가 들기 때문에 소비자들이 더 비싼 값을 지불해야 한다. 물론 환경도 훨씬 더 많이 해치고 있다.

점심 도시락을 준비하던가 아니면 대량으로 사두고 먹자. 겹겹이 포장된 식품은 사지 말아 오염과 비용을 줄이고 귀중한 나무를 구하자.

## 밀랍을 사용하지 말자

어떤 과일과 채소들은 껍질이 시드는 것을 막고 좀더 먹음직스럽게 보이도록 소비자에게 내놓기 전에 밀랍을 바른 것들이 있다. 오렌지, 포도, 오이 그리고 아보카도의 껍질을 먹지 않는다면 주의하지 않아도 된다. 예를 들어 레몬 껍질로 요리를 하는 사람들은 화학 비료를 쓰지 않거나 밀랍을 바르지 않은 품종을 사용하는 것이 더 안전할 것이다.

밀랍에는 대개 파라핀과 합성 수지와 셜랙 그리고 비노밀, 오도페닐페놀, 이마자릴, 디클로란 같은 살균제가 들어가는 것이 인정된다.

미국에서는 모든 식품과 의약품, 화장품에 밀랍 사용 표시를 붙이도록 법으로 요구되고 있으나 많은 상점들이 이것을 무시하고 있는 듯하다. 가능하면 밀랍을 바른 과일이나 채소를 사지 말자.

## 무른 토마토를 사랑할 줄 알자

토마토에는 진딧물 등의 벌레를 막기 위해 1백 가지 이상의 살충제가 사용될 수 있으나 토마토가 무르게 되는 현상을 막을 수 있는 업자는 거의 없다.

미국 시민은 연평균 약 1.1킬로그램의 토마토를 사는데 적어도 0.9킬로그램은 으깨졌다는 이유로 버려진다. 수많은 나라들이 토마토를 완벽하고 능숙하게 처리하기 위해 불철주야 연구 노력하고 있기는 하지만 처트니와 토마토 소스를 만들 때는 찌그러지고 무른 토마토를 써도 괜찮을 것이다.

## 유기 비료를 쓴 딸기를 먹자

1980년대 초반에 영국의 환경보호론자들은 식품에 대한 살충제 사용에 반대하는 운동을 조직했다. 그들은 딸기에 집중해 어느 쪽에 화학 약품이 더 많이 들어 있을까요? 딸기? 아니면 상자?라고 질문하면서 감질나게 보이는 딸기가 12개 담겨있는 파란 플라스틱 상자에 대한 광고를 게재했다. 딸기에 관한 공포는 진짜였다.

미국 천연 자원 보호 위원회가 딸기를 시험했을 때는 어떤 다른 과일이나 채소에서 보다 더 많은 살충제 찌꺼기가 발견되었다. 신선한 딸기에서 가장 흔하게 발견되는 살충제 찌꺼기는 상당한 발암 물질인 카프탄이다. 그것은 조리해 먹으면 감소될 수 있지만 노르웨이와 스웨덴과 핀란드에서 이미 금지되거나 제한되고 있다. 그 화학 약품 자체는 극히 적은 농도에서도 어류와 다른 수생 동물에 해를 미치는 것으로 알려져 있기 때문이다.

### 양배추를 조사하자

양배추는 중요한 겨울 식품의 하나이다. 미국 식품의약국은 60종류 이상의 살충제가 양배추에 사용된다고 등록했지만 가장 평범하게 쓰이는 것들은 메타미도포스, 다이어트호트, 펜베일레이트, 페미드린이다.

씻고 겉잎을 떼내고 껍질을 벗겨 조리하는 것들은 모두 이 찌꺼기 제거에 도움이 될 것이다. 살충제는 많은 수가 발암 물질일 수 있으므로 신중하게 먹는 것이 중요하다. 가능하면 언제나 유기 비료로 기른 양배추를 사도록 하자.

### 마가린 통을 재생 이용하자

마가린 통과 요구르트 병은 대개 쉽게 재생시켜 이용할 수 있는 플라스틱 형태인 폴리프로필렌이나 ABS로 만들어진다. 이러한 유형의 플라스틱을 재생시키는 기술이 가능하지만 수십억 개의 플라스틱으로 된 마가린과 ▲콜슬로와 디저트 병들을 위해 우리가 당장 할 수 있는 유일한 일은 그것들을 건설적으로 음식 그릇이나 화분 또는 어린이 장난감으로 이용하는 것이다.

### 브라질 너트를 사자

▲브라질 너트를 제대로 키우려면 상당한 주의가 필요하다. 브라질 너트는 분명히 브라질이 원산지이나 전통적으로 브라질 너트를 심어온 농부들이 열대 우림 파괴자들로부터 위협을 받고 있다.

---

▲ 콜슬로(coleslaw) : 양배추를 잘게 썰어 드레싱을 한 샐러드
▲ 브라질 너트(Brazil nut) : 브라질산 브라질 너트 나무의 종자로서 식용

브라질 너트가 번성하려면 독특하게 야생 동물과 나무들을 동시에 필요로 하기 때문에 열대 우림 환경에서만 길러질 수 있다. 또한 올바로 저장하거나 가장 좋은 상태에서 먹지 않으면 ▲아플라톡신 때문에 대단히 위험하므로 열대 우림을 구하기 위하여 싱싱한 브라질 너트를 많이 먹자.

## 음식에 대해 깊이 생각하자

우리의 식탁을 위한 가축 생산은 동물의 생명 이상을 필요로 한다. 집중 사육된 쇠고기 0.4킬로그램을 수확하려면 4.5킬로그램의 곡식이 소비된다. 그것은 단지 이디오피아가 굶주리고 있는 동안에 우리가 가축용으로 그들의 식량을 수입했다는 자원에 대한 문제만은 아니다.

콩 단백질을 위주로 식사를 하면 육류 위주일 때보다 최고 30배나 더 많은 사람들을 먹여 살릴 수 있다. 10에이커의 땅에 콩을 기르면 61명의 사람을 먹여 살릴 것이고 소를 기르면 오직 2명을 먹여 살릴 것이다. 그럼에도 불구하고 매년 1천 5백만 명의 어린이들이 굶주림이나 영양결핍으로 인한 병으로 죽는다.

## 쓰고 난 나무 젓가락을 버리지 말자

전세계 나무의 10분의 1을 사용하는 나라인 일본은 매년 수십억 개의 젓가락을 버리고 있다. 수세기 전에 중국과 극동에서 고안된 젓가락은 종종 수세대에 걸쳐 전해 내려오는 가보였다. 말레이시아 삼림에 살고 있는 한 가정은 가족 전체가 조상들이 교묘하게 만든 젓가락 한 쌍을 함께 사용하는 한편 젓가락 제조 때문에 그들의 삶이 어지럽게 분열되고 있다고 불평한다.

요즘에는 전세계에서 중국과 일본 음식을 먹고 있는데 대개는 패스트 푸드보다 훨씬 더 좋지만 일회용 젓가락은 피하자.

---

▲ 아플라톡신(aflatoxin) : 곰팡이가 내는 독소로 발암성

## 플라스틱 어망에 반대하자

대부분 새들의 눈에는 보이지 않는 새로운 플라스틱 어망들이 바다 환경을 황폐화시키고 있다. 큰부리 바다오리, 바다오리류와 유럽산 가마우지 같은 해조들이 수천 마리씩 그물로 끌어당겨지고 있으며 가끔 길이가 3킬로미터 이상인 후릿그물이 바다를 훑어 돌고래, 바다 거북과 좀더 작은 어류까지 살아 있는 모든 생물은 남김없이 잡아내고 있다.

아마도 일본은 매년 10만 마리가 넘는 바다 포유동물의 죽음에 책임이 있을 것이다. 몇몇 나라들은 그 가장 위험한 그물을 금지시켰지만 우리가 먹는 생선의 대부분은 보호 단체들이 건전하지 않다고 생각하는 그물로 잡힌다. 사기 전에 생선에 대해 물어보자. 생선 장수나 슈퍼마킷은 평판이 좋은 어업 경영자에게서만 생선을 구입하도록 한다.

## 자연스런 핑크 색조를 고르자

양어장에서 기르는 물고기들에게는 살이 좀더 값비싼 핑크 색조로 변하도록 인공 식용 착색제가 먹여진다. 이 착색제는 E161로 더 잘 알려진 칸타잔틴이다. 그러나 이 첨가제로 착색되는 것은 송어와 연어만은 아니다. 일부 방부제, 피클, ▲피시 핑거, 닭고기에는 물론 알약에도 그것이 사용된다.

영국 식품자문위원회는 칸타잔틴이 생선에만 사용되도록 제한돼야 한다고 충고한다. 새우와 참새우, 다른 조개류 및 갑각류로 된 먹이로 양어장의 고기를 기르기에는 너무 비용이 많이 들기 때문에 먹음직스러운 핑크색으로 물들여지도록 칸타잔틴을 먹이는 것이다.

## 깡통을 줄이자

고양이 음식, 야채 통조림, 수프 및 다른 유사한 제품들은 대부분 통조림 통으로 나온다. 영국과 북미에서는 깡통이 자국에서 대량으로 생산되지만 재생시키는 시설은 극소수이다. 통조림 통은 에너지를 소비할 뿐만 아니라 운반하기에

---

▲ 피시 핑거(fish finger) : 가느다란 생선 토막에 빵가루를 묻혀 튀긴 것

무겁고 주석 제련 공장들이 막대한 오염을 일으키는 원인이 돼왔다. 신선한 야채를 사도록 하고 불필요한 깡통의 구입을 삼가하자.

### 야채 파이를 먹자

파테 드 파 그라는 최고의 고기 파이였다. 우리가 그것이 어떻게 만들어지는가를 알아내기 전까지 그것은 전문적으로 강제 사육된 거위의 간으로 만들어졌다. 일부 보도에 의하면 소금에 절인 지방질의 옥수수를 거위들에게 강제로 하루에 2.5킬로그램씩 먹이기 위해 발을 못으로 판자에 박는다고 한다. 그러나 거위가 자유롭게 먹이를 먹도록 놔두어도 더 우수한 파이를 만들 수 있다. 거위들을 괴롭히지 말고 대신 버섯과 고추와 콩으로 만든 야채 파이를 먹어 보자.

### 바다 소금을 사자

바다 소금은 햇볕에서 건조되고 땅 밑에서 암염을 찾아내는데 드는 에너지의 반으로 생산될 수 있다. 대개는 카펫 위의 와인 얼룩을 빨아들이거나 부엌에서 문질러 닦을 재료가 필요할 때 소금이 사용된다. 이것은 좀처럼 식용으로 쓰이지는 않고 음식 또한 소금이 안들어가야 맛이 훨씬 더 좋다. 소금은 심장병과 연결이 돼왔고 세계보건기구는 하루에 5그램 이상은 섭취하지 말 것을 권장한다. 그런데 영국과 미국에서는 적어도 그 수치의 두 배를 소비하고 있다.

### 젤라틴을 피하자

젤라틴은 어디서나 불쑥 나타나는 잠행성 성분의 하나이다. 젤라틴은 특별히 광택이 나는 젤리, 과자, 비스킷, 시중에서 파는 디저트, 케이크 등에서 발견된다. 젤라틴의 주요 성분은 먹다 남은 동물의 연골과 뼈이다. 동물성 제품을 피하고 싶으면 항상 라벨에서 젤라틴을 확인해야 한다. 한편 자연식품점에 가면 젤라틴 대용품을 구할 수 있다.

174 지구를 구하는 소비자

'단풍과 산성비' 시럽

## 좀더 건강한 잼을 먹자

잼에는 대개 과일보다 설탕이 더 많이 들어 있다. 본래 설탕은 겨울 내내 먹을 수 있도록 과일을 저장하기 위하여 사용된다. 1859년에 비튼 여사는 '설탕은 많은 과일들의 아주 바람직한 약간의 신 맛을 압도하고 파괴한다'고 썼다. 설탕, 방부제, 착색제, 화학 약품들을 쓰지 않고 유기 과일로 만든 잼을 사서 냉동시킬 수 있다. 그러나 그러한 잼들은 너무 맛있어 냉장고에 오래 남아 있지도 않을 것이다.

## 꿀을 더 많이 먹자

벌들은 정제 설탕보다 우리 몸에 더 좋은 천연 감미료인 꿀을 만들기 위해 열심히 일한다. 뜨거운 음료에 꼭 설탕을 넣어야 한다면 대신 꿀을 반 스푼 정도

넣어 보자.

### 유기 올리브유를 사용하자.

올리브유 중에서도 특히 유기 올리브유는 아마도 기존의 요리용 기름 중에서 가장 순수한 형태의 기름이다. 올리브유는 샐러드와 튀김과 구이용으로 가장 좋고 안전한 기름으로 권장된다. 다음으로 건강한 선택은 해바라기유와 순수 호두유이다.

### 평지씨를 쓰지 말자

영국의 지방 도처에서 ▲평지씨가 수확돼 왔고 1988년에는 35만 헥타르 이상의 땅에 평지가 재배되었다. 평지씨는 값싼 요리용 식물성 기름에 쓰이고 많은 비스킷과 과자의 주성분으로 이용된다. 평지의 화분은 상당히 먼 거리를 이동할 수 있는 듯하며 수입 작물일 때는 관리가 힘들지 모른다. 평지씨는 최근 수년 동안 점점 늘고 있는 심각한 건초열과 천식 환자 수에 책임이 있다. 그래서 의사들은 좀더 많은 연구를 요구해 왔다.

### 비만과 싸우자

뚱뚱한 사람들은 일반적으로 배고픔을 해결하기 위해 열 두 개의 사과를 먹지는 않는다. 그들은 초콜릿과 과자와 감자튀김과 케이크 같은 온갖 종류의 설탕과 탄수화물을 소비한다. 비만으로 고생하는 이들은 당연히 이러한 형태의 식품을 더욱더 많이 먹게 되는 병을 앓고 있는 중이다.

한 이론에 의하면 비만한 사람들은 지방 속에 더 많은 화학 약품과 살충제 찌꺼기를 비축하고 대개 전통적인 살빼는 약으로 체중 감량을 시도할 때는 화학 약품의 섭취가 늘어나 간이 감당할 수 없는 상태가 되어 간이 손상될 수 있다고 한다. 그리고 몸은 좀더 많은 음식을 요구하게 됨으로써 간에 해로운 작업량을

▲ 평지(rape) : 겨자과의 두해살이풀

줄이기 위해 애쓴다.

1990년대에는 화학 약품과 비만이 중요한 사회 문제일 것이므로 더 많은 연구가 있어야 한다. 음식 중독의 자가 요법은 종종 이러한 문제를 해결하는 좋은 방법이다.

### 손수 감자 튀김을 만들자

신선한 감자를 가공 처리해 말린 감자 튀김으로 만드는 것은 식품이 제 본래 가치보다 더 값비싸게 조작되는 방법을 보여 주는 평범한 예이다. 감자 튀김 한 봉지를 만들려면 에너지, 기름, 지방, 소금, 설탕이 필요하므로 결국 본래의 감자보다 5배나 비싸진다. 가정에서 직접 감자 튀김을 만들면 좋지 않을까?

### 요리를 배우자

농담이 아니라 정말로 많은 사람들이 요리를 할 줄 몰라서 결국 그 모든 포장과 첨가제와 가공 식품들이 야기시키는 문제들을 동반하는 준비된 식사를 사고 있다. 오늘날에는 우리가 요리에 시간을 덜 소비하고 있고 놀랍도록 재빠른 조리법을 소개하는 요리책들이 많이 나와 있으므로 부엌에서 많은 시간을 보낼 필요가 없다. 요리책을 읽고 직접 요리해보자.

### 자연 식품을 사자

자연 식품은 정제되지 않은 단순 식품이다. 그것은 대개 가공 처리되지 않고 첨가제나 화학 약품이 사용되지 않은 콩류와 곡물, 견과류 및 과일과 야채들이다. 가공과 정제가 덜 되었다는 것은 생산에 에너지가 덜 사용되고 좀더 건강한 식품이라는 의미이다. 자연 식품점에서는 과거에 주식이었던 식품들을 아주 다양하게 팔고 있다. 일부 슈퍼마킷들은 자연식품을 재도입했고 가공 식품보다 훨씬 더 값싸게 제공된다.

### 날음식을 좀더 많이 먹자

 특별히 과일과 채소 같은 날음식들은 조리에 에너지를 거의 또는 전혀 사용하지 않기 때문에 몸에 더 좋고 환경에도 유익하다. 예를 들어 야채를 지나치게 익히면 필수 비타민과 무기물이 상실되지만 날 것으로 먹으면 그대로 전량이 섭취된다. 다양한 종류의 냉동 식품이나 통조림 식품 또는 가공 식품보다 항상 날음식을 구입하도록 하자. 그리고 유기 식품을 사야 하나 불가능하다면 먹기 전에 모두 철저하게 씻어야 한다.

### 건강을 위해 직접 기르자

 싹이 나는 식품들은 재배가 단순하고 영양이 대단히 풍부하다. 몇 개의 잼 단지와 깨끗한 물과 신선한 씨앗이나 콩만 있으면 된다. 씨앗은 자기 중량의 약 8배 되는 부피가 되고 3일 내지 5일만 있으면 자란다. 많은 천연 에너지 이용법에 관한 책들을 보면 대단히 값싸고 영양이 많은 식품이 될 식물을 재배하는 방법이 자세히 나와 있다.

### 직접 요구르트를 만들자

 요구르트에는 유산균이 들어 있기 때문에 우리의 몸에 아주 중요하다. 요구르트를 만드는 것은 쉽고 간단하며 시중에서 판매되는 일부 다양한 요구르트에서 발견되는 인공 감미료나 안정제가 필요없다. 또한 종종 가게에서 파는 담백한 요구르트보다 자연적으로 더 달기 때문에 일부러 고생할 필요가 없다.

### 나무 열매를 좀더 많이 먹자

 나무 열매들은 생각보다 더 많은 이점을 갖고 있다. 우선 단순 식품으로 가공 처리할 필요가 없고 따라서 에너지와 오염과 낭비가 절약된다. 예를 들면 호박씨는 방광과 관련된 질병에 도움이 될 수 있고 해바라기씨는 비타민 A, B, C, E가 들어 있어 두통에 좋다. 모든 견과류는 육류 단백질 식품보다 뛰어난 에너지와 단백질을 공급하고 심장병을 줄이는데 도움이 되며 과자를 대신해 맛있는 스냑이 된다.

### 낭비하지 말자

　1987년에 유럽 경제 공동체는 일정한 수준으로 가격을 유지하기 위해 2백 50만 톤 이상의 야채와 과일을 파기시켰다. 우리의 정치적 재정적 제도가 무능력했기 때문에 사람들이 굶어 죽는 동안 산더미 같은 버터와 호수 같은 와인, 수십 톤의 고기와 야채과 과일이 부패하는 것이다. 이러한 낭비는 불필요할 뿐만 아니라 잔인하고 환경에도 나쁘다. 좀더 나은 제도를 갖는 운동을 벌여 음식을 낭비하지 말아야 한다.

### 음식에 더 많은 돈을 지불하자

　우리가 외국산 과일에 단 1퍼센트만 돈을 더 지불한다면 10퍼센트가 개발도상국의 가난한 생산자에게 전해질 수 있을 것이다.

### 중금속에 대항하자

　칼슘과 비타민 C와 소량의 아연이 들어간 일정 형태의 식품을 많이 먹으면 몸 안으로 들어오는 중금속을 흡수하고 파괴하는데 도움이 될 수 있다. 사과와 당근이나 유사한 신선한 날음식을 먹는 것도 단백질이 높기 때문에 도움이 된다. 납, 동, 알루미늄, 은, 수은 같은 유해 금속들은 다양한 경로를 거쳐 몸 안으로 흡수되고 섭취되나 대개는 오염된 식품을 통한 것이다.

### 길거리에서 과일을 사지 말자

　교통이 극도로 혼잡한 거리의 노점에 진열된 과일과 채소에는 납이 많이 함유되어 있을 것이고 포장되지 않았거나 껍질을 벗길 수 없는 과일과 채소는 가장 위험률이 높을 것이다. 그리고 하루 온종일 옥외에 진열되면 식품에 자동차 배기 가스와 일반적인 공해 및 오염 물질이 흡수된다.

## 채소의 겉껍질을 버리자

양배추와 상치나 비슷한 채소들에는 재배되는 동안 뿌려진 살충제와 화학 약품이 묻어 있을 것이지만 그 이상으로 오염되고 공기로부터의 오염 물질이 남아 있기 쉽다. 그러한 식품들은 겉껍질(퇴비에 좋다)을 제거하고 조리하기 전에 아주 신중하게 씻자.

## 알루미늄과 함께 요리하지 말자

알루미늄 호일은 보크사이트로 만들어지고 일부 보크사이트는 파괴된 열대 우림 지역에서 채굴된다. 알루미늄 호일 생산은 알루미늄 1톤 당 거의 6톤의 기름을 사용해 대단히 에너지 집약적이다. 체내에 알루미늄이 너무 많으면 기억 상실과 알츠하이머 병(노인성 치매)을 일으킬 수 있다.

식품 조리에 알루미늄 호일을 사용하지 않도록 해 알루미늄 섭취를 줄이자. 이미 알루미늄으로 포장된 식품은 피하자. 호일을 깔고 음식을 굽거나 감자처럼 호일에 싸서 전자 레인지에 넣지 말고 대신 꼬치를 이용하자.

## 가공 육류를 줄이자

소세지, 베이컨, 파이, 햄 같은 저장 육류에는 질산염이 함유돼 있을 수 있다. 파이와 소세지에는 종종 동물의 뇌, 발, 직장, 위장, 유방, 고환 등 요리에 사용하기 어려운 도살장의 부산물들이 포함된다. 그러한 것에는 단순히 찌꺼기 고기라는 딱지가 붙여진다.

대개 가공 육류에는 물이 가장 중요한 성분이고 복잡한 규정 때문에 제조업자들은 포장에 분명히 밝히지 않고 엄청난 양을 첨가할 수 있다. 제조업자들이 제품에 분명한 상표를 붙이기 전까지는 건강을 위해 가공 육류 제품을 줄이자.

## 조금만 덜 바르자

빵과 아침 식사용 토스트와 곡류 식품에 버터와 마가린 등의 지방을 덜 사용하면 건강 뿐만 아니라 환경에도 도움이 될 수 있다. 과다한 지방 섭취는 특별히 소처럼 집중 사육된 가축의 이용을 촉진한다. 이것은 땅과 동물들 자신과 그들을 먹이지 위해 길러지는 먹이까지 희생시킨다. 지방 섭취를 줄이면 심장병과 순환기 문제의 위험이 줄어들 것이다.

# 음료

### 플라스틱 고리가 달린 깡통 맥주를 사지 말자

플라스틱 고리가 달린 네 개나 여섯 개 들이 맥주 한 상자를 살 생각이 들 때는 다시 한번 생각해 보자. 플라스틱 맥주 깡통 고리가 미생물에 의해 분해되려면 4백 년이 걸린다고 하며 쓰레기로 남으면 바다와 육지의 야생 동물들에게 문제를 일으킬 수 있다.

쓰레기 하치장 주변을 뒤지고 다니는 새들이 고리에 질식되고 족제비나 수달 같은 동물들이 목에 걸려 죽을 수 있다. 해안 근처의 바다 포유 동물과 새들은 이 간편한 장치 때문에 생명이 단축되어 왔다. 우리가 플라스틱 고리가 달린 맥주를 사지 않는다면 양조업자들도 그 생산을 중단할 것이다.

### 결코 음주 운전을 하지 말자

절대 술을 마시고 운전을 하지 말도록 하자. 영국 정부와 지방 및 전국적인 행동단체들은 이 어리석고 위험한 행동을 막기 위하여 다양한 캠페인을 벌여 왔다. 영국에서는 매년 5천 5백명 이상이 길에서 죽고 더 많은 사람들이 중상을 입는다. 이러한 사망의 대다수는 음주 운전으로 인한 것이다. 호주에서는 무작위 호흡 검사의 도입으로 음주 관련 사고가 3분의 1 가량 줄었다. 유럽 국가들은 호주의 선례를 따랐고 미국에서는 음주 운전 반대 어머니회가 많은 주에 압력을 가해 자동차 안에서의 공공연한 음주를 금지시키고 음주 운전자를 잡기 위한 검문소를 설치하게 했다.

### 드링크 제품의 호르몬을 거부하자

1989년에는 우유 생산량을 20퍼센트까지 늘릴 수 있는 호르몬인 BST로 처리

된 우유 판매에 대해 한바탕 소란이 일어났다. 소에 대한 호르몬 처리의 장기적인 영향은 아직 미지수이나 현재까지 검사된 사례들에서는 거의 모두 그것의 사용에 반대하는 결과가 나왔다. 더욱 나쁜 것은 검사가 되는 동안 우유가 라벨을 붙이지 않고 통과되어 일반에게 보급되었다는 것이다. 우유 보급소에 연락해 불평을 말하자. BST가 함유된 우유 제품을 사절하자.

## 염소로 처리하지 않은 카톤을 선택하자

　영국에서는 대부분의 과일 쥬스와 20퍼센트 이상의 우유가 표백된 종이와 호일과 폴리에틸렌을 섞은 종이로 만든 카톤에 담겨 팔린다. 종이를 희게 만들기 위해 사용되는 염소 표백제는 제지 공장에서 폐기물로 내보낼 때 심각한 환경 문제를 야기시킨다. 더욱더 걱정스러운 것은 캐나다와 뉴질랜드 정부에서 실시한 조사에서 종이 표백 과정의 화학 부산물인 디옥신이 종이에서 발견되고 이것이 우유나 쥬스 자체 속으로 옮겨 들어갈 수 있다는 사실이 드러났다.
　현재 일부 회사들은 염소 처리가 안된 갈색 카톤을 생산하고 있지만 병을 다시 사용하고 재생 이용하는 것이 더 좋을 것이다.

## 진짜 사이다를 마시자

　사이다는 영국의 전통적인 음료수로 본래 수천 종의 다양한 사과로 양조되었다. 그러나 오늘날에는 많은 사이다가 화학 비료를 거의 제한하지 않는 나라에서 수입된 사과 농축물로 만들어진다. 1989년의 에일러 살충제 스캔들은 사과에 그러한 화학 약품을 사용하는 것에 대한 진정한 염려를 나타난 것으로 이것은 에일러가 암을 일으킬 수 있기 때문이다. 에일러는 미국에서 금지되었으나 영국 정부는 경보 해제의 신호를 보냈다. 전통적인 사이다와 ▲페리는 화학 약품을 쓰지 않고 만들므로 그러한 것을 찾아 보고 되도록 항시 지지하자.

### 달여서 파는 차를 이용하자

훌륭한 한 잔의 영국 차는 전세계적으로 알려져 있지만 오늘날에는 그처럼 편리한 고안물인 ▲티백에서 종이의 또다른 이용을 창안했다. 티백을 만들기 위해 화학적으로 표백된 수백만 톤의 펄프가 티백을 만들기 위해 요소 수지를 포함한 습식의 강력 수지와 섞인다. 홍차에서는 가장 위험한 TCDD를 비롯한 디옥신이 소량 발견되었다. 가능하면 언제나 화학 약품과 종이를 절약하도록 무게를 달아서 파는 차를 구입하자.

### 과음을 하지 말자

알콜은 목숨을 빼앗을 수 있다. 알콜은 간과 콩팥, 중앙 신경 계통을 파괴하고 지능에서부터 시각까지 거의 모든 기능에 영향을 미친다. 알콜과 관련된 음주 사고의 결과로 매년 수천 명이 길에서 죽음을 당하고 또 수천 명이 관련된 병으로 죽으며 알콜 중독 때문에 가족들이 감정적으로 파괴되어 왔다. 알콜은 중독이 될 수 있으므로 항시 일종의 마약으로 취급되야 한다. 술은 적당히 즐겨야 하고 화학 약품의 간섭이나 동물 테스트 없이 제조되야 한다.

### 약초로 만든 차를 마시자

약초로 만든 차들은 대개 지방에서 재배된 식물로 만들며 카페인이 들어간 커피 대신 마실 수 있는 훌륭한 차이다. 현재 시중에는 딸기와 카밀레, 박하 같은

▲ 페리(perry) : 배로 빚은 술
▲ 티백(teabag) : 1인분의 차를 넣은 포장

맛있는 차들이 나와 있으며 일부는 병을 치료하는 특성도 갖고 있다. 지나치게 과다 포장된 것은 피하고 즐기는 차가 과대포장돼 나오면 제조업자에게 항의하는 편지를 쓰자. 물론 가장 좋은 방법은 직접 기른 약초로 차를 만드는 것이다.

### 훌륭한 음료인 차를 즐기자.

차는 영국인들이 즐기는 음료이다. 우리는 한 사람이 그럭저럭 1년에 평균 1천 3백55잔의 차를 소비한다(반면에 북미인들은 1인당 단지 154잔을 마신다). 차는 일반적으로 사람과 환경에 유익한 음료라고 생각된다. 직접 우유와 설탕의 형태로 첨가하지 않는 한은 화학 첨가제나 방부제 또는 감미료가 거의 들어 있지 않다. 차는 값싼 음료로 간주된다. 그처럼 싸지 않다면 쉽사리 하수구로 내던져 버리기 전에 다시 한번 생각할 것이다.

그러나 차 농장은 노동자들에게 합리적인 봉급을 지불하지 않는 점에 대해서는 평판이 나쁘다. 이익의 일부가 노동자들에게 돌아가도록 보장하는 협동조합에서 차를 사는 것도 좋다.

### 카페인 섭취를 줄이자

커피의 카페인 함량은 홍차보다 훨씬 더 높지만 부유한 나라들에서는 커피가 급속히 가장 인기있는 뜨거운 음료로 부상하고 있다. 환경 문제는 주로 커피 농장에서 사용되는 살충제들에 의해 야기된다. 카페인은 고혈압 및 심장병과 관련이 있으므로 의사들은 카페인의 섭취를 줄이라고 권한다. 유기 비료를 사용한 커피를 살 수 있으면 좋겠지만 우선은 마시는 커피의 양을 줄여 보자.

### 커피 여과기를 재사용하자

여성환경보호네트워크가 표백으로 인한 환경 문제에 항의한 후에 대규모의 커피 여과기 제조업체들 중 일부가 재빨리 염소 처리를 하지 않은 커피 여과기를 생산했다. 굳이 비싼 종이 여과기를 사용할 필요는 없다. 금속이나 목면으로 만들어 재사용이 가능한 여과기를 선택해 깨끗이 헹구기만 하면 된다.

## 우유 및 우유 제품의 섭취를 줄이자

우유와 우유를 기초로 한 제품들은 영국에서 가장 많이 팔리는 식품 품목이다. 그러나 우유는 가장 예민해서 알레르기를 일으키는 식료품 가운데 하나이기도 하다. 세계 인구의 대다수는 우유를 마시지 않거나 우유 제품을 전혀 먹지 않고도 용케 생존에 필요한 모든 영양분과 칼슘을 얻고 있다.

우유 생산을 위한 가축의 집중 사육에 귀중한 땅이 사용되고 있고 인간에게 단백질과 칼슘을 공급할 수 있는 것들을 대부분 소들이 대신 먹어치운다. 70퍼센트 이상의 알레르기성 피부 반응과 거의 90퍼센트에 달하는 천식에 우유가 결부돼 있다. 호흡이나 ▲누에 문제가 있다면 우유를 완전히 끊어보자. 그러면 차도가 있을 것이다. 우유를 주식이 아니라 특별 식품으로 이용하면 좀더 건강을 유지할 것이고, 집중 가축 사육의 필요성도 줄어들 것이다.

## 알콜 테스트를 위한 동물 학대에 반대하자

알콜이 인간에게 미치는 영향을 시험하기 위해 동물들이 말 그대로 취하도록 강요받아 1987년 한 해 동안 3,746마리의 동물들이 알콜 테스트를 받았다. 어떤 이유로도 이처럼 잔인한 행위를 정당화할 수는 없다.

---

▲ 누 : 궤양이나 상처 따위로 생긴 구멍

## PET병을 재사용하자

　PET 병은 놀라운 가정 필수품이 되었다. PET 병은 보통의 유리 병보다 가볍고 사고로 떨어뜨려도 깨지지 않아 낭비를 줄인다. PET는 폴리에틸렌 테레프탈레이트의 약자로 독성의 유무를 암시하는 자료는 전혀 나와 있지 않다. 이 병이 미생물로 분해되는 지는 모르나 재생 이용은 가능하다. 수십억 개씩 생산되는 PET 병을 재생시키는 시설은 극소수이므로 일정한 수집 장소가 설치될 수 있을 때까지는 제조업체에 되돌려 보내자.

## 깡통을 재생시키자

　영국에서는 매년 135억 개라는 엄청난 수의 깡통이 팔리는데 50억 개는 비알콜성 음료가 든 깡통이고 나머지는 음식과 페인트와 애완용 식품을 위한 것이다. 많은 지역들에서 현재는 알루미늄 깡통을 재생 이용할 수 있고 앞으로 몇 년 후면 재생 이용되는 깡통의 수가 좀더 환경적으로 인정할 만한 수준으로 증가될 것이다.

　깡통에 든 음료수를 살 때면 가격의 80퍼센트 이상이 깡통 값임을 기억하도록 하자. 깡통에 든 물건을 되도록이면 사지 말고 깡통을 재생 이용하며 통에서 따라내거나 병에 든 음료를 선택하자(단 병 또한 재생 이용할 목적이라면). 깡통을 재생시키면 생산에 드는 에너지 비용의 95퍼센트가 절약될 수 있다.

## 좀더 안전한 물을 마시자

　아마도 오늘날의 수돗물은 안전과는 거리가 멀다. 수돗물에는 질산염, 납, 알루미늄, 살충제, 비료 찌꺼기와 다른 수많은 화학 약품이 섞여 있을 수 있는데 그 일부는 자연발생적이다. 박테리아를 죽이기 위해 식수 처리 장치에 사용되는 염소는 늪 지대나 저지대의 강에서 만들어지는 이탄과 같은 유기물질과 섞이면 트리할로메탄을 형성하며 이것은 장과 방광에 암을 일으키는 것으로 생각된다. 또한 새로운 조사에서는 백혈병의 증가는 염소로 소독한 물을 마시는 것과 관련이 있는 것으로 드러났다.

　우리 모두가 좀더 안전한 물을 마실 수 있을 때까지는 허가된 여과기를 사용

거부할 수 있습니다. '설탕, 알루미늄, 화학 약품'

해 물을 여과하는 것이 최선책일 것이다. 그러나 우리의 유일한 목표는 수도 꼭지에서 좀더 안전하고 깨끗한 물을 받아 마시는 것이어야 한다.

## 병에 든 화학 약품을 조심하자

병에 든 광천수는 어쩌면 안전한 제품이 아닐 수도 있다. 많은 병에 든 물들을 시험한 결과 박테리아와 살충제, 질산염이 확인되었다. 그외에도 반환할 수 없고 미생물로 분해되지 않는 플라스틱과 유리 병의 생산이 환경에 미치는 해가 있다. 발포성 광천수는 훌륭한 알콜 대용 음료이고 깨끗한 유리 병을 산다면 적어도 재생 이용될 수가 있다. 그러나 아직 그와 같은 물의 생산에 대해 인정된 기준은 전혀 없으니 조심해야 한다.

## 화학 비료와 동물을 이용하지 않는 와인을 선택하자

분별있는 음주가들이 ▲소르브산, 이산화유황, 황산 암모늄, 인산 디암모늄, 그리고 14종까지의 살충제로 처리된 와인을 거부함에 따라 유기 와인이 증가하고 있다. 와인 생산에는 먹을 수 있는 뼈의 젤라틴, 물고기의 방광으로 만드는 부레풀, 우유의 카세인과 칼륨 카세이네이트, 달걀의 알부민, 말린 혈분, 나무와 고령토, 점토에서 얻는 타닌산 등을 비롯한 동물과 무기물의 추출물들이 사용된다. 많은 유기 포도 재배자와 양조자들은 유기 와인을 마시면 숙취가 없을 것이라고 주장한다.

## 보다 좋은 맥주에 도전하자

맥주는 호프, 맥아, 효모, 물이라는 네 가지의 단순한 성분으로 만들어졌으나 요즈음은 맥주 속에 정확히 무엇이 들어있는지 알 도리가 없다. 가장 중요한 성분인 암모니아 카라멜은 암모니아와 함께 탄수화물을 적당한 열로 처리해 조제된다. 이것은 유독하다고 간주되지는 않으나 채식자나 엄격한 채식주의자들은 시험을 위해 동물들에게 강제로 먹이거나 물고기 부레로 만드는 부레풀을 사용하는 맥주는 피하고 싶을 것이다. 동물을 이용하지 않고 여과된 맥주를 사자. 동물 권리 보호 단체들이 그러한 맥주의 명단을 제공할 것이다.

## 종이나 플라스틱 컵을 사지 말자

밀랍을 바른 종이 컵은 1907년에 미국인인 휴 무어에 의해 발명되었다. 그는 차갑게 식힌 순수한 식수를 팔기 위해 그것을 생산했는데 이내 건강의 상징으

---

▲ 소르브산(sorbic acid) : 방부제

로서 종이 빨대를 대신하게 되었다. 그 아이디어가 성공해 이제는 물에서부터 아이스크림까지 모든 것이 종이 컵에 담겨 팔린다. 파티나 축하연에서 유리 대신 일회용 종이나 플라스틱 컵을 사용하게 됨에 따라 현재 전세계적으로 매년 수십억 개의 일회용 종이 컵이 사용된다.

종이 컵은 염소로 표백된 종이로 만드므로 불가피하게 제지 공장 주변의 디옥신 오염과 그에 따른 상수도 오염의 원인이 되고 있다. 플라스틱 컵은 석유 화학제품으로 만들어지고 역시 나름대로 환경을 해친다. 가능하면 언제나 단단한 유리 컵을 이용하자.

### 100퍼센트 쥬스를 선택하자

과일 음료는 반드시 겉모양으로 판단할 수 없다. 대부분의 쥬스 음료에는 과일이 겨우 15퍼센트 정도 들어있을 뿐이나 대개 가격은 진짜 과일의 가격과 맞먹는다. 또한 일부에는 착색제와 향료 그리고 다량에 가까운 설탕과 인공 감미료가 들어 있다. 가능하면 언제나 100퍼센트 쥬스를 선택하자.(미생물로 분해되는 포장지에 싸인) 오렌지를 짜 보자. 그러면 확실히 진짜 과즙을 얻을 것이다. 좀더 정확한 상표 붙이기 운동도 병행하자.

### 식수에 대해 항의하자

수백만 명의 영국인들이 마시고 있는 수돗물은 아마도 유럽 경제 공동체가 정한 법적 기준에 맞지 않을 것이다. 수돗물의 품질을 맡고 있는 지역 당국에 편지를 쓰자. 우리는 법적 제한을 초과한 표본의 오염 물질에 대해 세부 사항을 요구하고 식수 당국인 정부와 유럽 의회에 정식으로 항의할 권리가 있다.

# 선물과 파티

### 풍선을 날려 보내지 말자

풍선은 캠페인을 벌이는 사람이나 파티 참석자 같은 이들에 의해 사용되나, 대부분 풍선이 일으킬 수 있는 환경 문제를 모르고 있다. 예를 들어 풍선이 바다에 떨어져 풍선의 색깔이 바래면 바다거북이 좋아하는 먹이인 해파리처럼 보이기 때문에 바다거북에게는 극히 위험하다. 그리고 또한 더 많은 바다 생물들이 위험에 직면한다.

한 예로 1985년에 17피트 길이의 향유 고래 암컷 한 마리는 풍선을 삼키는 바람에 위장과 장을 연결하는 판막이 막혀 뉴저지 연안에서 굶어 죽었다.

호일 풍선은 미생물로 분해되지 않는다. 고무 풍선은 미생물로 분해되지만 역시 문제를 일으키는 클립과 끈들이 달려 있다. 그러므로 풍선은 모두 신중하게 처리되어야 한다.

### 화분에 심은 크리스마스 트리를 사자

크리스마스 트리는 뿌리에서 잘리는 즉시 죽지만 뿌리가 달린 채로 통에 담아 기른 나무를 산다면 축제 기간이 끝난 뒤에 정원에 옮겨 심을 수 있다. 이런 방법으로 수백만 그루의 나무를 구할 수 있다. 그러나 정말로 자연을 보호하는 대안은 집안에 커다란 분재 화초를 장식하는 것이다.

### 자연보호 책을 선물로 사자

서점가에 많은 자연보호 관계 서적들이 나와 있고 일부는 본 책과 같이 재생용지에 인쇄된 것들이다. 수백 가지의 제목들이 있으니 모두에게 귀중하고 유익한 선물을 고를 수 있을 것이다.

### 황금으로 인한 문제들을 생각하자.

 가장 귀중한 금속의 하나인 금은 전세계적으로 거래되고 있으며 우리 경제 기능의 중심 역할을 해왔다. 세계 금 시장의 대부분은 남 아프리카와 소련이 원산지이나 아마존 삼림에서도 상당량의 금이 발견된다.

 시안화물과 수은을 사용하여 생산하는 금의 가공 처리는 물 오염의 한 원인이 되고 특히 어류와 수생 동물에 해를 끼친다. 남 아프리카에서는 열악한 작업 상태와 오염과 가난이 많은 흑인 금광 노동자들의 수명을 단축시켰고 남아공화국의 인종 차별 정책에 반대하는 운동가들은 남아프리카산 금에 대한 불매를 요구했다.

 그리고 금광을 찾아다니는 사람들이 5만여 명에 달하는 브라질에서는 금광산업이 아마존 열대 우림의 구조와 원주민들의 삶을 위험에 몰아 넣고 있다. 금으로 된 선물을 사기 전에 신중하게 생각하자.


### 선물을 색다른 것으로 포장하자

 선물을 표백된 종이로 포장하는 대신에 좀더 예외적인 아이디어를 생각해 보면 어떨까? 자연 색의 재생 용지, 바나나 포장지, 올이 굵은 삼베, ▲모슬린, 골풀 또는 고사리 덤불, 울이나 목면 등은 선물을 정말로 특별하게 보이도록 하는 대안들이다.


### 상아를 사지 말자

 아프리카에는 코끼리가 1979년에는 150만 마리가 있었으나 현재 60만 마리 밖에 남아 있지 않다. 인간에게 이국적인 상아 장신구와 조각과 피아노 건반을 제공하기 위해 다이나마이트나 총알을 사용하는 밀렵꾼들에게 코끼리들이 사살되었고 일본, 홍콩, 대만은 코끼리의 송곳니를 통째로 사들여 자른 다음 전세계로 판매해왔다. 그러나 환경조사국 같은 단체들이 지속적으로 벌여온 운동은 엄격하게 집행되야 하는 상아 거래를 일시적으로 중단시키기도 했다.

---

▲ 모슬린(muslin): 얇고 보드라운 모직물

포장은 뜯어 버리는 것

어디서든 상아로 만든 선물은 사지 말자. 그러한 장신구 거래에 대해 불매 운동을 벌이면 가장 당당한 포유 동물의 왕자인 코끼리의 보호에 도움이 될 것이다.

## 캥거루제품 선물을 사지 말자

호주 정부는 캥거루 사살을 1년에 2백만 마리로 규정하고 있다. 정부는 캥거루의 수를 억제해야 할 필요가 있고 캥거루 가죽과 고기로 유익한 물건들을 만들 수 있다고 말한다. 호주는 캥거루 털 장난감, 캥거루 가죽으로 된 자동차 시트 커버, 장갑, 양탄자 등의 판매로 전세계적으로 수백만 달러를 벌어들이고 있고 캥거루 고기는 애완용 동물 식품에 사용된다. 우리가 그러한 것들에 대한 구매를 중단한다면 총에 의한 캥거루 살상이 중단될지 모른다.

## 불꽃놀이를 조심하자

불꽃이 인간에게는 재미있을 수 있지만 동물들에게는 무서운 존재이다. 영국 동물애호협회는 개와 고양이를 기르는 사람들에게 가까이서 불꽃이 발사될 때 흥분하기 쉬운 애완 동물에게 진정제를 주라고 권한다. 불꽃의 화학 약품은 사람에게 위험할 뿐 아니라 생산에도 환경에 대한 위험이 따른다. 반드시 불꽃을 쏘아 올리지 않더라도 친구들과 함께 옥외에서 불을 피워 감자나 밤을 구워먹는 것 역시 대단히 즐거울 수 있다.

## 파티에 유기 식품을 내놓자

1년 내내 신선한 유기 과일과 채소를 살 여유가 없거나 찾기가 힘들다고 여겨진다면 크리스마스나 생일 파티 및 다른 특별한 행사 때 특별 요리로 유기 식품을 내놓자.

## 악어를 지키자

값비싼 구두와 핸드백과 서류 가방을 위한 가죽 때문에 매년 34만 마리의 악어가 살해된다. 악어 농장은 불과 몇 안되기 때문에 대부분의 악어는 파푸아 뉴기니, 베네수엘라, 인도, 나일강, 태평양에서 잡히는 정도이다. 그러나 악어 가죽 거래는 6천 8백만 달러(약 480억원)에 이르고 보통의 가죽 한 장은 2백 불(약 14만원)이다. 가장 큰 시장은 일본과 프랑스이지만 다른 나라들도 악어 가죽을 수입한다. 악어와 같은 야생 동물 가죽으로 만든 물건은 사지 말자.

## 배터리로 작동되는 선물을 사지 말자

크리스마스와 생일 선물을 사는 것은 까다롭지만 언제나 새롭고 흥미있으며 엄청나게 다양한 게임 용품들을 구입할 수 있다. 환경 보호에 도움이 되는 한 방법은 배터리로 움직이는 장난감을 사지 않는 것이다.

배터리 한 개를 만드는 데 드는 에너지는 그것으로부터 얻을 수 있는 에너지의 50배로서 불필요한 자원 낭비이다.

배터리 자체는 습기가 차면 누출될 수 있는 카드뮴과 수은을 비롯한 유독하고 위험한 물질들로 되어 있다. 좀더 자연을 보호하는 배터리에 조차도 아연, 탄소, 염화 제2 수은, 알칼리성 망간이 들어 있을 수 있다.

## 해마를 보호하자.

코끼리의 대량 도태에 대한 관심이 커지고 있기 때문에 코끼리 다음으로 송곳니가 인기있는 해마가 시련을 받고 있다. 그린랜드와 캐나다에서 해마의 송곳니를 구할 수 있다. 해마의 송곳니 판매를 인정할 수 없게 만드는 유일한 방법은 지금 불매 동맹을 맺고 그 거래를 중단하게 하는 운동을 벌이는 것이다.

### 지역내의 꽃 재배가들을 지원하자

꽃은 주고 받기에 훌륭한 선물이 된다. 꽃 중에서도 좀더 자연을 보호하는 꽃이라면 훨씬 더 좋다! 다른 나라에서 수입된 꽃은 소규모의 지방 재배가들로부터 산 꽃보다 살충제가 뿌려졌을 가능성이 더 클 뿐 아니라 막대한 비용과 에너지를 들여 해외로부터 비행기로 공수해온 것이기도 하다.

또한 최근에는 영국으로 보낼 카네이션 재배로 생계를 꾸리는 온두라스공화국 여성들의 건강 상태에 대해 염려가 표현돼 왔다는 사실을 명심하자. 그러므로 집에 정원이 있다면 직접 꽃을 기르고, 없다면 화학 약품을 쓰지 않는 다른 대안들에 대해 알아보자.

### 선물 바구니를 녹화하자

식품을 가득 채운 선물 바구니는 언제나 멋진 선물이다. 요즈음에는 광주리를 유기 와인과 샴페인, 유기 과일과 채소, 과자나 디저트 대신에 무설탕 과자와 디저트 대용품으로 채워 훨씬 더 만족스런 선물이 될 수 있다. 더욱이 구호품 가게에서 구입한 광주리에 호랑가시나무까지 곁들이면 대단히 특별한 선물이 된다.

### 언제나 비알콜성 음료를 제공하자

음주 운전을 조장하지 말고 파티에서는 언제나 흥미있고 맛있는 비알콜성 음료를 제공하자. 알콜을 함유하지 않은 뜨거운 사과 펀치를 만들 수도 있고 이국적인 과일 야채나 셰이크 또는 쥬스를 내놓을 수도 있다. 알콜을 함유하지 않은 와인은 근사한 맛을 내고, 비알콜성 맥주는 양조업계에서 가장 커다란 성장 부문이므로 선택할 수 있는 종류가 아주 다양하다.

### 크리스마스 트리를 재생시키자

미국에서는 매년 1월 6일이면 3천 5백만 개의 크리스마스 트리가 쓰레기로 버려진다. 그러나 요사이는 1달러의 비용으로 나무를 재생 이용할 수 있는 새로운 계획이 등장하고 있다. 그것은 크리스마스 트리를 꺾어 뿌리 따위에 까는 짚으로 만들어 팔거나 공원에 이용하는 것이다. 텍사스의 일부 지역은 바닷가의 침식을 막기 위한 모래 언덕을 쌓는 기초로 크리스마스 트리를 이용해 왔는데 이것은 넘쳐 흐르는 쓰레기 더미 속에 트리가 버려지는 것을 구하는 방법인 셈이다.

### 자연보호를 위한 복권식 판매를 조직하자

　국가적 지방적 행사들에서의 복권식 판매와 상품은 지역 사회에서 중요한 역할을 한다. 기금 조성안으로서 복권식 판매를 결정할 때는 자신이 속한 위원회나 기관 또는 교회나 단체에 영향을 행사할 수 있다. 자연보호 상품은 어떨까?
　자동차나 화학제품이나 열대 우림 목재 가구는 거절하자. 대신에 유기 식품 광주리나 자전거, 목장에서의 휴가, 자연 화장품, 재생 용지 세트같은 상품을 지지하자.

### 칠면조를 방목하자

　크리스마스와 추수 감사절은 칠면조를 먹는 전통적인 축제일이다. 영국에서는 매년 3천 6백만 마리의 칠면조가 소비되는데, 그 중 98퍼센트가 공장식으로 운영되는 농장에서 기른 것이다. 자연보호 육식가라면 유기 비료로 방목된 칠면조를 선택할 것이다. 그러면 값은 더 비싸지만 고기가 확실히 더 연하고 맛있다.

# 투자

## 집을 신중하게 선택하자

규모에 상관없이 집을 새로 구입하는 것은 아마도 보통 사람에게는 가장 커다란 지출일 것이다. 평생 그것은 장기적인 투자로 간주되어야 한다. 사려고 계획하는 집이 건축 중이면 건축업자에게 설계 명세서에 에너지 효율과 비유독성 자재 사용에 관한 것도 포함시켜 달라고 요구할 수 있을지 모른다. 좀더 큰 건축회사들은 많은 수가 자연보호 주택을 제공하기 시작하는 중이다. 그러나 터무니없는 가격을 지불하지는 말자.

북아일랜드의 퍼거슨 같은 일부 건축회사들은 추가 비용을 구매자에게 부담시키지 않고 오랫동안 에너지 효율적인 주택을 지어 왔다. 그러므로 신중하게 집을 보고 다니자.

## 윤리에 어긋나지 않는 개방식 투자 신탁에 투자하도록 하자.

1천 파운드(약 140만원) 이상 투자할 여유가 있고 개방식 투자 신탁을 사고 싶다면 환경적인 배려 뿐만 아니라 자연보호주의자라면 누구나 지지할 엄격한 원리에 따라 운영되는 것들이 있다.

무기 거래, 알콜, 도박, 동물 이용, 남아프리카 처럼 압제적인 파시스트 정부, 고용주로 평판이 나쁜 회사들과 관련된 사업을 피하면서도 여전히 좋은 투자 가치를 찾을 수가 있다.

## 자선 사업을 지원하자

자선 사업은 지역사회를 연결하는 아주 중요한 끈이다. 자선 사업은 정부보다 훨씬 더 빨리 문제를 찾아 내고 사단법인이나 정치인들 보다는 오히려 평범한 사람을 지원하여 대단히 훌륭한 돈의 가치를 제공한다.

점점 더 많은 주식회사들이 환경보호단체와 사회 봉사기관, 예술 및 교육에 자선 기금을 기부하고 있다. 이러한 회사들을 지원한다면 자선에 재투자를 하는 셈이다. 그러나 봉사에 대해서는 두배로 지불한다는 사실에 유의하자. 자선 단체가 아닌 정부는 필수 사항에 대해서는 돈을 지불해야 한다.

### 수입의 5퍼센트는 가치있는 일에 기부하자.

미국에서 평균 연소득의 2.4퍼센트는 자선 사업에 돌아간다. 영국에서는 그보다 훨씬 적다. 우리는 대부분 수입이 5퍼센트 준다고 해도 먹고 살 수 있다. 6개월 동안 그렇게 해보자(자선 단체에 대한 기부금은 원천세에서 공제를 받을 수 있다). 지원하고 싶은 단체와 기관들을 알고 있으면 좋다.

### 무기에 투자하지 말자

세계 강대국들은 매년 방어에 1조 달러(약 700조원)를 쓰고 있다. 수백만 명이 굶주리고 있는 동안에 계속 죽일 준비가 된 조직의 공급에 들어가는 어리석은 낭비는 비인간적이고 야만적이다.

지구는 오직 하나이다. 핵무기, 신경 가스, 폭탄, 로켓 등은 인간을 살해하고 불구로 만들며 생태계를 파괴할 수 있는 힘을 갖고 있다. 남는 돈과 과학 에너지로 새로운 위기를 만들어내는 대신에 우리의 환경 위기를 해결하는 일에 쓰여져야 한다.

전쟁에 투자하지 말고 군비 제조 회사들을 배척하자.

### 세계 은행의 국제 통화기금에 편지를 보내자.

매초 마다 0.4헥타르 이상의 열대 우림이 연기와 함께 사라져 없어진다. 1960년 이후로 우리는 세계에서 가장 아름답고 진귀한 동식물들의 서식지이며 약 1억 5천만 토착민들이 생존을 의지하고 있는 본거지인 세계 열대 우림의 40퍼센트 이상을 잃어 왔다.

세금과 정부의 기부금으로 우리의 돈이 세계 은행의 국제통화기금으로 전달되니 워싱턴에 있는 본부에 편지를 써 그들 나라에 대한 부채와 열대 우림에 대한 보호를 맞바꾸라고 요구하자.

### 환경을 위한 주식과 채권을 사자.

  훌륭한 중개인이라면 자연보호 회사의 주식과 채권을 사는 방법을 조언해 줄 수 있을 것이다. 이러한 회사들에 투자하면 그 회사를 지원하는 것이며 운이 좋으면 동시에 이익도 얻을 것이다. 점점 많은 단체들이 기꺼이 자연보호 사업에 투자를 해왔기 때문에 바디 숍 같은 회사들은 주가가 수년간에 2백퍼센트 이상 뛰어 올랐다.

### 신용 조합을 조직하자

  협동 조합과 같은 방식으로 운영되는 신용조합은 가난한 사람들에게 정말로 중요할 수 있다. 신용 카드의 24~36퍼센트에서부터 높은 폭리를 취하는 전환사채의 경우 최고 1천퍼센트에 비해 신용조합은 대개 12퍼센트 정도의 싼 이자로 대부를 해줄 수 있기 때문이다.
  신용 조합은 반드시 이윤이 가장 중요한 목표가 아니라는 원리에 입각해 필요에 따라 돈을 나누는 방식으로 운영된다. 이자는 회사나 개인을 위한 이익보다 조합 운영에 쓰인다 .

### 거래 은행에 원하는 바를 알리자

  어째서 은행이나 대부 방식의 주택건설 조합들은 계속 새로운 대부와 보험 계획에 관한 우편물을 끈질기게 보내면서 돈을 좀더 많이 빌리라고 청하는 것일까? 그것은 종이의 낭비이다.
  은행에 우송용 고객 명부에서 이름을 빼라고 요구하자. 또한 재생 용지로 된 수표장과 계산서 및 명세서를 제공하라고 요구한다. 반드시 그러한 용지에 표백된 새 종이를 써야 한다는 근거는 없다. 그리고 장애자를 위한 설비는?

은행들은 좀처럼 정상적인 몸을 가진 이들의 편의 조차 도모하지 않는다. 그러니 장애자들에게는 악몽임이 분명할 것이다. 우리가 저축하는 돈이 그들을 먹여 살린다는 사실을 잊지 말자.

고객은 왕이고 무엇이든 요구할 권리가 있다.

### 상부에서부터 정책을 바꾸자

금융업은 환경을 심각하게 받아들여야 한다. 은행, 주택 건설 조합, 금융 회사들은 모두 환경 노력에 대한 설명을 요구받을 수 있다. 주주들에게 보내는 연례 보고서에 환경에 관한 보고를 제시하게 하자. 또한 이사회의 한 사람을 지명해 환경을 담당하게 한다.

### 대부시에 환경 감사를 요청하자.

은행이나 주택 건설 조합으로 하여금 새로운 대부 신청에 대해 환경 감사를 실시하게 한다. 그러면 일련의 인정할 만한 기준이 작성돼 환경을 덜 해치거나 덜 오염시키는 계획과 사업에 특혜가 주어질 수 있다. 대여 기관들은 매년 수십억 불을 제공하는 책임을 맡고 있고 대부분은 새로운 주택 건축을 위한 것이나, 상당 부분은 주택개량 공사와 자동차 등 새로운 사업을 위한 것이다.

대부 신청서에다 대부금이 환경에 미칠 효과에 대한 질문에 답하게 하면 어떤 영향을 미칠 것인지 생각해 보자.

### 어린이들을 위해 좀더 푸른 미래를 보장하자.

저축한 돈을 환경에 관심이 있는 기금에 투자해 후세에게 좀더 푸른 미래를 남기자. 은행이나 주택 건설 조합에 기금 추천을 부탁한다. 그것은 다음 세대를 위한 투자 이상일 수 있다.

### 거래 은행에게 제3 세계의 부채에 대해 문의하자

투자 - 유기적으로 생각하자!

거래 은행에 제3 세계의 부채에 관한 편지를 쓰자. 당신이 거래하는 번화가 은행의 이사회가 제3 세계를 위해 무슨 조치를 취하고 있는가? 환경적으로 지속적인 사업을 위하여 빚을 탕감해줄 각오는 있는가? 번화가의 은행들은 대부분 개발도상국들과 관련을 맺고 있으며 고객들 사이의 평판에 대해 예민하다.

## 재산을 보호하자

자연을 보호하는 보험 기금들이 있다. 그것은 도의에 위배되지 않는 투자 서비스를 이용하는 주택과 자동차에 보험 담보를 제공해줄 수 있다. 그러한 기금들은 다른 도덕적인 투자 계획들과 같은 방침을 따르는데 다시 말해 고객의 돈을 무기 제조, 담배, 군사 독재, 남아프리카, 또는 환경을 파괴하는 계획의 후원에 투자하지 않는다는 것이다. 보험 중개인에게 문의해 보자.

## 미래를 위한 유산을 남기자

유언이나 유증을 작성할 때에 재산의 일부를 환경 단체나 기관에 남기면 어떨까? 그러면 특별히 좀더 큰 단체들의 관심을 끌지 못하는 소규모 기관들에게 막대한 영향을 미칠 수 있다. 어떻게 착수해야 할지 모른다면 많은 단체들이 유언을 작성하는 방법에 대해 조언을 해줄 것이다.

## 도의에 위배되지 않는 보험을 보증하자

공동으로 재산을 구입할 때는 흔히 생명보험 기금을 산다. 한 사람이 죽는 경우 생명보험이 다른 사람을 재정적으로 보호할 것이기 때문이다. 생명보험 중개인에게 건전한 기금을 찾아달라고 부탁하자. 그것은 처음부터 돈이 건전한 사업과 환경에 관심이 있는 신탁 자금에 투자되리라는 의미일 것이다.

## 좀더 푸른 목초지에서 은퇴하자

당연히 많은 직장들이 연금을 계산에 넣고 있고 전세계적으로 강력한 중개인들에 의해 수십억 달러가 그러한 기금에 투자된다. 1989년 말에 영국 연금의 총 가치는 2천 9백 50억 파운드(약 413조원)에 달했다.

투자가는 자신의 돈이 도덕적이고 윤리적인 기금에 투자돼야 한다고 주장할 수 있다. 그러나 투자회사는 투자가들에게 원칙적으로 가능한 최상의 수익을 제공하도록 요구된다. 아무튼 영향을 행사할 수 있는 경우라면 투자회사에 요구를 해보자. 기금을 옮길 수도 있고 연금 정보기관들이 기꺼이 방법에 대해 조언을 해줄 것이다.

## 책임있게 부를 나누는 방법을 선택하자

얼마간의 돈을 상속하거나 소유하고 있어 그것을 다른 이들과 나누고 싶다면 가장 커다란 사회 문제를 선택하자. 최종 결정을 내리기 전에 사람들과 이야기를 하면서 그 문제에 대해 시간을 두고 철저히 알아볼 필요가 있다.

영국과 미국에는 만나서 돈을 책임있게 기부하는 방법에 대한 아이디어를 나누는 사람들이 모이는 단체들이 있다. 아낌없이 자연보호 단체 및 개인들을 지원한다면 미래에 영향을 미칠 수 있을 것이다.

### 자연보호를 위한 대부를 신청하자

은행이나 주택 건설 조합에 압력을 넣어 가령 집에 온통 최신 에너지 절약 장비를 설치하는 것처럼 좀더 자연을 보호하는 계획에 사용할 돈을 대출하게 한다. 그러한 투자는 수년 내에 보상될 것이고 집의 가치를 더해줄 것이므로 충분한 가치가 있을 것이다.

대부 기관들이 좀더 자연 보호에 관심이 있다면 다른 주택 개량을 위한 대부보다 이러한 종류의 대부가 우선될 것이며 새로운 발전소 건설은 그다지 필요 없을 것이다.

### 은행을 통한 자연보호 운동에 참여하자

은행이 고객의 돈을 환경적으로 지속성이 있는 사업에 투자하고 있는가? 일부 은행들은 브라질에서 열대 우림을 파괴하는 계획에 직접 간접적으로 투자를 하고 있음이 드러났고 다른 은행들은 아시아와 남미에서 지역 생태계를 파괴한 댐공사에 투자를 했다. 은행에서 구좌를 개설하기 전에 업무 '보고서를 요청하자. 오직 생활 협동조합에만 투자해 환경적 도의적으로 건전한 예금 구좌를 개설하자.

### 녹색 신용카드를 선택하자

신용카드를 사용해야 한다면 좋아하는 단체 하나를 후원하도록 하면 어떨까? 신용카드는 기금을 모집하는 방법으로서 좀더 규모가 큰 기관들에서 점점 더 인기를 얻고 있다. 그러나 그들이 직면하는 주요 문제 가운데 하나는 지출과 소비자 중심주의를 지지해야만 하는가란 도덕의 문제이다. 그러한 딜레마와 함께 살 수 있고 카드를 필요로 한다면 적어도 녹색 카드를 얻자.

## 조언을 구하자

영국에서는 점점 더 많은 수의 도의적 투자 서비스들이 특정 투자에 관한 조언을 제공하고 있다. 그러한 서비스는 적절한 전문 단체에서 허가를 받아야 하므로 미리 확인하자. 그들은 도의적 또는 사회적으로 책임있는 기금들에 대해 조언을 해줄 수 있을 것이고 자연보호 연금, 개인 보통주 계획, 투자 기금들에 대해 조언을 해줄 것이다.

## 은행의 자동납부 제도를 이용하자

은행의 자동납부 제도를 이용하자. 그러면 수많은 청구서를 위한 종이가 상당히 절약될 것이다.

# 직장에서의 자연보호와 녹색레저

# 직장에서의 자연보호

## 환경 정책을 개발하자

 사업체들의 80퍼센트 이상은 20명 내지 30명의 인원을 고용하고 있는 소기업들이다. 소규모 직장이나 사무실들에서는 환경 정책을 개발하기가 쉽다. 질문을 하는 방식으로 일반적인 환경에 관한 인식을 불러일으키기 시작하고 반대는 인정하지 말자.
 환경을 지키는 것은 에너지 효율 프로그램이나 재생 이용 계획을 이용함으로써 회사의 재정도 절약할 수 있다.

## 환경 효과 평가부터 시작하자

 환경 효과 평가(EIA)는 대규모 사업들이 계획과 타당성 조사의 초기 단계에 있을 때에 환경에 미칠 수 있는 효과가 고려되도록 한다. 모든 사업체들은 처음부터 환경 침해를 제한하기 위해 노력해야 한다.
 현재 유럽에서는 원유 정제소, 발전소, 위험한 유독 폐기물 저장 처리 시설, 무역항과 내륙 수로, 화학 약품 장치와 제강소 등을 비롯한 일정한 사업체들이 유럽 경제공동체의 지시에 따라 환경 효과 평가를 실시하도록 요구된다.
 아무튼 모든 사업체들이 계획 단계에서 환경 효과 평가를 실시해야 한다. 환경 효과 평가는 보다 좋은 선택을 가능하게 하고 본래의 계획을 수정할 수 있게 한다.

## 담배 연기 없는 사무실을 만들자

 전국적으로 수백만 명이 직장에서 흡연을 한다. 그들은 동료들의 건강을 해치고 있을 뿐만 아니라 간접적으로 오염에도 책임이 있다.

담배 생산과 제조 과정에서 담배잎에 대한 과다한 살충제 사용과 담배 종이의 표백으로 인해 강과 대기의 오염이 발생한다. 또한 흡연자들은 자신의 육체를 오염시키면서 회사로 하여금 병가 수당을 지불하도록 온갖 질병을 자초하고 있는 것이다. 화학 약품 회사인 다우의 보고에 의하면 흡연자들이 비흡연자들보다 병가를 80퍼센트 더 얻고 있는 것으로 나타났다. 흡연은 또한 화재의 위험이 되기도 한다.

담배 연기가 없는 직장이 되도록 결정해서 흡연자들의 목숨을 결국 앗아갈 수도 있는 습관을 끊도록 도와주자.

### 사진 복사기를 환기시키자

특별히 하루 온종일 켜있는 사진 복사기 근처에 적절한 통풍 장치가 없는 방에서 일하고 있다면 오존이 실내 오염 물질일 수 있다.

오존은 점막과 눈에 해로울 수 있고 또한 끈질긴 두통의 원인이 되는 것으로 여겨진다. 사진 복사기를 조심스럽게 사용하고 항상 방을 환기시키자.

### 병든 건물을 점검하자

인공 조명과 분명하게 간막이가 설계되지 않은 사무실, 인공 통풍 장치들은 '병든 건물 증후군'이라는 놀랍고 새로운 병을 야기할 수 있다. 병든 건물은 공기가 인공적으로 만들어진 현대적인 사무용 빌딩에서 발견되어 왔다. 우주 시대의 사무기기는 화학 증기와 정전기의 간섭, 전기 위험 등과 함께 문제를 가중시켰다.

그 모든 것이 결국 공기를 대단히 불쾌하게 만들기 때문에 노동자들은 막연한 불쾌감과 무기력에 두통을 호소하게 되고 결국은 생산성 감소를 초래한다. 따라서 상태를 개선하는 것이 고용주를 위하는 길이다. 건물을 점검하자. 병들어 있다고 생각되면 개선하기 위한 조치를 취하자.

### 무리한 속도로 타이핑하지 말자

"아마도 '병든 건물 증후군'인가 봅니다."

　새로운 과학기술로 인해 종이가 절약될지는 몰라도 우리의 육체가 과학기술 자체의 속도를 따라가려 하기 때문에 병이 드는 원인이 될 수도 있다.
　일과 관련된 상지(上肢)의 부조(不調)와 되풀이 해서 근육을 삐는 부상은 전자 키보드나 슈퍼마킷의 바 코드 해독기를 사용하는 노동자들에게 영향을 미친다. 건과 근육과 관절의 부상이 일어날 수 있고 이것은 결국 손이나 팔을 잃게 할 수 있다.
　무엇보다 성과급 방식으로 급료를 받는 오퍼레이터들이 가장 위험하다. 타이피스트는 평균 1시간에 1만 자를 타이핑하지만 일부 직장들은 특별 급여나 휴가와 같은 동기를 부여하고 경쟁을 조장해서 무리하게 시간 당 2만 7천 자를 타이핑하도록 강요하고 있다. 또한 작업을 감시할 수 있는 컴퓨터는 노동자들을 더욱더 빨리 움직이도록 가외의 압력을 가하고 있다.
　브라운관 디스플레이 장치 앞에서 올바른 자세를 취하도록 하고 무리한 타이핑 속도를 거부하며 가능하면 자주 휴식을 취하도록 하자.

## 브라운관 디스플레이 장치에 보호물이나 여과기를 부착하자

컴퓨터 터미널과 브라운관 디스플레이 장치(VDU)들은 약한 방사선을 방출하는 것으로 알려져 직장 노동자들에게 문제를 일으켜 왔다. 또한 유산의 증가에도 관련이 있고 두통과 피부 발진 등의 다른 질병들도 보고되었다.

사무실 컴퓨터에 여과 스크린을 부착하자 24시간 내에 얼굴의 발진과 열기가 없어졌다고 한다.

항상 컴퓨터로 일을 할 때는 매 시간마다 잠깐씩 휴식을 취하고 스크린 앞에서 하루에 4시간 이상은 일하지 말자. 또한 노동조합과 보건 단체들에 연락해 관계된 위험에 관한 정보 책자를 구해 본다.

## 전화기 청소에 정말로 스프레이가 필요한가?

직장에서 함께 쓰는 전화기는 박테리아나 바이러스를 퍼뜨릴 수 있지만 전화기를 닦는 화학 약품이 우리가 갖고 있는 병균보다 더 유독할지 모른다.

약한 CFC나 또다른 온실 가스인 탄화 수소를 사용한다 해도 에어로졸 세제에는 지나치게 많이 들이 마시면 안되는 대단히 유독한 가연성 살균제가 섞여 있으므로 깨끗한 천을 물에 적셔 전화기를 닦는 것이 훨씬 안전하고 값도 더 싸다.

## 네온등을 줄이자

네온등은 1898년에 발명되었다. 네온은 관 속에서 빛을 낼 수 있는 무취 가스로 그것에 분말을 첨가하면 가스의 상태가 바뀌어 지금 우리가 알고 있는 완전한 스펙트럼에 색깔이 있는 빛을 낸다.

일부 상점은 상품을 팔기 위해 다른 형태의 첨단 레이저와 컴퓨터 조명을 사용하고 있으나, 그 모든 것들은 에너지 낭비이고 이산화탄소와 다른 온실 가스의 형태로 막대한 오염을 만들어낸다. 되도록 네온을 사용하지 말자.

## 건강을 위한 조명이 필요하다

우리의 눈은 사무실에서의 계속적인 긴장으로 고통을 받는다. 잘 안보이는 사진복사, 판독하기 어렵게 쓴 글, 카본지로 복사한 서류를 읽는 것들이 모두 눈을 피로하게 하지만 조명 자체로 인한 긴장 보다는 훨씬 덜하다.

사무실 내의 인공 조명은 자연 광선을 대신하려는 것이나 별 효과가 없다. 흰색의 형광을 발하는 ▲투광 조명기는 끊임없이 깜박거려 두통과 눈의 피로, 집중력이 나빠지는 원인이 될 수 있다.

탁상용 램프는 다소 융통성이 있고 덜 눈부시다. 에너지 효율적인 조명을 이용하면 비용을 덜 들이면서 두 배의 빛을 얻는 것과 같다. 또한 작업에 좋은 투명한 빛을 얻으면서 에너지 또한 절약할 수 있다.

## 에너지 효율적인 직장을 만들자

직장에서 에너지를 절약하면 회사의 돈도 절약될 것이지만 감소된 탄산 가스 방출에 의해 지구의 온도 상승 억제에 기여할 수도 있다.

밤에는 사무실의 전등을 계속 켜두지 말자. 돈이 절약되고 와트량이 적은 소형의 형광 전구를 사용하자. 특히 컴퓨터와 사진 복사기 등 사용하지 않는 기계는 꺼두자. 능률적인 난방 장치를 설치하고 사무실의 누군가로 하여금 에너지 절약을 책임지게 하자.

## 자동판매기를 금지시키자

지난 50년 동안 뜨거운 음료 자동판매기가 사무실에 도입되었는데 대부분 비교적 대규모의 회사들에서 비용이 드는 차 담당 여사무원을 대신하기 위한 것이었다.

자동판매기는 대개 플라스틱 컵으로 합성 음료와 분유, 커피 및 홍차를 제공한다. 자동판매기가 직원들에게 절약해주는 몇 분 안되는 시간은 에너지 비용에서 낭비된다. 보통 자동판매기는 전기를 폭식하므로 아마도 직장 내에서 단독으로는 가장 큰 전기 사용자일 것이다.

컵과 에너지를 적게 쓰는 물 주전자를 이용하는 것이 더 좋은 선택이고 더 맛

▲ 투광 조명기 : 여러개의 전구를 띠모양으로 늘어놓은 조명

있는 음료를 제공할 것이다.

### 바닥의 정전기를 없애자

인공 카펫에서 발견되는 이상하고 새로운 벌레에 대한 불평이 각 직장에서 점차 증가하여 왔다. 합성 안감(기포 깔개에는 CFC가 들어 있을 지 모른다.)과 플라스틱 코팅은 카펫이 정전기를 끌어당기게 한다. 이것이 교대로 근무자들의 다리를 불시에 '공격'해 왔다. 또한 브라운관 디스플레이 장치와 다른 기계류의 사용에 의해 정전기의 축적이 더욱 조장된다.

대신 올이 굵은 삼베로 안감을 댄 자연 천연 카펫을 깔면 즉시 정전기가 감소될 것이다. 코팅이나 세제에 합성 화학 약품을 거의 또는 전혀 쓰지 않는 것 또한 도움이 된다.

### 수명이 긴 용구를 사용하자

많은 사람들이 이용하는 사무용구는 경제적이기 위해서 튼튼해야 하지만 좋은 것을 살수록 환경에도 좋다. 종이나 카드 대신 금속 파일 캐비닛 같은 재료를 이용하자. 또한 재생 이용의 한 형태이면서 값도 더 싼 중고품점에서 구입하자.

### 값싼 책상의 허점을 간파하자

값싼 화장판재 책상은 무수히 많은 환경 위험을 내포할 수 있다. 화장판재 책상은 내부가 판재로 되어있는데 이 판재는 좀처럼 열대 우림 목재로 만들어지지 않지만 대개 스며나오면 문제를 일으킬 수 있는 포름알데히드 접착제로 접착돼 있다. 그러나 화장판재는 먼지를 끌어들이는 플라스틱 합판 제품이 아닌 열대 우림 목재로 만든 것일 수 있다.

내구력이 있는 재료로 만든 견고한 나무 책상이 가장 사용하기에 좋다. 좀더 쉽게 다루려면 유기 물질로 밀랍칠을 하고 와니스를 칠할 수 있다.

## 열대 우림 목재로 만든 책상을 요구하지 말자

영국에서 사용되는 열대 목재의 90퍼센트 이상은 열대 우림이 원산지이다. 즉 우리가 앉는 의자와 새 책상이 당연히 열대 우림에서 온 것이라는 의미이다. 사무용 가구에 사용된 나무의 원산지가 어디인지 확인해 보자. 특별히 원산지를 알아낼 수 없다면 경목 제품은 피하자.

## CFC가 없는 사무용 가구를 선택하자

오존층을 파괴하는 화학 약품인 CFC가 함유된 것은 에어로졸 만이 아니다. 대부분의 사무용 의자에 사용되는 기포에도 이 화학 약품이 함유돼 있다. 사무용 가구 공급자로부터 이것을 알아보자. 의자는 기포가 불에 타면 유독한 냄새를 낼 수 있으므로 엄격한 화재 안전 기준을 따라야 한다.

## 공급업자들에 대한 감사를 실시하자

구하면 얻으리니! 공급업자에 대한 감사를 시작하면 어떨까? 그들이 재생 용지를 비축하고 있는가? 수성 펜은? 에너지 효율적인 조명은?

직장을 계속 운영하기 위해 사들이는 가구와 장비는 환경적으로 건전해야 할 필요가 있다. 환경을 해치는 제품에 대해서는 공급업자에게 가능한 최선의 대용품을 요청한다.

## 플라스틱 창이 있는 봉투는 사용하지 말자

플라스틱 창이 있는 봉투는 환경에 가장 나쁜 봉투이다. 그러한 봉투는 재생 이용이 불가능하고 새 종이로 만들어진 것이기 쉽다. 보통의 갈색 봉투는 대부분 재생 펄프로 만들어진다. 사무실에서 종이를 재활용하기 시작한다면 ▲창 달린 봉투가 만족스럽지 않다는 것을 발견할 것이다.

아무튼 값이 더 비싸니 문구 구매 담당과 우편물 담당 부서로 하여금 창 달린

▲ 창 달린 봉투 : 수신인 주소 성명이 내 비쳐보이는 봉투

봉투를 사용하지 못하게 하자.

## 일회용 펜을 억제하자

　미국의 쓰레기 통에는 사용 후에 버리는 펜이 매일 약 438만 개 가량 들어 있다. 전세계적으로 한 번 쓰고 버리는 볼펜은 우리 삶의 익숙한 부분이 되었다.
　플라스틱으로 만들어져 미생물에 의해 분해되지 않고 잉크가 떨어지기 직전까지 사용되는 경우가 드문 볼펜은 귀중한 ▲화석연료 또한 낭비하는 환경 위험이다. 사용 후에 버리는 펜을 줄이고 심을 보충할 수 있는 펜을 사용하자. 또는 꼭 사용해야 한다면 완전히 잉크가 없어질 때까지 쓰도록 한다.

## 수정액 사용을 줄이자

　타이핑의 오자를 고치기 위해 사용하는 흰색의 말끔한 수정액 속에 무엇이 들어 있는지 생각해 본 적이 있는가? 주요 성분이 ▲메틸 클로로포름으로 알려진 트리클로로에탄올은 오존층을 고갈시키고 환경 속에 오랫동안 남아 있는 유독하고 자극성을 지닌 화학 약품이다. 그것은 특별히 불에 탈 때 위험한데 무색의 유독 가스인 포스겐을 형성하기 때문이다. 분명하게 트리클로로에탄올을 제거했다고 밝히는 수성 표백제를 구하자. 쓸모있는 대용품을 찾을 수 없으면 수정액의 사용을 줄인다.

## 종이를 아끼자

　미국 내의 기업들은 연간 160만조 장 이상의 종이를 사용하는 것으로 추정되고 이 중 13퍼센트 가량은 쓸데없는 사진 복사이다. 그것은 수백만 그루의 나무를 낭비하는 것과 같다. 그 위에 에너지 요금을 가산하면 사진 복사기가 낭비 문제의 요인이라는 사실을 알 것이다. 사진 복사의 양을 줄이고 한 면만 쓴 종이는

---

▲ 화석연료 : 석탄, 석유, 천연가스 따위
▲ 메틸클로로포름(methyl chloroform) : 메틸을 함유한 무색휘발성 액체

메모용으로 다시 사용하며 복사기 가까이에 폐지를 넣을 수 있는 통을 설치해 재생시키자.

## 투명한 풀을 사용하자

접착제와 접착 테이프를 비롯한 풀들은 중요한 사업이다. 한 대기업은 최근에 단 하나의 상표로 전세계적인 접착제 운영권을 1억 파운드(약 1400억원)에 팔았다. 풀은 사무실의 절대적인 필수품이지만 어떤 것들은 유독하다. 풀 생산 자체가 휘발성 화학 약품이 수도와 하천계로 흘러들 수 있기 때문에 환경 문제로 연결될 수 있다. 풀에는 페놀, 염화 비닐, 포름알데히드와 에폭시 수지, 나프탈렌, 다른 해로운 화학 약품들이 함유되어 있을 수 있다. 그러한 것들은 종종 중독성이고 휘발성이므로 되도록 피하자. 가능하면 언제나 흰색의 풀과 단순한 제조법으로 만드는 목공용 풀을 고집하자.

## 유색 클립을 사용하지 말자

종이 클립은 작지만 사무 필수품이다. 클립은 재생 이용되고 여러번 재사용될 수 있기 때문에 가치있고 비용 효과적이지만, 밝은 플라스틱에 담가 염색한 유색 클립은 거부하자. 그러한 것들은 유독한 중금속인 카드뮴을 함유할 수 있다.

## 펄프 수성 펜을 사용하자

요즈음 유색 펜을 많이 사용하는 사람들 중에는 그래픽 디자이너들이 포함되겠지만 모든 사무실과 직장들이 점점 선명한 컬러링 펜이 필요한 게시판 및 칠판과 부분적인 강조가 필요한 문서 등 세련된 전달 수단을 이용하고 있는 중이다.

영구 잉크가 들어있는 마커(marker)에는 페놀톨루엔과 크실렌 같은 용제와 화학 약품들이 함유돼 있다. 그러한 마커들은 삼키면 제법 독하므로 통풍이 잘 되는 방에서 조심스럽게 사용되야 한다. 이들 화학 약품에 대한 노출이 길어지면 현기증이 날 수 있고 톨루엔은 중앙 신경계를 해칠 수 있어 위험하다. 가능하면 수성 마커를 선택하자.

## 배터리 사용을 맹렬히 비판하자

배터리를 제조할 때는 실제로 배터리가 생산하는 것 보다 50배나 더 많은 에너지가 사용된다. 전세계의 사무실과 직장들은 계산기와 시계와 기계들을 규칙적으로 작동시키기 위해 배터리를 사용한다. 가능하면 언제나 동력으로 작동되는 장비와 태양 에너지를 이용하는 계산기 그리고 수동 기계를 사용하자. 그러나 꼭 배터리를 사용해야 한다면 수명이 5백 배나 더 긴 녹색 재충전 배터리를 사용하자.

## 컴퓨터용 용지 사용을 삼가하자

컴퓨터는 필요없는 종이를 영원히 제거해줄 새로운 기술로서 환영을 받았고 낭비는 과거의 일이 될 예정이었다. 그러나 불행히도 실제로는 전혀 그렇게 되지가 않았고 결과적으로 컴퓨터 용지는 과거보다 더욱더 많은 낭비를 초래하게 되었다. 용지를 연속적으로 사용하기 위해 스프로켓을 사용하는 기계들은 종종 작동 중간에 멈출 방법이 전혀 없기 때문에 불편하다.

컴퓨터 가까이에 설치한 통에다 필요없는 컴퓨터 용지를 수집하자. 재생 이용 가치가 가장 높으니까 말이다. 가능하면 항시 종이를 한 장씩 끼우는 컴퓨터를 사용하고 프린트 아웃되는 종이의 수를 줄이자. 컴퓨터용 재생 용지 구입이 가능하다.

## 부드러운 재생 용지를 이용하자

휴지와 종이 타올은 새로운 나무의 종이 펄프로 만들어서도 표백된 종이여서도 안된다. 재생 용지로 만든 제품을 사용하면 회사 돈이 절약되고 동시에 환경까지 보호한다. 종이 타올의 사용량을 줄일 수 있는지 알아 보고 가능하면 언제든 재생 용지 제품으로 교환하자.

## 비닐 우편물을 제거하자

전세계 곳곳에서 잡지와 신문들이 비닐 봉투에 담겨 구독자에게 우송되고 있다. 실제로 매일 이러한 봉투가 수백만 개씩 사용된다. 만일 직장에서 비닐 포장과 함께 우편물을 내보내고 있다면 고용주를 설득해 재생 용지 포장으로 환원시키자.

환히 들여다보이는 비닐 봉투들은 미생물로 분해되지 않고 매립식 쓰레기 처리장에서 4백 년 동안 남아 있는 것으로 추정된다. 반면에 재생 용지는 다시 재생 이용될 수 있고 자원의 보다 나은 이용을 뜻한다.

뉴 욕커와 마더 존스 같은 미국 잡지 발행인들은 이미 환경에 대한 염려와 대중의 압력에 굴복해 다시 종이 봉투를 사용하고 있다. 비닐 우편 봉투에 담긴 잡지를 받으면 발행인에게 항의 편지를 쓰자.

## 스티로폼 커피잔을 피하자

간이 식당의 스티로폼 접시와 용기 및 컵들은 피해야 한다. 그러한 것들은 오존층을 파괴하는 CFC로 만들어지고 재생 이용이 불가능하다.

직접 컵을 가지고 가던가 재생 이용이 가능한 종이 컵으로 바꾸도록 요청해 보자.

## 직장에서의 소음을 줄이자

소음은 귀를 손상시키고 직장에서 스트레스를 가중시킬 수 있으므로 공해라고 할 수 있다. 기계들이 웅웅대고 찰칵거리는 소리와 전화벨이 울리는 소리, 컴퓨터의 덜커덕대고 삑삑거리는 소리들은 모두 평범한 사무 노동자들에게 시끄러운 환경이 된다. 거기에다 눈에 띄지 않는 곳에 있는 기계까지 가세하면 진짜 문제가 될 수 있다.

지나친 소음은 우리의 감각을 해치고 두통, 불면, 피로 및 스트레스의 원인이 된다. 소음이 계속적이라면 약 75데시벨에서 청각의 손상이 시작되지만 대부분의 공장들은 규칙적으로 90데시벨 이상의 소음과 함께 작동된다. 확실하게 간막이를 하지 않은 사무실의 소음도 80데시벨에 달할 수 있다.

218 직장에서의 자연보호와 녹색레저

  기계의 소음을 줄이기 위해 기술적인 조절을 이용하고 두꺼운 카펫과 두꺼운 천, 소음 흡수 장치 같은 음향 조절기를 설치하자. 근로자들이 소음 공해에 덜 노출되도록 방음 시설도 고려해 본다.

## 위험한 화학 약품을 조심하자

  영국의 직장들에서는 매일 1백만 가지 이상의 공업용 화학 약품이 사용된다. 그들 중 적어도 2천 4백 종류는 발암 물질로 의심되고 더 많은 것들이 알려지지

않은 특성과 효능을 갖고 있다. 사무원들은 기계류 및 장비들에서 나오는 가루
와 먼지, 가스 및 액체에 노출된다, 공장 노동자들은 대규모의 산업 환경 속에서
훨씬 더 많은 화학 약품들에 노출되면서도 그러한 것들의 효능이나 영향에 대
해 무지한 경우가 많다. 점점 더 많은 기계들이 사용됨에 따라 위험이 커질 것
같다.

노동자들에게 안전한 근로 환경과 건강한 근로 조건을 제공하는 것은 바로 고
용주의 법적인 책임이다. 항상 화학 약품을 최소량만 사용하고 특성에 대해 문
의하며 통풍이 잘 되도록 확인하고 노출될 수 있는 화학 약품이 어떤 것이든 건
강에 미치는 영향에 유의하자.

직장에서 사용되는 화학 약품의 수를 줄이는 것은 그 생산을 줄이는 것이고
따라서 그러한 것들이 인간과 환경에 미치는 손상도 줄어들 것이다.

## 할론으로 소화기를 테스트하지 말자

할론은 특별히 컴퓨터와 전기 설비처럼 일정한 형태의 소화기에 사용되는데
그것은 컴퓨터를 파괴하지 않고 포말로 불을 끌 수 있기 때문이다. 보통 소화기
에 사용되는 화학 약품인 할론 1211은 인간에게 독성이 없긴 하나 오존을 심각
하게 고갈시키는 것이기도 하다.

영국 남극 조사단의 조 파만 박사는 현재 남극 오존 고갈의 약 14 내지 30퍼
센트는 할론이 원인이라고 믿는다. 그리고 할론 방사의 95퍼센트는 사실상 우발
적인 방출과 낡은 장비로 인한 손실로부터 누출을 확인하기 위한 소화기 테스
트에서 비롯된다. 이것은 우리가 즉각적으로 완전히 방출을 막을 수 있는 곳이
다.

사용하는 소화기에 할론이 들어 있지 않은지 확인하자. 이처럼 위험한 화학
약품을 방출하는 대신 새는 곳을 찾기 위해 공기압 테스트를 실시하자.

## 에어로졸을 금지시키자

에어로졸은 청소, 그래픽 디자인, 페인트 스프레이, 그리고 수많은 다른 사무
용 및 공장용으로 사용된다. 어느 경우에든 이 낭비적 포장보다 더 좋은 대안이

있다.

　페인트와 풀을 위해서는 수동 펌프 스프레이가 더 조절하기 쉽고 청소나 세탁 재료에는 에어로졸 스프레이가 필요없다. 사무실 내에서 에어로졸 사용을 단계적으로 중단시키면, 아마도 결국에는 돈이 절약될 것이다. 오존층을 파괴하는 CFC가 들어 있지 않다고 표시된 에어로졸에도 다른 환경 오염 물질이 첨가되었음을 기억하자.

## 생리대 처리 시설을 준비하자

　1936년에 제정된 보건법에서는 하수구의 흐름을 막을 수 있는 모든 물건의 처리가 금지되었다. 대중이 사용하거나 10명 이상의 고용인이 사용하는 여성용 화장실은 생리대 처리 시설을 갖추어야 한다.

　변기로 생리대를 흘려 내려보내지 않아야 하는 환경상의 확실한 이유들이 있다. 생리대가 하수구를 통과한 후에는 결국 우리의 바다와 해변으로 들어가기 때문이다. 그러나 영국 직장의 반 수 이상은 고용인이 10명 이하로 따라서 상기법의 적용을 받지 않는다. 생리대 처리 시설은 직장에서 당연히 마련되야 한다.

## 쓰레기를 재생시키자

　직장에서 수거한 쓰레기는 종종 생각보다 아주 쓸모있을 수 있다. 버려진 컴퓨터 용지는 재생 폐기물 중에서 가장 높이 평가돼 높은 가격에 팔린다. 깡통이나 병 또는 음식 쓰레기 조차도 재생 이용되거나 직장내의 정원을 위한 퇴비로 만들 수 있다.

## 청소부를 돕자

　청소부들은 직장에서 보이지 않는 많은 위험들에 직면한다. 세제와 세척액을 다루는 것은 피부병을 야기시킬 수 있고, 바닥의 때를 벗기고 창문을 닦고 낙서를 지우는데 사용되는 용제들은 피부 염증과 무기력 또는 의식 불명의 원인까지 될 수 있으며, 공기 속에 떠다니는 먼지들은 눈과 목, 코에 문제를 일으킨다.

표백제와 소독제가 함께 섞일 때는 유독 가스가 형성될 수 있고 그러면 폐를 손상시키는 원인이 될 수 있다. 세척액에 대한 알레르기, 젖은 바닥으로 인한 사고, 쓰레기 청소로 인한 등과 무릎 부상 및 일반적인 질병의 위험들은 어떤 직장에서도 청소부의 일을 최악이 되게 한다.

대다수의 청소부들은 이민 노동자들과 여성이며 훈련을 거의 또는 전혀 받지 않고 있고 직장에서 권리와 자유가 거의 없다. 그들을 돕는 일에는 훈련을 시키는 것과 유독 세제를 없애는 것, 그리고 좀더 안전하고 환경에 양호한 대용품을 사용하는 것이 포함된다.

### 회사 차를 거절하자

배달을 하는 일에 관여하고 있지 않는 한은 회사 차를 보수의 일부로 받아들이지 말자. 자동차들이 회사 소유로 처리될 때 잃어버린 수입으로 납세자는 매년 수백만 달러를 손해본다.

이들 자동차들에 의해 생기는 오염원인 탄산 가스는 수백만 톤에 달해 가장 널리 퍼져 있는 온실 가스인 셈이다. 회사에서 고용인들이 개인 수송 기관을 필요로 한다면 적어도 무연인가를 확인하고 ▲촉매 변환장치가 돼있는 새로운 모델을 사자.

### 자동차를 함께 타자

출퇴근에 버스나 전철을 이용할 수 없다면 혼자 자동차를 타고 다니지 말고 자동차 합승을 시작하자. 이런 식으로 하면 비용을 줄일 수 있고 방출되는 오염과 길거리의 자동차 수를 모두 75퍼센트까지 줄일 것이다.

### 회사 자전거를 제공하자!

연료를 폭식하고 공기를 오염시키는 회사 차 대신 회사 자전거를 제공하면 어

---

▲ 촉매변환장치 : 자동차 배기가스 속의 유해성분을 무해로 변화 전환시키는 장치

떨까? 자전거는 훨씬 값이 싸서 최고로 좋은 자전거라도 4백 파운드(약 56만원) 미만이다. 자전거는 사실상 자동차에 비해 유지비가 전혀 안들고 오염을 일으키지 않으며 건강 유지에도 도움이 된다.

### 좀더 환경을 사랑하자

직장들은 환경을 위해 많은 일을 할 수 있다. 기금을 내거나 물품을 제공해 지역 단체들을 후원할 수 있고, 회사 부지의 일부에 나무를 심고 꽃을 가꾸면서 푸르게 되도록 남겨둘 수 있다. 사무실 내에 플라스틱제가 아닌 진짜 식물을 기르고 사람들로 하여금 돌보도록 하자.

직장에 푸른 환경을 조성하면 직원들의 사기에 긍정적인 영향을 미치고 보다 좋은 근무 분위기를 만들어 줄 것이다.

### 새집을 짓자

어떤 새들은 도시의 온기를 더 좋아한다. 사무용 건물과 공장들은 가끔 즐겁게도 황조롱이들을 위한 인공 서식지가 될 수 있다. 날개 길이가 최고 80센티미터인 이 화려한 새는 길가에서 눈에 잘 띄는 새인데 그것은 12킬로미터 높이에서 들쥐와 곤충들을 찾기 때문이다.

황조롱이는 도시의 높은 사무용 빌딩 꼭대기에 둥지를 틀기를 좋아하므로 집을 지어주면 도움을 줄 수 있다. 도시 지역 주변에서는 좀더 자주 위를 쳐다 보자. 이 매과의 붉은 갈색 새가 눈에 띌지 모른다.

### 다른 누군가에게 말하자

최근 기업들의 녹화에도 불구하고 일부 직장들은 고용인들을 보호하기 위해서 수익의 일부를 포기하려 들지는 않는다. 직장 보건 및 안전 법규에 의해 보호를 받기는 하지만 불평을 말하는 근로자는 승진에서 제외되거나 해고까지 될 위험에 처할 수 있다. 환경이나 대중의 건강 또는 다른 근로자들이 위험에 처할 때는 사사로운 이익은 뒤로 하고 과단성있는 행동을 해야 한다. 변호사나 민원실 또는 노동조합 등 외부에서 도움을 구하고 소송을 준비하자. 어쩌면 극단적인 관례들을 폭로하기 위해 신문에 알리는 일까지 고려해야 할 것이다.

# 스포츠와 레저

### 어디에서 먹을 것인가를 결정하자

유럽과 미국에서는 매일 3억에 달하는 사람들이 외식을 한다. 어디를 선택하는가는 무엇을 먹는가 만큼 중요하다. 그들 중 약 1억 3천만 명은 패스트 푸드 판매점을 선택해 햄버거를 비롯한 영양가가 낮은 식품들을 놀라운 속도로 먹어 치우고 있다.

수백만 톤의 휴지와 플라스틱 제품을 사용하는 패스트 푸드 판매점들은 전세계로 확산되면서 청소년들의 정상적이고 건강한 식생활 습관을 유행 식품으로 바꾸고 있다.

런던 식품위원회는 우리가 먹는 모든 햄버거에 췌장과 위장, 폐와 고환 같은 동물 내장의 찌꺼기 고기가 들어 있다고 생각하고 비프버거는 모두 합법적으로 지방을 30퍼센트까지 함유할 수 있다. 패스트 푸드는 설탕, 소금, 지방은 높고 단백질과 비타민은 낮다. 기분 전환을 하려면 잘 선택하고 포장을 낭비하지 말자. 그러면 기분도 더 좋아질 것이다.

### 유기 식품으로 디너 파티를 열자

와인에서부터 디저트까지 모든 것을 무설탕 유기 식품으로 준비하자.

### 동물이 아닌 인간 서커스를 구경하자

우리는 재미를 위해 품위없는 연기를 시키면서 동물들을 학대할 수 있다. 서커스에서 우리는 사람의 옷을 입은 침팬지들이 티 파티를 열고 원형의 불길을 통과하거나 롤러 스케이트를 타는 것을 볼 수 있고, 사자와 코끼리, 호랑이가 둥근 테를 뛰어 넘고 채찍에 휘몰리는 것을 구경한다. 그러나 당사자인 동물들에게는 이러한 재주들이 반드시 즐겁지만은 않다.

우리는 동물에 대한 이런 비인간적인 처사나 잔혹한 행위들에 대한 얘기를 자주 듣는다. 환상적인 곡예로 유명한 호주 출신의 오즈 그룹처럼 새로운 방식의 서커스를 보여주는 인간 서커스로부터 즐거움을 얻도록 하자.

### 모터 보트는 욕실에 남겨두자

가장 불쾌한 소음 공해 형태의 하나는 공중 연못의 고속 장난감 모터보트이다. 불행히도 그것은 1.6킬로미터 떨어진 곳에서까지 소리가 들려 수많은 사람들을 괴롭힐 뿐만 아니라 새들을 비롯한 야생 동물들을 놀라게 하면서 스트레스를 가한다. 이러한 종류의 고급 장난감은 결국 공중과 환경에 대한 불법 방해이다.

### 나비를 수집하지 말자

나비는 우리의 환경 상태를 나타내는 좋은 척도이다. 나비들이 많이 발견될 때는 그 지역의 생태가 일반적으로 양호함을 나타낸다. 그러나 근래에는 전세계적으로 나비의 종류가 줄어들고 있다.

영국에서 발견되는 2천 3백 종의 나비와 나방 중에서 흔하게 보이는 것은 5퍼센트에 불과하다. 전문가들의 말에 의하면 살충제와 서식지 유실, 기후 변화 때문에 적어도 122종이 심각한 위협을 받고 있는 것으로 지적된다. 그러나 나비들을 다량으로 습득해 표본으로 만드는 수집가들에게도 그 책임이 있다. 멸종 위기에 처한 나비를 수집하는 것은 불법이다.

### 사진을 찍자

휴가 중에 지역 사회의 전문가가 되도록 모든 것들을 촬영하자. 사진은 우리가 사는 모습에 대한 현대적인 기록으로 어쩌면 오늘날의 야생동물의 현장을 신랄하게 상기시키는 것이 될 것이다. 미국 국립 오드본협회는 시민들이 제공하는 아름다운 야생동물 현장 사진들이 담긴 일기장을 출판한다.

## 글로 기록하자

오늘날 우리가 당연한 것이라고 생각하는 시와 작문들의 대다수는 자연과 아름다운 자연 환경에 의해 영감을 받은 것들이다. D.H. 로렌스와 토마스 하디, 더블라 머피, J.D. 샐린저 등은 우리에게 숭배와 사랑을 받는 전원 세계를 보여 주었다.

반핵 운동가인 힐다 머렐은 고무적인 전원 일기를 써서 죽은 후에 발표되었다. 편지, 시, 일지, 일기에 자신이 살고 있는 지역에 관한 글을 써서 지방 신문과 지역 사회 및 연극 단체들에 기고하자.

## 뜨개질을 하자

뜨개질은 하나의 취미 이상일 수 있다. 인상적인 디자인으로 된 따뜻한 스웨터라면 정말 누구라도 기뻐할 것이다. 또한 뜨개질을 하면 돈이 절약되고 위안과 즐거움도 얻을 수 있다. 석유 화학 부산물로 만든 합성사는 피하고 질 좋은 털실을 사용하자. 직접 도안과 뜨개바늘을 구해 당장 시작해 보는 것이다.

## 수상 스포츠지역의 물을 점검하자

청록색의 조류(藻類)가 수상 스포츠 참가자들에게 큰 문제를 일으키고 있다. 1989년에 영국과 캐나다와 일부 유럽 국가들에서는 두터운 청록색 조류가 담수 지역들을 뒤덮어 요트 계류장과 수영지, 수상 스포츠 및 요트놀이 센터들이 수 주 동안 문을 닫았다.

현지 사람들이 그 물을 마시고 중병에 걸려 병원으로 실려갔고 영국 지역에서만 적어도 스물네 마리의 개가 죽었다. 물 속의 오물과 수경 농업으로 인한 다량의 인산염과 질산염이 중독과 관계가 있는 것으로 여겨지지만 과학자들은 아직 정확한 원인을 찾아내지 못했다. 일반인들은 이러한 조류 침범 지역에서는 수영을 하거나 수상 스포츠에 참가하지 않는 것이 좋다.

---

▲ 오드본협회 : 들새 및 야생동물 보호협회

## 무연 낚시추를 사용하자

미국에서는 해마다 약 5천 4백 79마리의 물새가 납에 중독되는데 대개는 낚시광들이 사용하는 낚시추로 인한 것으로 알려져 있다. 또한 영국에서는 그러한 낚시추가 원인이 된 심각한 백조의 손실 때문에 현재 이러한 낚시추가 법으로 금지 되어 있다. 그렇지만 낚시는 영국에서 여전히 중요한 스포츠이고 지난 수년 동안 천국의 수로에 납으로 된 추를 버리는 수많은 낚시꾼들 때문에 상당한 염려가 있어 왔다.

납은 살인마가 될 수 있다. 대신 텅스텐 중합체나 주석으로 만든 고무 중합체를 사용하자. 아직도 납을 사용하고 있다면 즉시 중단해야 한다.

## 그물을 조심하자

고기를 잡기 위해 특수 그물이나 새우잡이 통발을 사용하는 지독한 낚시꾼들은 영국에서 매년 1백 마리 이상의 수달을 살생하는 책임이 있다. 수달은 먹이를 찾아 그물 속을 들여다보다 잡히게 되고 때로는 방치된 바구니가 죽음의 덫이 되기도 한다.

## 보트를 조사하자

보트나 요트 한 대를 소유할 만큼 운이 좋다면, 대단히 유독하고 장기적인 환경의 손상과 오염의 원인으로 알려진 패러클로로메타크레솔 같은 방부제를 특별히 조심해야 할 것이다. 특히 모르는 화학 약품에 주의하고 필요한 최소량만 사용하자.

특히 트리부틸린 합성물은 영국에서 1987년에 소형 보트에 대한 사용이 금지되었지만 좀더 큰 배에는 아직도 사용이 허가되고 있다. 이것은 굴 양식장과 쇠고둥을 해치는 원인이 되는 끈질긴 오염 물질로 알려져 있다.

## 낚시 보다 물을 먼저 보호하자

종종 물이 더럽혀져 있다는 증거인 다양한 수생 동물의 감소를 제일 먼저 발견하는 낚시꾼들이 보다 깨끗한 물을 위한 캠페인에 적극 참여해야 한다. 산업으로 인한 오염이 수생 동물들을 죽이고 있다.

### 돌고래 쇼를 중단하자

인기있는 전시용 고래류의 포유 동물로는 흰줄박이 돌고래, 이가 들쭉날쭉한 돌고래, 검은 고래, 청백 돌고래가 있다. 이들이 일으킬 수 있는 신체적 정신적 스트레스와 사로잡힌 고래들의 높은 사망율에 대한 염려가 널리 확산되고 있다. 현재까지 약 4천 5백 80 마리의 작은 고래들이 전시 및 연구용으로 잡혀 왔다.

그들은 장 속에서 아름답게 보일지 몰라도 바다 속 고향에 있을 때 훨씬 더 행복할 것이다. 값싼 오락을 위해 이 아름다운 동물들이 재주를 피우는 것을 구경하는 쇼는 장려하지 말자.

### 밍크와 수달 사냥을 금지시키자

밍크 사냥은 수달을 한층 더 위태롭게 한다. 수달을 사냥하는 것은 불법이 아니지만 죽이는 것은 불법이다. 이 때문에 밍크는 사냥꾼들에게 손쉬운 대용품이 되었다. 이들은 강둑을 따라 사냥개 떼에게 쫓기면서 근처의 모든 다른 야생동물에게도 불안과 공포를 불러일으킨다. 이 스포츠는 여우 사냥철이 끝나고 다른 사냥철이 시작되는 사이에 이루어진다. 밍크나 수달 사냥을 정당화하는 과학적이거나 역사적인 이유는 없다.

### 산토끼 사냥은 야만적이고 잔인한 스포츠이다

영국에서는 산토끼의 수가 심각하게 감소되고 있는데 주요인은 서식지의 파괴와 계획적인 도살이다. 고의적인 산토끼 살해는 무익하고 잔인한 스포츠이다. 사냥광들은 한 떼의 개를 훈련시켜 산토끼를 약 1시간 반 동안 달아나다가 기진 맥진해 쓰러지게 한다. 이 스포츠는 조직적이고 비용이 꽤 들며 야만적이다. 산토끼 사냥을 정당화할 구실은 전혀 없다.

## 여우는 해로운 동물이 아니다

여우는 농사를 위협하는 동물이라고 믿어지지만 사실상 여우의 먹이습성은 농부에게 이득이 된다. 여우는 토끼와 쥐, 들쥐, 지렁이, 곤충, 딱정벌레, 떨어진 과실, 야생 및 가축 동물과 새의 시체들을 먹는다.

여우는 서투르게 수용된 집 짐승의 약점을 이용하나, 농업 당국의 발표에 의하면 여우에게 잡아먹히는 양의 수는 5퍼센트로 미미하며 10내지 24퍼센트는 체온 저하나 영양 실조 또는 질병으로 죽는다.

떠돌아다니는 여우는 농부들이 총으로 쏘거나 덫으로 잡을 수 있지만 여우 사냥은 개와 곰을 못살게 구는 것과 같은 목적을 갖고 있으므로 야만 행위로 간주되야 한다. 스포츠를 위한 폭력적이고 잔인한 여우 살상은 막아야 한다.

## 골프장을 잘 보살피자

골프장은 살충제가 뿌려지지 않는 한은 야생동물을 위한 훌륭한 장소이다. 이 스포츠를 위해 확보된 땅은 잠재적으로 중대한 야생동물 보호 구역이 된다.

경작되지 않은 울퉁불퉁한 땅은 야생의 동식물들에게 가장 비옥한 땅으로 두꺼비와 커다란 볏이 있는 ▲영원 같은 희귀한 종들에게 안식처를 제공한다. 오소리와 여우는 이러한 지형에서 새끼를 낳고 싶어하고 자주 찾아오는 새들의 숫자도 해마다 늘고 있다.

골프장의 야생동물을 보호하기 위해 살충제와 화학 약품을 살포하지 말자. 골프장 회원이라면 위원회나 종업원들에게 반드시 골프장 소유 토지의 중요성을 주지시키자.

## 선 베드는 위험하다

미국 의학협회는 1985년에 선 베드의 계속적인 사용에 대해 경고를 했다. 보고서에서 본 협회는 '햇볕에 태우는 미용술로부터 얻는 의학적인 이익은 알려진 바 없다'고 결론을 내렸다. 최근에 유행하고 있는 간막이 일광욕실에서 강도 높

---

▲ 영원 : 도롱뇽과의 동물

은 UVA 방사선을 쬐는 것은 건강에 위험하다. 특별히 가정에서 그것을 이용하는 이들을 위한 이용자 기준은 거의 찾아보기 힘들다.

  대부분의 전문가들은 피부에 관심이 있는 사람들에게 선 베드 사용을 삼가하라고 충고한다. 한 보고서의 결론에 의하면 적어도 가정용 선 베드 이용자들 가운데 5분의 1이 눈 손상을 막기 위해 필수적인 보호 안경을 착용하지 않는다고 한다.

# 여행

## 자동차 없이 지내자

 세계의 자동차 수는 1987년에 4억 대를 넘어섰고 거의가 북미와 유럽에 집중되어 있었다. 자동차는 전세계 석유의 3분의 1을 쓰고 전세계 대기 오염의 2분의 1을 발생시킨다. 자동차는 교통 혼잡을 통해 연간 8조 파운드(약 11,200조원)를 낭비하고 또 사고로는 3조 파운드(약 4,200조원)를 소비하게 하고 영국 한 나라에서만 매년 5천 5백 건의 중대한 사고를 일으킨다.

 자동차는 이제 일찍이 발명된 것들 중에서 가장 위험하고 비경제적이며 환경을 오염시키는 수송 형태이다. 대안을 찾아볼 시기가 아닐까? 정말로 자동차가 필요하다고 느낀다면 아래에 제안한 내용들에 주목해야 한다. 하지만 자동차 이용이 지지를 받을 수는 없다.

## 자동차를 집에 두고 다니자

 쇼핑 센터와 사무실 근처의 주차장 이용비가 점점 비싸지고 있다. 런던에서의 주차비는 하루 20파운드(약 2만 8천원) 또는 연간 5천파운드(약 7백만원) 이상이고 뉴욕시의 한 분양 아파트 차고의 주차 공간은 2만 9천달러(약 4천만원)의 비용이 든다.

 캐나다 토론토의 시 당국은 지나친 오염과 교통 체증과 사고 때문에 높은 주차비를 책정해 도시에서의 자동차 이용을 감소시켜 왔다. 시내로 갈 때는 자동차를 집에 두고 외출하자. 현재 주차장으로 이용되는 땅들은 좀더 생태학적으로 건전한 용도로 전환될 수 있다.

## 버스를 이용하자

232 직장에서의 자연보호와 녹색레저

자동차 - 개인주의의 전당

  버스 한 대는 자동차 한 대보다 더 적은 연료로 거의 1백 명의 승객을 수송할 수 있다. 분명히 버스 한 대는 똑같은 수의 승객을 수송하는데 필요한 수백 대의 자동차보다 공간을 덜 차지한다.

  만일 자동차 여행 중에서 5퍼센트가 버스로 대체된다면 매년 일산화탄소와 아황산 가스, 이산화 질소, 납 같은 위험한 배기물을 25만 톤 줄일 수 있다. 버스는 자동차보다 값이 더 싸므로 좀더 많은 사람들이 버스를 이용하고 이것을 찬성하는 운동을 벌이면서 고집할수록 더 많은 버스가 생산될 것이다. 그러니 이제부터 버스를 타도록 하자.

### 발을 사용하자

  걷는 것은 우리 생활의 대단히 중요한 부분이다. 모든 간단한 여행의 74퍼센트는 8킬로미터 이하이고 대부분은 도보 여행이다. 최근 런던에서의 전철 파업 동안에 많은 사람들이 걸어서 직장에 출근하기 시작했고 사실상 즐겁다는 것을 발견했지만 도로 상태는 자주 위험이 도사리고 있었다.

보행자는 자동차 승객보다 도로상에서 지나치는 자동차에 의해 목숨을 잃을 가능성이 더 크다. 그러나 보행자들에게 길에서 안전할 기회란 거의 주어지지 않고 있다.

▲연석과 포장도로 관리, 인도 주차, 개의 배설물, 횡단보도의 안전 결여 등은 보통의 보행자들이 느끼는 문제의 일부에 불과하다.

## 자동차를 빌리자

당연히 자동차 없이는 정말로 하고 싶은 일을 할 수 없는 때가 있다. 필요할 때에 좋은 렌트카 회사를 찾아 자동차를 빌리면 어떨까? 단 무연 휘발유를 사용하고 촉매 변환장치가 달린 자동차인가를 확인하자.

도로세, 보험, 수리비 등을 지불해야 할 필요가 없으므로 그것이 결국에는 더 싸게 먹힌다. 그렇지만 반드시 자동차를 조심스럽게 다루어야 한다. 많은 운전자들에 의해 혹사된 자동차는 수명이 짧아진다.

## 안전과 지구를 위해 자전거를 타자

자전거를 타는 것은 단연 이제껏 발명된 것 중에서 가장 에너지 효율적인 수송 형태이다. 자전거는 자동차보다 조립 비용이 덜 들고 주차가 더 쉽고 보행자에게 더 안전하며 오염을 일으키지 않고 유지가 쉽다. 자전거를 타도록 하자. 여행에 그보다 더 좋은 방법은 없다.

## 시내는 자전거로 돌아다니자

자전거 타기 시범은 지역 내에서 자전거를 타는 다른 이들로부터 지지를 얻고 자전거 여행자의 수를 늘리는 훌륭한 방법이다. 자전거 타는 사람들을 모아 함께 시내를 돌아다니도록 하자. 자전거 전용 차선의 가능성을 조사하고 지역 당국에 로비를 벌이자. 다른 자전거 이용자들에게 보다 나은 시설을 위한 청원

▲ 연석 : 차도와 보도 또는 차도와 가로수 사이의 경계가 되는 돌

서에 서명하도록 부탁하는 것도 좋은 방법이다.

## 안전하고 쾌적한 기차 여행을 하자

영국에서는 공공 보조금이 줄어들고 있음에도 불구하고 철도 여행객 수가 증가하고 있다. 현재의 정부 방침은 앞으로 수년 내에 철도 보조금을 완전히 없애는 것이다. 그러나 유럽의 다른 국가에서는 완전히 다른 상황이 나타나고 있다. 이탈리아의 토리노는 87퍼센트의 보조금으로 최고이고 그 다음으로는 로마와 로테르담의 81퍼센트이다.

장거리 여행에는 기차가 가장 능률적이고 안전한 여행 형태이다. 그리고 종종 가장 쾌적하다. 기차가 달리고 있는 동안에 걸어 돌아다닐 수 있고 어린이들과 안전하고 쉽게 여행하면서 먹고 잠까지 잘 수가 있다. 기차 보조금의 재책정을 위한 운동을 벌이고, 자동차 전용도로에서 오염을 일으키는 자동차들을 없애며, 사람들로 하여금 다시 객차로 돌아가게 하자!

## 승차권을 입수하자

철도권이나 여행 카드 또는 정기 승차권을 구입하면 대중 교통수단의 이용과 비용 억제에 도움이 될 것이다. 또한 차장이나 승차권을 받는 이들이 더 편해지고 결국에는 기차와 버스를 이용하는 사람들의 왕래가 더 신속해진다.

정기승차권의 판매 수입은 수송 계통의 여유있는 계획 수립을 가능하게 해 서비스가 더 좋아진다. 마지막으로 중요한 것은 하루에 두세 장이 아니라 한 달 또는 1년 승차권을 구입하면 종이를 덜 낭비한다는 사실이다.

## 자동차를 함께 타자

자동차를 소유하고 있지 않아도 필요하다면 여전히 탈 수 있는 방법이 있다. 가까이 사는 친구 여러 명을 모아 자동차 한 대를 공유하면 어떨까? 또는 정말로 필요할 때 자동차를 대여하기 위해 지역사회 센터나 기관과 연결되는 것도 좋은 방법이다.

## 날씨가 나쁠 때는 운전을 삼가하자

날씨가 나쁠 때는 사고 위험이 증가할 뿐만 아니라 온도가 6도씩 떨어질 때마다 약 3퍼센트의 연료 손실이 있으므로 운전을 삼가해야 한다. 눈비 속에서 운전하는 것은 가솔린 효율을 10퍼센트 가량 감소시키고 바람은 주행 거리를 떨어뜨린다. 그러므로 다른 때에 여행을 하고 불가능하면 대안으로 대중 교통수단을 생각해 보자.

## 도시에서의 자동차 이용을 피하자

시내에서 자동차를 운전하면 자동차 전용 도로에서 비슷한 거리를 운전할 때보다 적어도 연료가 두배나 더 든다. 런던 같은 도시에서는 종종 평균 속도가 시간당 약 16 킬로미터로 1백 년 전의 마차보다 오히려 더 느리다. 버스나 택시, 전철 또는 자전거를 타거나 걷는 것에 비해 시내에서는 자동차가 분명히 가장 느린 수단이다.

## 자동차에서 잡동사니를 제거하자

장거리 운전을 시작하기 전에는 자동차를 점검해야 한다. 운전자는 여러 가지 도구와 여분의 배터리를 싣고 다니는 것이 절대로 중요하다고 느낄지 모르나, 자동차가 가벼울수록 연료가 덜 소모되고 오염도 덜 생길 것이다. 무게가 45킬로그램 추가될 때마다 가솔린 효율이 1퍼센트씩 감소한다.

## 좀더 자연을 보호하는 자동차를 구입하자

자동차 없이는 살 수 없다면 되도록 환경에 거의 해를 미치지 않는 자동차를 선택하자. 무연 가솔린으로 움직일 수 있고 세 방향의 촉매 변환장치를 갖춘 자동차를 구입한다. 그리고 연료 효율을 확인하고 필요 이상 큰 자동차는 피한다. 이것이 환경을 위해 가장 중요한 선택의 하나일 수 있으니 필요한 정보를 모두 얻어 현명한 선택을 해야 한다. 자동차 이용에 대한 캠페인을 벌이는 환경 보호 단체들과 접촉해 신중하게 정보를 수집하자.

## 중고 자동차를 고려하자

　중고 자동차는 처음에 살 때는 값이 더 쌀지 모르나 훨씬 더 많은 유지비가 들 수 있다. 엔진이 오래 될수록 효율이 떨어져 연료와 기름이 더 많이 든다. 자동차의 수명은 아주 빨리 단축되어 왔다. 자동차는 좀더 자주 새 자동차를 사게 하기 위해 쇠퇴를 염두에 두고 만들어진다. 중고 자동차는 새 것보다 더 많은 작업과 관심을 필요로 하는 경향이 있다.

## 촉매 변환장치를 달자

　자동차가 있어야 한다면 자동차 한 대 당 일산화탄소와 이산화질소 방출을 75 퍼센트 줄여줄 촉매 변환장치의 구입을 고려해야 한다. 자동차 배기 가스는 산성 비와 지구 온도 상승의 원인이 되는 온실 효과와 같은 심각한 해를 일으킨다.
　촉매 변환장치의 이용을 고려하는 것이 아주 중요하다. 영국 회사인 존슨 매티는 세계적인 촉매 변환장치의 주요 제조업체 가운데 하나이지만 대부분의 생산은 해외 시장을 위한 것이다.

## 단거리 자동차 여행을 피하자

　가솔린을 낭비하는 가장 쉬운 방법은 추운 날에 자동차로 짧은 여행을 떠나는 것이다. 그러면 차량을 관리하고 안전을 의식하면서 절약해 온 귀중한 연료를 모두 낭비할 수 있다. 추운 날씨에는 자동차의 준비 운동 시간이 더 길어져 연료를 한층 더 낭비하게 된다. 짧은 거리는 걷거나 자전거를 타자.

## 브레이크를 점검하자

　자동차 브레이크는 아주 중요한 부분이므로 정기적으로 점검해야만 한다. 브레이크액의 손실이 가장 흔한 브레이크 고장의 형태로 수압 계통에서의 누출이 그 원인이다. 브레이크액의 정도를 정기적으로 점검하면, 연료와 에너지 뿐만 아니라 생명도 아끼는 것이다.

## 자동차를 보살피자

영국 법에 자동차는 교통성(MOT)의 시험에 통과해 도로 사용을 위한 일정한 필요 조건에 부응해야 한다고 되어 있다. 대부분의 자동차들은 해마다 검사를 받아야 하나, 에너지를 절약하고 오염을 줄이기 위해서는 운전자가 자동차를 정기적으로 검사하고 관리해야 한다. 자동차를 조정하면 연료 사용이 5퍼센트나 줄어들 수 있고 브레이크, 반사경, 타이어, 안전 벨트, 배출 장치, 계기, 완충 장치, 라이트 등에 대한 점검은 모두 안전운행을 보장한다.

## 여행을 계획하자

필요한 최소량의 연료를 사용하기 위해서는 여행을 신중하게 계획해야 한다. 피크 아워가 아닐 때에 여행하고 되도록 교통신호등에 자주 걸리지 않으면 연료 절약에 도움이 된다. 가능하면 혼잡한 도시는 피하자. 자동차 클럽에 연락해 여행 계획에 대한 도움을 얻자.

## 자동차 내의 CFC를 재생시키자

미국에 본부를 둔 온실 위기 극복 협회에 따르면 자동차의 에어컨은 매년 자동차 한 대당 대기 속에 평균 1.1킬로그램의 CFC를 방출하는 원인이 된다. 에어컨을 재충전시키면 0.4킬로그램이 더 방출된다. 이것이 미국에서 CFC 방출의 주요 출처 가운데 하나이고 유럽 전역에서 점점 더 많은 자동차들이 에어컨을 설치하게 됨에 따라 문제가 확대될 것이다. 에어컨 서비스 및 수리 기간 중에 CFC를 재생 이용하고 줄일 수 있는 기계를 구할 수 있다. 반드시 이러한 조처를 요구하자.

## 최상품 오일을 사용하자

자동차에 오일을 사용하는 것은 엔진의 수명과 효율을 위해 대단히 중요하다. 오일은 엔진 마찰을 줄이기 때문에 품질이 좋을수록 자동차의 에너지 효율을 더 좋게 한다. 또한 제조업체가 권장하는 것처럼 오일을 자주 교환해 주어야 한다. 손쉽게 알아볼 수 있게 매번 교환할 때마다 기록을 해두자.

## 무연 가솔린을 사용하자

영국에서는 현재 그 정도가 줄어들고 있긴 하지만 매년 자동차 배기가스를 통해 2천 5백톤 이상의 납이 생산되고 있다. 이것은 어린 아이들의 뇌 손상을 비롯한 중병의 한 원인이 된다. 특히 무연 가솔린은 값이 더 싸므로 많이 이용하자. 영국 자동차의 45퍼센트 이상은 이제 무연 가솔린을 사용할 수 있다. 아직 그렇게 해오지 않았다면, 그리고 자동차의 개조가 가능하다면 즉각 무연 가솔린을 사용하기 시작하자. 많은 회사들이 무료로 또는 지극히 싼 비용에 무연 가솔린용으로 개조를 해준다.

## 시속 80킬로미터를 준수하자

자동차 전용 도로를 비롯해 도로상에서는 꾸준히 시속 80킬로미터로 운전하는 것이 더 안전하고 연료 사용양을 줄일 수 있다. 시속 110킬로미터로 운전하면 열 소비 효율이 25퍼센트나 떨어지고 따라서 훨씬 더 많은 오염을 발생시킨다. 물론 과속은 사고를 낼 가능성이 더 크다는 사실을 의미한다.

## 타이어를 점검하자.

적어도 2주에 한 번, 그리고 장거리 여행 전에는 반드시 자동차 타이어를 점검하자. 마모되거나 손상된 타이어는 불법이고 위험하다. 접촉면과 안쪽에 갈라진 틈이나 날카로운 물질이 없는지 조사하자. 측면부의 불룩한 부분은 특히 위험하다. 공기압이 올바로 되어 있을 때에 자동차 타이어는 작업 효율의 최고 10퍼센트까지 절약해줄 수 있다.

## 래디얼 타이어를 사용하자

래디얼 타이어는 ▲크로스 플라이 타이어와 비교할 때 연료 효율을 4퍼센트나 높일 수 있다.

## 차창에 색유리를 사용하자

미국 정부의 말에 의하면 새로운 조사들에서 연한 색의 자동차들이 다른 자동차보다 공기 조절을 덜 필요로 한다고 한다. 가능하면 에어컨이 부착된 자동차를 구입하지 말자.

에어컨은 모두 CFC를 사용해 오존층을 파괴한다. 또한 에어컨은 1킬로미터당 연료 소비가 더 많아 경비가 더 들고 오염도 더 일으키며 영국에서는 반드시 필요한 것이 아니다. 현재 미국에서 널리 이용되고 있는 태양열 에어컨을 주문하면 어떨까?

## 운전을 좀더 능숙하게 하는 법을 배우자

어떤 운전 교사는 이렇게 한탄했다. '사람들이 찾아와서 평생 안전하게 운전

---

▲ 크로스 플라이 타이어(cross ply tyre) : 내부 섬유가 교차하도록 겹쳐서 만든 타이어

하는 방법을 가르쳐 달라고 부탁하면 좋으련만. 그들은 운전 시험에 합격하게 해줄 것만을 요구한다.' 우리의 운전 태도는 생명을 구하기 위한 것만이 아니다. 미리 속도를 충분히 줄이고 서서히 가속하면서 합리적인 속도로 운전하는 것이 가솔린을 절약하고 공해도 덜 일으킨다.

## 자동차 구입시 특별 우량품을 피하자

요즈음의 거대한 자동차 시장에서는 자동 창문 및 부속품과 담배불을 붙이는 것에서부터 카세트를 바꾸는 것까지 상상할 수 있는 모든 변덕스런 장치가 부착된 특정 모델을 사도록 고객을 유혹하고 있다. 끊임없이 늘어나고 있는 특별 우량품들이 선을 보이고 있는데 이 모든 것들은 파워 스티어링, 파워 브레이크, 에어컨 같은 다른 것들과 함께 차량에 무게를 가중시키고 작동에 필요한 엔진의 동력을 증가시킨다.

## 에어컨을 사용하지 말자

에어컨에 가장 많이 이용하는 것은 오존층을 고갈시키는 CFC 12가 사용되며 이는 자동차에 탑재되어 있다. CFC는 냉방 장치를 설치하는 도중이나 누수가 있을 때에 방출될 수 있고 CFC 대용품으로 제시되고 있는 CFC 12와 DME 애지오트로프의 혼합물도 온실 가스이므로 여전히 문제를 일으킨다.

에어컨이 부착된 자동차를 사지 말자. 극도로 더운 나라에서는 아주 힘들겠지만 영국에서는 분명히 그것이 가능할 것이다.

## 자동차 타이어를 재생시키자

자동차 타이어에 대한 재생 계획은 에너지와 자원을 절약하나 이용이 불충분하다. 타이어의 고무를 1킬로그램 재생 이용하면 농장에서 고무를 생산하는데 드는 에너지의 71퍼센트가 절약될 수 있다.

매일 약 66만 개의 타이어가 생산되는 미국에서는 연간 오직 20만 개가 재생 이용될 뿐이다. 기업들은 재생 이용 계획을 도입하고 있고 현재 대부분의 타이어들에는 약 10퍼센트의 재생 고무가 들어간다. 타이어를 교환할 때 재생 고무 타이어를 부탁하자.

## 인도에 들어가지 말자

일부 자동차 운전자들은 특히 좁은 도로에서 충돌을 방지하기 위해서 또는 순전히 게으르기 때문에 자동차를 인도에 주차시킨다. 그러나 그것은 위험한 행동으로 본래 아주 무거운 금속을 견디도록 설치된 것이 아닌 보도와 연석에 수백만 파운드 상당의 손상을 입히고 있다. 또한 그것은 특히 맹인들을 비롯한 신체장애자와 유모차에 아이를 태우고 다니는 보행자들에게 막대한 폐를 끼친다. 분별있게 주차하고 필요하다면 몇 분 더 걷도록 하자.

## 새 도로 건설 계획에 반대하자

캘리포니아 교통국은 새 도로 건설에 610억 달러(약 43조원)를 투입한 후에야 비로소 어떤 더이상의 도로 건설로도 운전자의 자유로운 운행을 보장하지 못하리라는 사실을 인정했다.

영국에서는 매일 10만 마일(16만 킬로미터)의 교통 혼잡을 가중시킬 새 자동차들이 팔리고 그로 인해 주요 온실 가스인 이산화탄소가 25만 톤이나 더 생산된다. 정부는 계속 더 많은 도로를 건설해야 위기를 해결할 수 있다고 생각해 왔으나 여전히 더 나아진 것은 없다.

오랜 연구에서는 새 도로 건설 계획들이 모두 단기간에만 도움이 되고 곧이어 더 많은 자동차와 운반차와 무거운 화물 트럭을 끌어들여 교통 체증을 더욱 악화시킬 뿐이며 한층 더 심한 공해의 원인이 된다는 사실이 증명되었다. 새 도로 계획을 지지하지 말고 특히 시내에서는 절대로 필요하지 않는 한은 운전을 하지 말자. 그러면 새 도로를 건설하는 미친 짓을 막을 것이다.

## 교통을 진정시키자

영국에서는 매년 인가가 밀집한 지대의 도로에서 5천 5백명이 사고로 중상을 입거나 죽는다. 자동차는 도로와 자동차가 우리 지역 사회의 중요한 특징이 되게 하면서 오랫동안 보행자보다 더 중요하게 여겨져 왔다. 오염과 소음으로 부터 안전의 결여는 문제의 일부에 불과하다. 주거 지역의 많은 도로들은 자동차 출입을 봉쇄할 수 있다.

교통 진정 계획에는 인공 언덕, 보행자 지역 만들기, 보다 넓은 일방 통행도로 건설, 벽돌과 ▲알돌을 사용해 자동차를 감속시키는 이면 도로 등이 있다. 이 모든 조치들이 지방위원회와 관리들에 의해 이루어질 수 있지만 거주민들의 동의를 얻어야 한다. 일반인들도 아이디어를 내놓고 보다 좋은 지역 환경을 위해 토론을 할 수가 있다.

### 쓰레기를 창 밖으로 버리지 말자

자전거를 타는 사람이나 보행자 또는 다른 자동차 운전자라도 어떤 운전자가 창문을 내리고 담배 꽁초나 과자 포장지 등을 내던지는 것을 보는 것보다 더 불쾌한 일은 없다. 그것은 단순히 나쁜 버릇이 아니라 환경을 해치는 행동이다. 절대로 삼가하자.

### 거리에 소금을 뿌리지 말자

몹시 추운 날씨에는 눈과 얼음이 위험할 수 있지만 거리나 국도 또는 시내 도로를 치우기 위해 소금을 사용하는 것은 환경에 영향을 미칠 수 있다. 근처의 물에 염분이 섞이게 되어 야생동물에게 해를 끼칠 수 있기 때문이다. 자동차 또한 손상된다. 아주 추운 나라에서는 가끔 소금이 필요하겠지만 그렇지 않은 나라에서는 대개 모래만으로도 충분하다.

### 비행기 여행에 종이사용을 억제하자

우리는 비행기 내에서 냅킨, 머리 받침, 음식, 기구 포장지로 깜짝 놀랄 만큼

---

▲ 알돌 : 지름이 25cm 정도 되는 둥근 돌

엄청난 양의 종이를 사용한다. 물론 모두 하얗게 표백돼 있고 나무로 만든 것이다.

  비행기로 여행할 때는 가능한 종이를 절약하도록 노력하고 우선은 받지를 말아야 한다. 종이를 받았다가 사용하지 않고 돌려주면 항상 그냥 버려진다는 사실이 발견되었다. 매일 매 초 마다 1백만 명이 비행기를 타고 내린다. 그것은 수십억 톤의 종이가 사용되고 버려지거나 또는 사용되지 않은 채로 버려진다는 의미이며 사실상 나무가 수백만 그루씩 헛되게 파괴된다는 의미이다.

### 공중 전화에는 동전을 사용하자

  다시 사용할 수 있는 동전이 있다면 전화를 걸기 위해 쓰고 버리는 플라스틱을 사용할 필요가 있을까? 미국에서는 종종 크레디트 카드도 사용할 수 있는데 이것이 영국에서는 일회용 전화 카드에 사용되는 수백만 개의 플라스틱 대신에 단 한 개의 쓰고 버리는 플라스틱을 사용하지 않음으로써 절약을 할 수 있다는 의미이다. 현재 영국에서도 몇몇 전화기에는 크레디트 카드가 사용될 수 있으니 찾아보자. 그러나 가능하면 언제나 동전을 사용하자. 그리고 정부에 크레디트 카드 전화기를 늘려달라고 요청하자.

# 휴가

### 단체 휴가를 예약하지 말자

대개 일괄 알선 여행 중개인들은 지역 환경이나 지역 사회에 대한 의식이 거의 또는 전혀 없어서 휴가객들이 즐겁게 지내기만 하면 된다는 태도이다. 1989년에는 1천 2백 50만 명의 영국인들이 그리스나 터키 또는 세이셸처럼 이국적으로 들리는 나라로 여행을 떠났다.

불행히도 단체 관광을 가능하게 하기 위해 설치되야 하는 하부 조직은 현지인들과 환경을 희생시킨다. 영국에서 일시적으로 불경기가 생기면 여행 중개인들이 특급 호텔에 대해 더 낮은 가격을 원하고 그것은 현지인들이 재정적으로 제값을 받지 못한다는 의미이다. 곧이어 지역사회는 뒤에 남겨진 쓰레기와 폐기물을 처리하는 책임을 떠맡게 되고 가끔은 절실히 필요한 외화가 영국인 중개인들에게 돌아간다. 직접 휴가를 계획해 방문국을 도와주자. 일괄 알선 휴가 여행은 신청하지 말자.

### 발전을 위한 휴식에 투자하자

일부 여행사들은 자선 단체 역할을 하면서 수익의 전부를 훌륭하고 지속적인 개발 계획 지원에 재투자한다. 그러한 여행사 중 하나는 노스 사우스 트래블(남북여행사)로 북쪽(유럽과 북미 등)에 있는 사람들과 남쪽(인도와 남아시아 등)에 있는 사람들 사이에서 휴가를 조성하고 있다. 그러한 여행사들을 통해 휴가를 예약하면 방문국의 가치있는 사업도 지원할 수 있다.

### 환경을 아끼는 회사를 지원하자

수익과 자원을 환경에 재투자하는 휴가 전문 여행사들이 점차 늘고 있다. 일부는 휴가지가 있는 국가에서 운영되는데 이를테면 야생동물 보호 단체들을 지원하고 몇몇 회사들은 인간이 환경에 미치는 영향을 조사하는 주요 연구 사업의 기금 적립을 돕고 있다. 그들을 통해 휴가를 예약하고 단골 여행사에 비슷한 종류의 지원을 고려해 보라고 요구하면 이러한 회사들을 도울 수 있다.

## 모험적인 특별 휴가를 선택하자

달 여행 대기자 명단에 9만 2천 명의 북미인들이 끼어 있다는 사실을 알고 있는지? 우리들은 대부분 귀중한 휴가에서 어떤 흥미와 재미를 기대하지만 우주로 쏘아 올려진다는 생각은 분명히 적성에 안 맞는다고 말하는 이들이 있다.

환경을 덜 해치는 휴가(이 점에서 달 여행은 불행히도 합격점을 못 딴다.)를 선택한다는 것은 곧 미리 정확한 계획을 하고 준비를 한다는 의미이다. 도보 여행과 캠핑 여행은 난초가 자라는 오래된 삼림지대를 걸어서 통과할 계획이 아니라면 훌륭한 여행이다.

고도로 신중하게 계획된 휴가라면 환경을 침해하기 보다 오히려 고려할 것이다. 모험적인 휴가는 다른 사람들도 즐기도록 그 지역에 손을 대지 않은 채로 떠날 때가 최고이다.

## 활동적인 휴식을 취하자

바위 타기, 조랑말 타기 여행, 하이킹, 항해, 카누 타기, 등반 등은 모두 활동적인 휴가를 더 좋아하는 이들을 위한 상쾌한 경험들이다. 선택할 수 있는 종류는 수없이 많고 대부분은 휴식의 중요한 부분으로 환경에 대해 건전한 경의를 주입시키려 노력한다. 그리고 언제나 초심자가 참여할 수 있는 여지도 있다.

## 직접 농장을 체험하는 휴가를 떠나자

아직도 가끔은 아주 다양한 과일과 채소들을 갖추고 직접 농장일을 경험하게 하는 농장들이 많다. 그것은 휴가의 기쁨과 직접 신선한 식품을 선택하는 즐거움을 동시에 느낄 수 있는 방법이다. 물론 관심있는 특별한 농작물이 제철인 때여야 휴가로 즐길 수 있다. 어쩌면 모든 사람들이 다가오는 겨울에 대비해 가장 좋은 제철 과일과 채소를 수확하고 병조림하며 저장하도록 수확기에 2주간의 휴가를 가져야 할 것이다.

## 사냥 휴가는 사절하자

사냥 휴가는 특히 멸종 위기에 처한 동물을 포획하거나 사살하는 것이 위주일 때는 대단히 야만적인 형태의 즐거움을 제공한다. 미국에서는 매년 2억 5천만 마리의 동물이 사냥 휴가객들에 의해 목숨을 잃는 것으로 추정된다.

남미와 아프리카에서 사냥 탐험대들이 가장 소중하게 여기는 수렵 기념물 가운데 하나는 역시 위기에 처한 열대 우림에서 발견되는 절멸 직전의 야생 고릴라이다. 코뿔소, 표범, 호랑이, 파충류들 또한 사냥 대상이다. 대개 인간의 활동에 의해 수많은 종류의 동물이 외관상 절멸 단계에 있으니 피를 흘리는 별난 스포츠는 지지하지 않아야 한다.

## 투우는 구경하지도 지원하지도 말자

스페인과 포르투칼, 남미의 투우는 삶과 죽음을 축하하는 잔인한 방법으로 논쟁의 여지가 있다. 수천년 전에 크레타섬에서 신에게 제물을 바치기 위해 시작된 투우가 이제는 단순히 관광객을 위한 스포츠가 되었다.

해마다 투우로 수천 마리의 황소와 수백 마리의 말들이 죽음을 당하거나 불구가 된다. 스페인에서는 투우 입장권으로 매년 1억 달러 이상이 쓰이는데 이 돈은 대부분 관광객들로부터 나온다. 투우가 실시되는 나라로 휴가를 떠날 때는 그것을 지지하지 말자.

## 국립공원을 찾아가자

캐나다와 미국의 광대한 국립공원들은 대개 캠프장과 수도와 지도, 전망대들을 갖추고 관광객들을 위해 조성된다. 일부 국립공원은 완전히 야생으로 남아 있으므로 입장하기 전에 상당한 주의가 있어야 한다. 종종 그러한 공원들에서는 전설상의 야생동물이나 장엄한 경치를 볼 수 있다. 영국제도의 국립공원들 또한 방문해볼 가치가 있는데 장단기 휴식을 위한 호텔과 휴가 센터에서는 침대 및 아침 식사가 제공되는 숙박 시설을 제공한다.


## 사파리에서 동물을 추적하지 말자.

▲가젤은 몸 속에 있는 물의 정교한 균형 때문에 아프리카 같은 더운 기후에서 적절한 먹이와 물이 없이도 오랜 기간 동안 생존할 수 있다. 이 아름다운 동물을 촬영하고 싶어서 지프를 타고 따라갈 때 무심코 그들을 죽일 수가 있다. 즉 스냅 사진을 찍기 위해 추적하다 보면 동물이 기진맥진해 그 자리에서 죽는 경우가 있다. 이러한 이유만으로도 사파리 휴가는 야생 동물을 이용하는 또다른 방법에 불과하지 않도록 신중하게 관리될 필요가 있다.


## 스키를 보존하자

스키 휴가는 휴가 행락객들이 환경에 관심을 갖게 되는 또다른 방법이 되었다. 지난 수 년에 걸친 유럽 스키장들에서의 눈 부족으로 미국 시장이 크게 되었다. 그 변화는 지구 온도 상승으로 인한 것일 수 있지만 아무도 지금 당장으로서는 전적으로 확신할 수 없다. 그러나 스키 자체가 그 지역의 생태 균형을 위협하고 붕괴시킨다는 점은 기억해야 한다. 새의 서식지가 고갈되고 알프스 산악 전역에서 숲을 쳐낸 것이 야생동물들을 더욱 위협했으며 나무 보호가 부족했기 때문에 산사태가 더 자주 일어났었다.


## 카누를 즐기자

카누 휴가는 심약한 이들을 위한 것이 아니다. 카누 휴가는 격렬할 수 있지만 재미있고 대단히 권장할 만하다. 최근에 운이 좋아 캐나다에서 카누를 즐기며 한동안을 보냈는데 물에서 전에 일찍이 봐왔던 것보다 더 많은 야생동물을 발

▲ 가젤(gazell) : 북아프리카와 아시아 산의 영양

"여행을 하면 마음이 넓어질 수 있다. 지구를 오염시킬 수도 있고."

견했다.

  카누는 환경을 해치지 않는다. 인디언 원주민들은 수백 년 동안 카누를 이용해 왔고 비교적 안전하고 비용이 적게 든다. 캠핑과 카누를 하러 간다면 주변에 쓰레기를 남기지 말고 집으로 가져가 신중하게 처리하도록 하자.

## 사이클링 휴가를 보내자

  생각처럼 그렇게 격렬하지는 않은 사이클링 휴가는 당일치기 여행에서부터 비교적 긴 거리까지 다양하게 가능할 수 있다. 사이클링은 오염도 없고 가솔린도 필요없이 순전히 사람의 힘으로 돌아다니기 위한 수단이다. 많은 휴가 알선 회사들이 선택 품목으로 사이클링 여행을 제공하지만 좋은 지도와 안내서만 있으면 아주 쉽게 직접 계획할 수가 있다.

## 즐기면서 공부하자

자연 연구 휴가를 선택해 보도록 하자. 현장 학습 단체, 여름 캠프 및 코스들은 자유 시간을 보내면서 그 과정에서 배우는 실질적인 방식을 제공한다. 즐기면서 배운다는 아이디어가 이상하게 들릴지 모르나 생각보다 더 재미있을 수 있다. 환경의식과 생태와 자연 학습 과정들은 학교에서 놓친 모든 것들을 발견하는 훌륭한 방법이 된다. 또한 같은 취미를 가진 사람들도 만날 수 있을 것이다.

## 벽지로 가자

황무지의 외딴 오두막집과 통나무집들은 모든 것으로부터 벗어나고 싶어하는 이들에게 멋진 휴가를 제공한다. 자연과 야생동물 잡지들은 가끔 그러한 집들에 관한 광고를 게재하고 있으니 그냥 걷고 조류를 관찰하면서 휴식을 취할 수 있다.

## 미식가가 되자

세계적인 채식주의 안내서들은 휴가를 보내는 동안 잘 먹는 방법을 제시해 줄 수 있다. 채식주의 식사는 거의 세계 모든 곳에서 가능하니 선택을 해보자.

## 유기 농장을 연구하자

유기 농장에서 일하는 주말은 좀 색다른 휴가를 제공한다. 노동을 통해 건강을 얻을 수가 있는 것이다. 유기 농업에 대해 배우고 훌륭한 음식을 먹고 전체적으로 유익하게 시간을 보내도록 하자. 도시 거주자들에게는 그것이 적극적인 휴식일 수 있다.

## 걸어 가자

자동차는 잊어버리자. 그리고 도보 휴가를 떠나도록 하자. 전세계적으로 도보 휴가는 더욱 인기를 얻고 있다. 보행자용의 작은 길이 있는 저지대, 계곡, 야산,

산악 중에서 선택할 수 있다. 걷는 것은 에너지를 절약하고 건강을 증진시키고 자극하며, 길에서 훨씬 더 많은 것들을 볼 수도 있다.

### 조류를 관찰하러 가자

조류 관찰은 아름다운 창조물을 감상하는 가장 완전한 방법 가운데 하나이다. 휴가 전문가들은 모든 가능한 편의를 제공하므로써 야생동물 집단의 새들을 감시하면서 중요한 공헌을 할 수도 있다. 조류 관찰자들이 너무 많으면 관찰 대상인 새들의 서식지를 파괴할 수 있지만 대부분은 극히 조심을 하고 있다.

### 녹색 크리스마스 휴가를 보내자

영국에서는 1989년에서 90년 사이에 적어도 한 호텔이 특별히 녹색 크리스마스 휴가를 제공했고 또 성공했기 때문에 확실히 앞으로도 계속될 것이다. 녹색 크리스마스 휴가는 5일에 걸친 채식주의 식사와 (과거의 동물 사냥 대신) 자연 보호구역 방문에 녹색 가짜 모피 의상을 한 산타까지 가담된 멋진 휴가였다.

### 도시 농장을 방문하자

곳곳에서 도시 농장이 생기고 있다. 런던에는 다섯 개가 있는데 도시 휴식의 일부로 방문할 수가 있다. 그들은 교육 및 연구 단체들을 위해 멋진 시설을 제공하고 또한 당일치기 여행과 관심이 있는 탁상공론의 자연보호론가들을 위해서도 훌륭하다.

### 필요한 경우를 제외하고는 자동차 지붕 위에 짐 싣는 선반을 설치하지 말자

자동차 지붕 위의 짐을 내리지 않으면 가솔린 소비가 거의 10퍼센트까지 증가할 수 있다. 휴가에 그것을 사용할 필요가 있다면 가장 큰 가방들을 수평으로 놓고 더 작은 물건들을 뒤에 차곡차곡 쌓는다. 최적의 속도와 가솔린 소비를 위해 뒤의 짐이 앞의 짐보다 더 많아야 한다.

## 유기 구충제를 사용하자

모기 따위의 작은 벌레나 진디등에가 있는 지방으로 갈 때는 시트로넬라유가 좋은 자연 구충제이다. 비유기적인 상업용 구충제에는 삼키면 즉각 유독한 다이에틸 톨루아미드(DEET)가 함유돼 많은 사망자들을 발생시켰다. 또한 그것은 문질러 바르면 피부를 통해 흡수되고, 실험 결과 아주 순한 용제라도 계속 바르면 뇌 질환이 생기고 중앙 신경계에 영향을 미칠 수 있음이 드러났다. 절대로 장기적인 사용은 금물이다. 불행히도 흥분할수록 그것이 피부를 통해 흡수될 가능성이 많다. 어린이들에게는 DEET를 절대로 사용하지 말자.

식초 용액으로도 대부분의 곤충들을 물리칠 수 있고 고약한 냄새를 만들어낼 수 있다. 상업용으로 구입이 가능한 몇몇 새로운 구충제들이 있는데 피부를 매끄럽게 할 뿐 아니라 곤충들이 아주 싫어하는 환경을 만들어내는 방향유의 혼합물로 만들어진다. 필요한 곳에는 잊지 말고 말라리아 약을 가져가자.

## 보다 안전한 해 가리개를 찾자

일광욕을 해야 한다면 해 가리개를 이용하도록 하자. 쾌적하고 사용이 간편하며 알로에 베라와 파바, 코코아 버터가 함유된 로션과 오일들이 수없이 많다. 그러한 것들은 현재 종종 동물 실험을 거치지 않고 만들어지기도 한다. 그러나 오존층이 얇아짐에 따라 점차 강해지고 있는 태양의 해로운 자외선으로부터 스스로를 보호하는 유일한 진짜 방법은 전혀 일광욕을 하지 않는 것이다.

## 휴가에서 일광욕을 피하자

일반인들은 아직도 일광욕으로 인한 심각한 위험은 의식하지 못하고 있다. 영국에서는 1987년에서 1988년 사이에 1천 명 이상이 피부암으로 죽었는데 단 15년 동안에 숫자가 두 배로 늘어난 것이었다. 가장 위험한 것은 휴가 기간에 집중 일광욕으로 짧고 강하게 햇빛에 노출되는 사람들이다.

지구 위로 24킬로미터에 걸쳐 있는 오존층은 CFC와 할론의 사용 때문에 얇아지고 있다. 오존층이 태양의 해로운 자외선을 차단할 수 없게 될수록 피부암의 발병률도 증가할 것이다. 피부암으로 인한 사망자 수가 엄청나게 많은 호주 같은 나라들에서는 정부 단체들이 일반 대중에게 태양을 멀리 하라는 충고를 하고 있다.

## 과대 포장을 거절하자

비행기와 공항의 휴가 지역 내에 있는 동안에는 1인분씩 낱개로 포장된 버터, 설탕, 소금, 후추, 케첩을 내놓는 레스토랑을 이용할 가능성이 많다. 일부 국가들은 가능한 식품 오염을 줄이기 위해 레스토랑들이 이 낱개 포장을 사용해야 한다고 주장하나, 우선 레스토랑이 청결하다면 다른 누군가와 케첩병을 함께 쓸 때에 식료품의 오염이 더 높다는 것을 분명하게 보여주는 증거는 없었다. 사용하지 않을 생각이라면 조미료를 설탕이나 소금처럼 받아들이지 말자. 즉각 받기를 거절한다면 버려지지 않고 다시 사용될 수 있을 것이다.

## 속성 사진을 조심하자

기차역과 혼잡한 쇼핑 구역 내에서 운영되는 즉석 사진관들은 환경에 우호적이 아닐 수 있다. 그러한 사진관들은 종종 필름 현상에 이용되는 화학 약품들을 재생시키기 위한 시설을 갖추고 있지 않다. 결과적으로 질산은, 시안화 철, 질산염과 같은 유독한 화학 약품들이 일반적인 산업 폐기물의 흐름에 첨가된다. 다시 현상될 필름을 찍을 때는 화학 약품들이 재생 이용될 것인지 물어보자. 대답이 부정이라면 다른 시설을 이용한다.

## CFC가 없는 캠프를 하자

오존을 파괴하는 물질로 단단하면서도 유연성이 있는 기포는 슈퍼마킷 진열대 뿐만이 아니라 캠핑 도구에까지 그 영역을 미치고 있다. 기포 매트리스는 오존층을 공격하는 염화 합성물을 이용한다. 대신에 부풀릴 수 있는 형태의 매트리스를 구하자.


## 자연 섬유로 캠프를 하자

슬리핑 백의 합성 섬유는 바깥이 덥다면 잠을 자기에 좀 불편하다. 그 섬유는 습기를 그다지 잘 흡수하지 않으므로 끈적끈적하고 더운 느낌이 들며 알레르기 반응을 일으킬 가능성도 있다. 게다가 심각한 오염 원인이 되는 석유화학제품으로 만들어진 것이다. 그러므로 면으로 된 슬리핑 백을 사용하거나 또는 이미 나일론 슬리핑 백을 갖고 있다면 피부 가까이에 무명 시트를 대고 자는 것이 더 좋을 것이다.


## 면쇄점을 센스있게 이용하자

대부분의 사람들은 해외로 여행할 때 면세 상품을 구입한다. 영국에서는 매년 한 사람이 대부분 담배와 술과 향수인 면세품에 359 ▲ECU를 쓴다. 또한 이들 연세품은 가장 낭비적인 포장으로 되어 있다.

면세품들은 상자와 내부를 겹겹이 싼 포장지와 플라스틱 뚜껑 뿐만 아니라 판매를 위한 값비싼 장치로 되어 있다. 면세품을 구입할 때 그 모든 포장까지 사지는 말자. 불평을 말하면서 떠나기 전에 포장을 되돌려주고 내부의 포장은 나중에 보낸다. 면세점에도 사용하는 종이와 플라스틱을 줄이라고 부탁한다.


## 휴가 중에 동종 요법을 쓰자

배탈과 설사에는 특별한 동종 요법을 이용할 수 있는데 휴가중일 때는 대단히 중요하다. 특별한 화학 약품으로 신체를 봉쇄하고 개방시키려 애쓰면서 시간을 낭비하지 말자. 식중독과 구토에는 비소 알약을, 기름진 음식을 과식한 후의 설사와 배탈에는 ▲보미카를 이용한다. 모두 건강 식품점에서 구입할 수 있다. 그러나 더 좋은 것은 현명하게 적당하게 먹는 것이다.

▲ ECU : 유럽 통화 단위로 1 ECU는 1 파운드(약 1400원)

▲ 보미카(vomica) : 동인도 원산인 4~5m의 교목인 마전의 씨로 스트리키닌의 원료

"지겨워요, 아빠!" "가서 플라스틱 병, 콘돔, 생리대 접착띠, 곤죽이 된 폐수, 죽은 갈매기 시체들을 세어 보렴, 아가야."

## 일회용품을 가져가지 말자

요즈음에는 휴가에 언제나 일회용 손수건을 휴대하는 것이 유행처럼 되었다. 그것들은 종종 (얼굴에 종기가 솟아나게 하는) 화학 약품과 향수에 담궈 흠뻑 적신 것이다. 또한 나무가 원료인 레이온으로 만들어지고 제조 과정에서 상당한 오염이 생긴다. 나무 섬유를 분해하기 위해 염소가 사용되는데 결과적으로 디옥신을 비롯해 1천 가지가 넘는 화학 약품들로 인한 오염이 발생된다. 늘 면 손수건을 휴대하자. 세탁하는 것은 전혀 문제가 안된다!

## 절대 플라스틱을 버리지 말자

플라스틱은 미생물로 분해되지 않고 영원히 환경에 남아 돌아다니며 야생동물을 가장 위협하는 것 중의 하나이다. 더욱더 나쁜 것은 새나 동물들이 먹을 수도 있는 봉투를 비롯해 쓰레기를 무심코 버리는 행위이다.

매년 2백만 마리의 바다새와 10만 마리의 바다 포유동물들이 버려진 플라스틱 때문에 죽고 있다. 바다표범 새끼들은 비닐 봉지와 버려진 어망들에 질식돼 발견되었다.

그것들이 미생물에 의해 분해되려면 5백 년 이상이 소요된다. 플라스틱 고리 깡통 홀더에 걸리고, 고래들 조차 창자 속에 비닐 봉지를 50개까지 담은 채로 해변에 밀려 올라왔다.

메시지는 분명하다. 바다나 길에 플라스틱을 버리지 말자.

## 현지 음식을 먹자

집을 떠나 있을 때 저녁 식사를 위해 패스트 푸드점으로 달려가지 말도록 하자. 그 나라의 음식을 먹고 자원을 절약하자. 그것은 더 잘 먹고 더 값싸게 먹는 방법이기도 하다.

## 멸종 위기 동물의 거래를 중단하자

세이셸공화국, 동아프리카, 남아메리카 등으로의 외국 단체 휴가 중에 북미와 유럽 관광객들은 휴지통을 만들기 위한 코끼리발, ▲자패, 별갑, 산호 및 상아 장신구 등을 산다. 이 기념품 장사는 전세계적으로 동물들을 멸종위기에 빠트리고 있다. 전세계 모든 나라에서 국제법이 시행되기는 힘들지만 마음 먹기에 달려 있다. 집으로 가져오는 선물에 대해 신중하게 생각하고 그것이 어떤 동물에게는 마지막 혈통일 수 있다는 것을 생각하자.

## 침팬지와 함께 찍는 사진을 거절하자

스페인 휴양지에서 관광객들이 함께 사진을 찍을 수 있는 귀여운 침팬지들은 황무지에서 잡힌다. 서아프리카에서 밀렵꾼들이 어미 침팬지를 총으로 쏜 다음

▲ 자패 : 복족류의 조개로 난류해역에 분포하며 고대에는 화폐로 쓰였음

새끼를 끌고 오는 것이다. 그들은 얌전해서 껴안고 싶은 충동을 느끼도록 보여지기 위해 종종 약이 주사되고 옷이 입혀져서 의심없이 기뻐하는 행락객들에게 억지로 안겨진다.

그들은 또한 공수병과 간염 등 인간에게 전염될 수 있는 병에 걸려 있을 수 있다. 밀수입되기 때문에 의학적인 검사를 받지 않는 것이다. 침팬지를 보호하고 야만적인 행위에 동조하지 말고 현지 당국이나 세계자연보호기금에 그러한 사진사들을 모두 보고해야 한다.

### 씨앗과 식물을 가져오지 말자

외국을 방문할 때는 아주 특별한 식물이나 꽃을 꺾어 가져오고 싶은 유혹이 생긴다. 그러나 그것은 절대 금물이다. 그것이 불법인 경우도 있고 더우더 중요한 것은 부지중에 자기 집의 정원이나 또는 이웃 전체까지도 망칠 수 있는 온갖 종류의 작은 벌레나 곤충을 들여올 수도 있기 때문이다. 다른 사람들이 살고 있는 시골을 존중하고 절대로 손을 대지 말아야 한다.

### 바다 거북을 보호하자

바다 거북은 바다에서 살지만 알을 낳기 위해 육지로 되돌아온다. 이 때가 바로 행락객들이 그들과 접촉하는 때이다. 암컷은 해변에서 알을 낳아 모래 속 90센티미터 깊이에 묻는다. 2개월 후에 새끼 거북이 부화되면 재빨리 바다로 간다. 개나 새 또는 게에 잡아먹히지 않으려면 빨리 물에 도착해야 하기 때문이다. 인간들은 아무리 매혹적이라 해도 이 부화된 새끼들을 방해하지 말아야 한다.

### 고래를 방문하되 조심스럽게 하자

수 년 동안 바다에서 잡힌 돌고래와 흰줄박이돌고래들이 수족관에서 사육되면서 수많은 어른과 아이들에게 기쁨을 주어 왔다. 그러나 감금되어 있는 상태인 그들의 평균 수명은 약 5년에 불과한데 흰줄박이돌고래의 경우 자연 속에서라면 80살까지 살 수 있다. 이 아름다운 포유동물을 보고 싶다면 가장 좋으면서 가장 해롭지 않은 방법이 자연 서식지로 그들을 찾아가는 것이다.
 캘리포니아, 알라스카, 노르웨이에서는 돌고래를 찾아가는 여행이 가능하다. 그러나 주의할 점은 행락객들의 수많은 보트 왕래가 고래들에게 문제를 일으킬 수 있다는 것인데 그것은 그들이 번식하는 석호(潟湖)를 들여다보기 때문이다. 꼭 가야 한다면 책임있는 가이드와 함께 가자. 환경적으로 가장 건전한 방법은 그냥 육지에서 바라보는 것이다.

### 모래 언덕 위를 걷지 말자

 해변에 가면 내륙으로 향하여 수 미터씩 높이 쌓아 올려지고 있는 모래와 풀의 융기를 볼 수 있다. 이 모래 언덕은 가장 세심한 주의를 요하는 서식지 가운데 하나이다. 모래 언덕은 모래 도마뱀 같은 희귀한 도마뱀과 그 외의 뱀들에게 나름대로 피난처가 된다. 또한 바다로 인한 자연 부식은 두꺼비들이 짝을 짓는 못을 형성한다. 많은 종류의 식물과 풀들이 수천 마리의 양서동물을 수용하는 긴 언덕을 따라 늘어선다.
 모래 언덕 한 개가 형성되려면 1백년이 걸릴 수도 있으나, 뜨거운 여름 한 철 사람들이 그 위로 걸어다니거나 자동차가 지나가면 완전히 파괴되고 만다. 판자길이 없다면 항의 운동을 벌이자. 지정된 보도에서 걷고 절대로 자동차를 타고 지나가지 말자.

### 뱀에 대한 학대를 중단하자

 뱀이 위험하다고 하는 것은 아마도 성경에서 비롯된 오래된 가공의 이야기이다. 뱀은 자연 속에서 보호를 받지 못하고 사람들은 뱀을 발견하면 종종 두려움 때문에 죽이게 되는데 뱀은 우리가 생각하는 것처럼 그렇게 위험하지 않다. 살무사 조차 치명적은 아니며 그냥 내버려두면 공격하지 않을 것이다.
 뱀은 냉혈 동물이기 때문에 살기 위해 햇빛이 드는 야외 서식지를 필요로 하므로 낮 동안에 눈에 띄는 위험을 무릎쓰고 나다닌다. 모든 파충류가 세력권을 결정해 왔고 뱀들도 예외는 아니어서 서식지가 파괴될 때는 다른 어딘가를 다시 점령하지 않고 그냥 소멸하고 만다. 뱀을 보면 죽이거나 서식지를 방해하지 말고 보호하도록 하자.

이는 마지막 서식지일지도 모르니까 말이다.

# 시골

### 시골을 찾아가자

적어도 도시 거주자들의 25퍼센트는 한번도 시골에 가본 적이 없다. 그러나 단 한번 찾아가도 신선한 공기와 산책과 다른 세계의 풍경 등 아주 많은 것을 얻는다. 시골을 돕고 가능한 자주 찾아가자.

### 시골의 법도를 준수하자

영국 지방위원회는 시골을 방문하는 이들을 위한 법칙을 발표했다. 자연보호 방문객들은 위원회가 추천하는 것들을 모두 알고 있어야 한다.

1. 시골을 즐기되 그곳의 생활과 일을 존중한다.
2. 모든 화재 위험을 경계한다.
3. 문을 모두 잠근다.
4. 개는 엄격하게 단속한다.
5. 울타리나 담을 넘으려면 문이나 넘어가는 계단을 이용한다.
6. 가축과 농작물, 기계류에는 손을 대지 않는다.
7. 쓰레기는 집으로 가져간다.
8. 모든 물을 청결하게 사용한다.
9. 농토를 가로질러 만든 통로를 지킨다.
10. 야생 동식물과 나무를 보호한다.
11. 시골길에 특별히 주의한다.
12. 불필요한 소음을 내지 않는다.

## 농부의 법규를 지키자

《컨트리맨》지의 페이스 샵은 시골의 농장주들을 위한 법규를 생각해냈다. 그녀의 충고는 시골을 찾는 모든 자연보호 방문객들에게도 흥미가 있을 것이다.

1. 시골을 즐기러 온 이들을 존중하고 환영한다.
2. 짚을 태우는 것으로 인한 나무와 울타리의 손상을 예방한다.
3. 통로의 문이 사용 가능한 상태이고 열기 쉽도록 확인한다.
4. 통행권이 있는 들에는 황소가 들어가지 못하게 한다.
5. 경작이 끝난 뒤에는 즉시 밭에 통로를 복구하고 두렁길을 결코 갈지 않는다.
6. 길이 교차하는 곳에는 철조망을 사용하지 않는다.
7. 도표를 제거하거나 마음대로 방향을 바꾸지 않고 통행권이 있는 곳에 개인 소유라는 표지를 설치하지 않는다.
8. 오래된 비료 자루는 집으로 가져간다.
9. 농업용 스프레이나 폐수로 수로나 연못 또는 호수를 오염시키지 않는다.
10. 무분별한 경작과 울타리 청소와 배수나 못 채우기로 야생동물을 박멸하지 않는다.
11. 육중한 농업용 기계로 밭의 경계나 야생동물이 손상되는 일이 없도록 하자.
12. 밭을 걸어다니는 이들에게 소리를 지르지 않는다. 당신이 씨를 뿌린 곳에 대한 통행권이 있는 사람일 수도 있다.

## 결코 시골에 쓰레기를 버리지 말자

시골에서는 쓰레기가 이중의 함정이다. 플라스틱은 미생물로 분해되지 않고 작은 포유동물과 새들을 죽일 수도 있다.

시골에 가면 돌아올 때 반드시 쓰레기를 집으로 가져오자.

아무리 유혹적으로 보여도 야생동물에게 먹이를 주지 말고 피크닉 장소와 캠핑장에 음식을 남기지 않아야 한다.

### 야생동물 지역에 자동차를 갖고 가지 말자

　1989년 여름에 ▲호수 지방 경찰은 자동차의 수가 엄청난 교통 혼잡을 초래한다는 이유로 그 지역을 폐쇄했었다. 필요할 때만 자동차를 이용하자. 시골로 들어갈 때는 자동차에서 내려 평균 30걸음 이상 걸어보도록 하자. 그러면 기대 이상의 것을 발견할 수도 있다.

### 절대로 담에 올라가지 말자

　자연석으로 된 담들은 적절히 관리되지 않으면 날씨와 인간의 영향을 받기 쉽다. 즉 돌벽은 쉽게 부서지고 황폐해질 수 있으며 보기 흉하게 되어 있는 돌틈에 은거하고 있던 동물들은 집을 잃는다. 돌벽을 오르는 것은 황폐를 가속화시킨다. 정원용으로 돌벽에서 돌을 가져오는 일이 절대 없도록 하자.

### 울타리와 대문을 닫자

　농부들이 항시 지켜야 하는 황금률은 대문을 닫는 것이다. 아주 간단하게 들리지만 그렇지 않을 경우 농가의 동물들이 길로 빠져나가 다른 밭들의 농작물을 파괴하고 피해를 끼치게 할 수 있다.

### 자동차를 유기하지 말자

　시골에 버려진 자동차들은 몹시 보기 흉하다. 자동차는 신중하게 환경과 지방의 경관을 생각하면서 처분되어야 한다. 자동차를 버리거나 유기하지 말고 만약 그런 사람이 있으면 관할 당국에 신고하자.

### 과수원을 지키자

　과수원을 보존하고 지키는 것은 우리 유산의 중요한 일부일 뿐 아니라 야생

---

▲ 호수지방(Lake District) : 영국 서북부의 호수가 많은 산악지대

동물의 다양성과 서식지를 보호하는 일이기도 하다. 과수원은 야생화와 벌과 나비들을 위한 안식처이다. 그리고 과일 나무밭 주변의 삶은 풍부하고 변화가 있을 수 있다.

사과 차, 요리 시범, 경기회, 사과와 배로 빚은 술 시음, 서양오얏 잼 판매, 사과 지방 순회 쇼 등등으로 오래되고 색다른 과일들을 다양하게 맛보고 판매할 수 있다. 또한 과수원은 소, 양, 돼지, 오리, 닭, 칠면조 등의 완벽한 목장이 되고 산책과 휴식에 중요한 장소로 여겨진다.

## 관목 울타리를 이식하자

영국에서는 1980년에서 1985년 사이에 3만 8천 킬로미터 가량의 관목 울타리가 제거되었고 약 4천 킬로미터만이 이식되었다. 산울타리 중 일부는 3백 년 이상된 것들이었다. 가장 오래된 것으로 입증된 관목 울타리는 547년에 ▲노섬벌랜드에서 번창하고 있었다.

관목 울타리는 짐승의 무리를 보호하고 새와 포유동물과 곤충들을 위해 휴식처 역할을 하며 야생동물을 위한 피난처가 되기도 한다. 또한 흙이 바람에 날라가지 않게 하는 경계선이 된다.

관목 울타리 주변에는 250 종 이상의 야생화가 있는 것으로 기록되었지만 현재는 슬프게도 모두 커다란 압력을 받고 있다. 농장주들에게 새로운 재정적 동기가 주어진다면 그 손실을 막는데 도움이 될지 모른다. 이식을 도와줄 수 있는 자연보호 단체에도 연락하자.

## Rhododendron ponticum의 번식을 억제하자

자주색 ▲Rhododendron ponticum은 침략적인 식물이다. 그것은 터키의 토착식물로 18세기 말에 영국제도로 들어왔으며 이제 정원과 대농장들로부터 전해지면서 영국의 대부분을 지배하고 있다. 그 성장 속도는 경이적인데 1만 개의 씨

---

▲ 노섬벌랜드 : 영국 동북부의 주
▲ Rhododendron ponticum : 진달래과의 식물

는 무게가 1그램 밖에 안되어 가벼운 바람에도 재빨리 흩어진다. 웨일즈의 스노우도니아 국립공원 부지의 1퍼센트 이상은 이 풀로 뒤덮혀 있다.

이 덤불은 어떤 곤충의 생명도 부양하지 않고 삼림지대의 재생을 방해하며 포유동물에 유독하고 그 식물이 제거된다 해도 재성장을 막는 산성 부식토를 낳는다.

### 보호하고 싶으면 사버리자!

자연보호 단체들은 땅과 건물들을 구입함으로써 보호할 수 있다. 새로운 자동차 전용 도로로 개발될 예정이던 밭을 한 지방 농부로부터 구매한 옥스포드의 '지구의 친구들'처럼 성공적인 캠페인들이 이루어져 왔다.

그들은 곧이어 그 땅을 좀더 작은 부지들로 나누어 팔았고 따라서 그 땅을 구매하라는 강제 명령이 내린다 해도 단 한 개의 아주 작은 밭을 위해 말 그대로 수천 명의 땅 주인들을 소환해야 했을 것이다.

그 단체는 자동차 전용 도로의 필요성에 의심을 제기하면서 동시에 그 밭에서 발견된 동식물들에 대한 관심을 불러일으킬 수 있었다. 전세계의 기관들이 자연 보호와 운동을 위해 땅을 사고 있으니 그들을 지원하는 것도 좋은 방법일 것이다.

### 서식지를 만들어내자

새로운 서식지들을 만들어내면 지난 20년 동안의 목초, 야생화, 삼림지대 잡목숲의 비극적인 유실을 보상하는데 어느 정도 도움이 된다. 서식지들이 살아남으려면 적절히 관리될 필요가 있고 많은 자연보호 단체와 자연 신탁 관리소들이 나름대로의 정보와 경험을 갖고 있다. 유기된 지역이나 씨를 뿌릴 수 있는 땅을 알고 있다면 무언가 조치를 시작하고 낭비되게 하지는 말자.

### 삼림지를 지원하자

자기 나라 고유의 나무들을 섞어 기르면 삼림지의 유지에 도움이 된다. 그러나 영국 삼림지의 3분의 2 이상은 현재 제지 및 펄프를 위한 침엽수 조림지이다. 그들 중 대다수는 오직 세금상의 이점 때문에 재배된 것이지만 오래된 낙엽송 삼림지는 가장 귀중한 야생동물 서식지이다.

많은 종류의 새들이 다른 어떤 곳보다 삼림지와 관련되어 있으며 온갖 동식물들이 풍성하고 다양하게 서식한다. 종이 사용을 줄이고 삼림지에 새로 나무를 심으면서 기존의 나무들을 보호하는 자선 단체와 기관들을 지원하도록 하자.

### 대자연에 가장 적합한 나무를 심자

단지 나무라는 이유로 가문비나무와 코르시카산 소나무를 심는 것은 환경에 별로 도움이 되지 못한다. 자기 나라 고유의 상록수나 다른 품종들이 더 오래 살고 좀더 많은 종류의 야생동물들을 위한 서식지가 될 수 있다. 한 예로 참나무 한 그루는 284 종의 동물들이 사는 서식지일 수 있고 병에 잘 걸리지도 않는다.

자기 고장 고유의 나무들을 심는 것이 우선되야 한다. 펄프나 세금 또는 다른 재정적 이점을 위해 다양한 수입 품종을 심는 것에 반대하는 운동을 벌이자.

### 배수에 반대하는 운동을 벌이자

영국의 중요한 습지들은 모두 배수 계획 때문에 위협을 받고 있다. 습지의 물이 잘 빠지게 하는 것은 오랫동안 농업성의 풍부한 보조금에 의해 방조된 농부들의 방책이었다. 특히 새 서식지 등 가장 중요한 야생동물 서식지 중 일부는 돌이킬 수 없게 파괴되어 왔다.

농경사회에 살고 있는 사람이라면 현지에서 선출된 국회의원에게 진정하는 방법으로 도울 수 있다. 모든 지역사회의 사람들이 이탄 채굴을 위해 습지를 마르게 하는 것은 우리의 오래된 야생동물 서식지를 파괴하는 것임을 깊이 알아야 한다.

### 숲을 구하자

브라질과 다른 열대 지역에 있는 열대 우림 뿐만이 아니라 우리 고유의 숲들도 위험에 처해 있다. 적어도 영국 삼림지의 절반은 지난 40년 동안에 파괴되었고 많은 종류의 동식물들이 그 손실 때문에 희귀해지거나 멸종되어 왔다.

히스 표범나비는 수년 전에는 적어도 50개의 장소에 많이 있었지만 현재는 오직 여섯 개의 서식지에서만 발견되고 있다. 등고비, 딱따구리, 나이팅게일 같은 새들은 생존을 숲에 의지하고 있다.

침엽수 재배는 땅과 동식물들을 파괴해 왔으며 일찍이 풍요로왔던 숲에 대한 해답이 아니다. 특별히 지방의 숲과 삼림 지역 등 숲 지역에 다른 나무를 심고 돌보는 단체들을 지지하자.

### 목초를 보존하자

남아 있는 목초지가 정말로 대단히 드물기 때문에 우리는 그것의 보존을 위해 가능한 최선을 다해야 한다. 수세기 전에 목초지는 대부분이 공유지와 방목지로 제한을 받지 않았다. 그러나 집약 농업으로 많은 목초지들이 사라졌다. 우리는 더이상 다음 해의 수확을 위해 좋은 퇴비를 공급하면서 4년 마다 밭을 놀려 야생화로 뒤덮히게 놔두지 않는다.

목초지 식물의 약 25퍼센트는 풀이고 나머지는 샐비어, 황새냉이, 눈동이나물 같은 야생화로 이루어져 있다. 목초지의 식물은 메마른 토양에서 잘 자라고 놀고 있는 밭에서 풀을 뜯어 먹는 많은 동물들은 오래되고 아름다운 초원들을 창조하는 데 일조를 했다. 남아 있는 초원의 개발에 반대하며 자연보호 사업을 연구하는 단체들에 가담하고 지원하면 초원의 보존에 도움이 될 것이다.

### 공짜 식품을 이식하자

인간과 야생동물을 위해 공짜 식품을 재도입하려면 시골에 나무딸기와 딱총나무 열매, 달콤한 과실이 열리는 관목들을 심어야 한다. 일찍이 영국의 딱총나무 열매는 전설적인 와인이 되었지만 아주 많은 관목 울타리들이 유실되고 남아 있는 것들에도 화학 약품 스프레이들 때문에 이러한 관목들이 극히 드물다. 직접 나무와 관목들을 심고 농부와 지방 위원회들도 그렇게 하도록 격려하자.

"우리가 꺾으면……들꽃이 될 수가 없겠죠?"

## 야생동물 보호구역을 지지하자

야생동물 보호지역은 모든 야생 동식물들이 사냥꾼과 수집가들로부터 안전하게 피난하는 장소가 된다. 현재까지 영국에서는 붉은 사슴 떼와 귀중한 야생 화초지와 오래된 삼림지 및 숲지를 위하여 1천 헥타르의 가장 아름다운 시골 면적이 확보되었다. 섬세하고 신중한 야생동물 관리는 지역의 생태를 격려하고 강화할 수 있다. 일반인들은 가입이나 방문을 통해 야생동물 보호구역을 설치하고 관리하는 단체들을 지원할 수 있다.

## 시골 주변을 보호하자

영국의 대소 도로들은 놀랍게도 전체 국토의 20만 헥타르를 차지하고 있다. 도로변 주위에는 수많은 종류의 야생화와 포유동물과 새와 곤충들이 산다. 이러한 가장자리들을 치거나 개간하면 잠재적인 서식지의 상당 부분이 파괴된다.

쓰레기를 버리지 않고 지역 당국에 야생화들이 자라도록 하라고 요청하며(그러면 돈이 절약되기도 할 것임), 지역 내의 자연주의자들과 야생동물 보호단체들에 감시와 보호를 위한 조사를 실시하라고 요청하면 시골 주변 보호에 도움이 될 수 있다.

## 보호 지역에서의 군사 및 개발 활동을 줄이자

집약 농업, 고지대 농업, 양어, 상업용 빌딩, 군사 활동 단지들은 특정 지역의 자연미를 강화하고 보존하기 위해 보호되는 작은 땅의 면적에 이미 가외의 무거운 부담을 지우고 있다. 모든 주요 지방 보호 단체들은 이 지역들에 대한 더 이상의 개발을 삼가해 달라고 요청해 왔다.

## 소작농을 지원하자

유기 농업의 육체와 정신을 통일적으로 보는 접근법은 주요 원리가 균형과 건강과 전체이다. 유기 식품은 화학적으로 생산된 식품에 비해 품질과 맛에서 뛰어나고 자원을 거듭 재이용하기 때문에 전혀 낭비가 없다. 윤작은 토양을 좋은 상태로 유지하고 유기 농업자는 적정량의 자양분을 공급하면서 항시 더 높은 수확을 올릴 것이다.

대규모의 집약 농업은 농부들이 일을 덜해도 된다는 의미이다. 이것은 실업자의 수를 늘리고 살충제로 인한 오염을 낳고 높은 에너지 수요를 만들어낸다. 소작농들은 더 많은 인력을 고용하고 화학 약품과 기계의 도움을 덜 사용한다. 유기적으로 생산된 식품을 구입하면 소작농과 유기 농업을 지원할 수 있다.

### 농작물에 대한 살충제 살포에 반대하자

지구의 친구들은 대규모의 수확지에 살충제를 뿌리는 농부들이 연루된 수천 건의 사고를 기록했다. 많은 농민들이 중독되어 왔다. 환자들 중에는 유산되는 임산부들과 갑자기 병을 앓는 어린 아이들도 있었다.

### 짚 사용을 지지하자

영국에서는 짚과 그루터기의 소각이 3년간 중지되어 왔지만 모든 농작물이 해당되지는 않고, 아무튼 1992년에는 만료가 된다. 짚 소각은 대기 오염과 연기의 위험 뿐만이 아니라 본질적으로 하나의 자원인 짚의 낭비로서 심각한 환경 문제의 원인이 된다.

짚을 불에 태우는 이유의 일부는 그것이 너무 값싸 운반할 만한 가치가 없어서이지만 늘 짚을 깔아 주었던 동물들이 현재 콘크리트 널빤지에 수용되고 있는 실정이다. 그리고 퇴비로 사용되던 짚에 동물 배설물을 섞은 것은 이제 이탄의 원료로 바뀌어졌고 이것이 이탄지의 파괴율을 증대시키고 있다. 그러나 동물의 쓰레기와 가정의 오물까지 짚과 섞으면 이탄 대신 값싼 대용품이 될 수 있고 짚을 원료로 한 종이를 사는 것도 짚의 거래를 늘려 줄 것이다.

인도적으로 사육된 육류 제품만을 산다면 농부들이 짚 소각을 중단하고 짚을 다시 쓸모있는 자원으로 보기 시작할 것이다.

### 땅을 농업에서 해방시키자

시골에 있는 땅이 계속 농작물 재배에 사용될 필요는 없다. 야생동물의 번식, 휴양 시설, 자연 보호구역 같은 자연보호 사업을 위해 확보돼 있는 땅의 면적을 늘리면 환경에 유익하다. 집약 농업과 가축의 집중 사육을 줄이는 관리도 도움이 된다. 이것은 우리가 육류 및 육류 제품에 지나치게 의존하지 말고 대신 식탁을 좀더 채식으로 꾸며야 한다는 의미이다. 그러면 영국에서의 엄청난 잉여식품이 줄어들 수 있고 땅은 동식물이 번식하도록 방치될 수 있다.

## 공중 살포를 금지시키자

농작물에 대한 살충제의 공중 살포는 모든 집약 농업 방법 중에서도 가장 낭비적이고 생태를 손상시키는 방법이다. 여러 조사에서는 화학 약품의 5퍼센트만이 의도한 해충에 효력을 미쳤음이 밝혀졌다. 소작농들은 일반적으로 살충제 살포를 위해 비행기를 사용할 필요가 없지만 좀더 크고 영리를 지향하는 농장들은 산울타리를 베어 넘어뜨리고 좀더 큰 기계와 좀더 기계화된 농업 형태를 위한 준비가 되도록 땅을 엄청나게 커다란 바둑판 모양으로 만든다.

'지구 옹호자들'은 무계획적인 살충제 살포로 인한 인사 및 동물 사고들을 감시하면서 금지 조치를 제안해 왔다. 시골에 살고 있는 사람은 모든 농작물 살포 행위를 공적인 불법 방해로 관할 당국과 환경 보건소장에게 보고해야 한다. 결코 살포에 간여하지 않도록 하여 스스로를 보호하고 만약 뜻하지 않게 접촉되었다면 의사에게 신고해야 한다. 그리고 화학 비료를 쓰지 않고 생산된 유기 식품을 먹자.

## 새끼를 밴 동물은 가두지 말자

집약 농업에서의 비인도적인 관행의 하나는 새끼를 밴 동물들을 잔인한 상태에서 사육하는 것이다. 암돼지는 움직일 수도 제대로 누울 수도 없는 아주 작은 축사에서 사육되고 있다. 이러한 관행이 계속되서는 안되고 그것을 중단해도 농장주가 손해를 보지는 않을 것이다. 슈퍼마킷에 이런 종류의 관행을 방관하는지 문의하는 편지를 쓰자. 그와 같은 학대를 지지하는 듯한 회사의 제품은 사지 말자.

## 오소리 학대에 반대하는 운동을 벌이자

시골 스포츠에서 가장 최근에 유행하고 있는 것은 등불로 오소리를 비추는 것이다. 늦은 가을 저녁과 이른 아침에는 오소리들이 새로 일구어 노출된 밭에서 지렁이를 찾는데 그곳이 바로 오소리를 못살게 구는 사람들이 기다리는 장소이다. 그들은 등불을 이용해 오소리들의 눈을 멀게 한 다음 곧이어 개들을 덤벼들게 해 난폭하게 죽인다.

영국에서는 농경지에서 오소리의 수가 서서히 줄어들고 있는데 그 이유는 관목 울타리가 부족한 때문이었다. 또한 많은 오소리들이 수년 전에 암소들에게 결핵균을 옮길 수 있다는 두려움 때문에 독가스로 살해되었다. 이제는 그들이 보호를 받고 있다.

오소리들은 무리를 이루어 복잡하게 연결된 굴 속에서 살고 대개 밭 한가운데 통로를 따라 숨구멍을 만들기 때문에 농부들을 짜증나게 한다. 그러나 이 동물을 못살게 굴고 등불을 비추는 것은 잔인한 오락이고 농경지를 보호하는 좋은 방법이 아니다.


## 잔인한 사냥이 아닌 사격으로 사슴을 도태시키자

영국에 가장 많은 야생동물인 사슴은 노련한 사냥개들에 의해 찾아내지고 지칠 때까지 쫓기다가 사냥꾼들의 총에 맞는다. 암사슴들은 새끼를 밴 상태이거나 또는 어린 새끼들이 함께 있다가 함께 사냥개들에게 물릴 수도 있다. 사슴의 뿔과 이빨은 종종 기념물로 팔린다.

수사슴 사냥꾼들은 약하고 늙었거나 불구인 동물이 아니라 강하고 튼튼한 사슴을 사냥하므로 결코 사슴 관리나 도태를 정당한 구실로 이용할 수 없다. 예전에는 늑대와 같은 야생의 포식 동물들이 자연 생태계의 일부로서 사슴을 추려서 죽이곤 하였다. 아예 총을 쏘아서 사슴을 추리는 것이 시골에서 사슴의 수를 억제하기 위한 좀더 능률적이고 덜 잔인한 방법이다.


## 덫을 불법화하자

덫에 걸리는 동물들 가운데 약 3분의 1만이 실제로 표적의 대상이 된 종류들

'멈춤. 고슴도치 횡단 보도.'

이다. 실수로 덫에 걸린 다른 동물들에는 고양이, 개, 오소리, 사슴, 고슴도치, 메추라기 등이 포함된다. 사슴이나 오소리를 잡기 위해 덫을 놓는 것은 불법이다.

1981년에 제정된 야생동물 및 시골보호 조항에서는 자동적으로 자물쇠가 잠기는 덫을 금지하였고 '보호 동물에 대한 위해를 막기 위해 합리적인 예방책이 강구되어야 한다'고 규정하였다.

영국 동물애호협회는 덫이 동물의 종류를 판별하지 못하므로 이것을 지키는 것이 불가능하다고 믿고 모든 덫을 불법화시키려고 한다. 덫의 전면 금지 운동을 벌이고 있는 단체들을 지원하고 스스로도 덫을 놓지 말자.

### 붉은 다람쥐를 되찾자

저지대인 영국은 흔히 생각되듯이 회색 다람쥐들이 몰아냈기 때문에 아니라 삼림지 나무지붕의 대량 유실 때문에 붉은 다람쥐 집단을 잃게 되었다. 삼림지 나무지붕은 현재 전체 땅 면적의 7 내지 9퍼센트에 불과해 유럽에서 가장 적다. 전염병인 옴 또한 다소 책임이 있는 것으로 여겨진다. 회색 다람쥐와는 달리 붉은 다람쥐들은 도회지에 적응할 수 없었다. 시골 지역에 더 많은 삼림지를 조성하면 붉은 다람쥐들을 도로 찾는데 도움이 될 것이다.

### 캐틀 그리드에 고슴도치 횡단로를 건설하자

고슴도치와 같은 많은 작은 동물들은 ▲캐틀 그리드를 연결하는 가파른 구덩이에서 빠져나갈 수가 없다. 그리고 이러한 쇠창살들은 재해가 일어나기 쉬운 장소이다. 구덩이의 한 귀퉁이에 작은 진입로나 경사를 만들어주면 고슴도치들이 자유롭게 걸어나갈 수 있을 것이다.

### 올빼미를 보호하자

영국에서 가장 흔한 육식 새는 생쥐나 시궁쥐 또는 집쥐와 들쥐 등 쥐를 먹고 사는 올빼미이다. 현재는 시골에서 모든 올빼미들이 위협을 받고 있다. 농장에서의 살충제 및 화학약품 사용과 그들의 먹이에 대한 독살로 인해 완전한 청각과 조용한 비행술을 갖고 있는 이 야행성 동물의 수가 급격히 줄어들게 되었다.

여전히 올빼미에 대해 알려진 것은 거의 없다. 올빼미는 135종만이 존속하고 있고 대부분이 이제는 진귀하므로 최선을 다해 보호하자. 올빼미를 감시하고 (살았건 죽었건) 보호하면서, 둥지를 짓고, 시골을 화학 약품으로 중독시키지 않도록 해서 설치류의 동물이 번식하게 하자.

### 야생식물을 파가지 말자

산업 및 주택개발, 농업, 어업으로 부터의 증대되는 압력이 자연서식지들을 위협한다. 영국에서 알려진 1천 5백종의 식물 가운데 3백종 이상이 멸종 위기에 처해 있다. 1백 종류의 가장 진귀한 식물이 다소 법으로 보호를 받고 있지만 일반 국민 또한 그들을 지키는 역할을 맡아 할 수 있다.

많은 사람들이 시골길을 걷다가 들꽃을 꺾거나 집으로 가져가 정원에 심기 위

---

▲ 캐틀 그리드(cattle grid) : 목장 안의 소가 나가지 못하도록 도로상에 설치한 금속 장애물 막대기

해 뿌리를 파내고 싶은 유혹을 느낄지 모른다. 제발 모든 사람들이 즐기도록 가만히 내버려두자.

### 난초를 보호하자

영국에서 40종의 난초 가운데 14종이 시골에서 거의 멸종의 위기에 있는 것으로 생각되고 나머지는 힘든 특수 꽃장식 때문에 점차 진귀해지고 있다. 난초 한 그루가 발아한 뒤에 꽃을 피우려면 최고 15년이 걸리고, 경사진 목초지의 파괴와 삼림지 관리의 변화와 습지의 배수가 모두 대자연에서 난초가 쇠퇴되는 결과를 가져왔다.

야생 난초씨에 대한 절도 행위는 심각한 자연보호 문제이다.

### 새알을 보호하자

산이나 들에서 발견되는 새의 알은 종종 파렴치한 상인들에게는 매우 소중할 수 있다. 그러나 새알을 발견한다 해도 결코 손을 대지 말도록 하고 특별히 진귀한 것으로 생각되면 안전하게 감시할 수 있는 현지의 조류관찰협회에 연락하자.

### 두꺼비를 구하자

참으로 진귀한 두꺼비인 유럽산 두꺼비는 영국에서 가장 희귀한 양서 동물이다. 이것은 자연보호 구역을 늘리고 모래 언덕 처럼 생태학상 중요한 장소들을 보호함으로써만 지켜질 수 있다. 자연보호 단체들을 재정적으로 후원하고 보호 지역을 위해 로비활동을 하고 운동을 하는 것들이 이 색다른 동물의 서식지를 보존하는 유일한 방법들이다.

### 수달을 보호하자

수달은 영국인들이 가장 좋아하는 수생 포유동물 가운데 하나임이 분명하지만 오염 때문에 그 생명이 위협을 받고 있다(집약농업의 확산에 의해 저지대의 서식지가 파괴되어 왔기 때문에 이미 수달을 구하기에는 너무 늦었을지 모른다). 수달 피난처를 지정하는 두꺼비 신탁 같은 단체들을 지원하자. 그렇게 할 수 있는 위치에 있는 사람이라면 오소리들이 예전에 많이 살았던 비교적 안전한 둑에 숨을 수 있도록 개울과 강둑을 따라 잡목숲이나 버드나무와 다른 덤불들을 심자.

## 항시 인도로 통행하자

영국을 비롯한 유럽과 미국의 수천 마일되는 보행자용의 작은 길들은 야생동물 팬과 산책자와 하이킹족들이 좋아하는 목적지이다. 농지를 걸어서 건널 때는 반드시 인도로 통행하고 농작물을 망치거나 동물들을 놀라게 하지 말자.

## 인도를 보호하자

환경의 재해는 똑같은 오솔길을 자주 사용하는 야산과 산골짜기의 산책자들에게 무시무시하게 생각된다. ▲픽 디스트릭트의 페나인 웨이가 한 예이다. 그곳에서 인기있는 산책로는 하이킹족들의 발길에 의해 다져진 넓은 길로 폭이 90미터 이상이다. 진흙투성이의 길로 된 오솔길을 걷고 있다면 길이 더 넓어지게 되므로 빙 둘러 가는 대신 오히려 진흙 길을 밟고 지나가자.

## 인도를 더 많이 설치하자

인도가 더 많으면 몇몇 좀더 인기있는 길들의 부담이 덜어질 것이고 하이킹족과 산책자들이 새로운 경치를 경험할 수 있는 모험적인 산책로가 늘어날 것이다. 근처 국립공원에 인도를 더 많이 만들라고 요구하자.

## 삼림지 잡목숲의 가지를 짧게 쳐내자

관목과 작은 나무들의 가지를 짧게 쳐내는 것은 오래된 관행이다. 그것은 일

---

▲ 픽 디스트릭트 : 영국 더비셔주 북부에 있는 고원 지대로 국립공원

부가 성숙하게 자라고 특히 개암나무와 라임나무 같은 다른 나무들이 제2의 빛과 그늘 층을 만들어내도록 충분한 공간이 생기게 한다. 그러면 야생동물을 위해도 중요하고 연료와 울타리 등 광범위한 다른 목적들을 위해 이용되며 각별히 우수한 목재를 공급할 수 있다.

## 시골의 버스편을 개선하자

영국에서는 지난 수년 동안 시골 버스편의 허가 규제 철폐로 일부 지역사람들은 적절한 교통수단이 없이 살아야 했다. 이것은 많은 사람들이 외출하려면 자동차에 의지하게 하고 운전을 할 수 없거나 운전을 하고 싶지 않은 사람들을 외롭게 은둔하게 만들었다. 버스에 대한 규제를 해제하면 수익성이 없다고 여겨지는 지역들에서 버스 운행이 점점 줄어들게 된다. 자동차의 수가 증가할수록 오염과 가솔린 소비와 교통 사고의 수가 그 만큼 증가한다.

## 마을 상점을 지원하자

마을의 상점과 우체국은 지역 사회와 특히 노인네들을 위한 생명선이다. 그러나 현지 거주민들이 종종 수마일 떨어져 있는 슈퍼마킷에서 생활필수품을 사기 위해 새 자동차를 타고 서둘러 떠날 때 많은 상점들이 살아남기가 힘들어진다.
슈퍼마킷의 물건이 더 값이 쌀지 모르지만 사람들은 대개 슈퍼마킷으로 가는데 드는 비용과 자동차 주차비 뿐만 아니라 그것으로 인해 낭비된 시간과 가외의 오염을 잊어버린다. 가능하면 어디서나 현지의 마을 상점들을 지원하도록 하자. 마을 상점들은 환경을 위해 좋은 소식이다.

## 강의 수상로를 이용하자

전세계 강의 수상로는 대단히 사랑받는 수송형태를 제공한다. 네덜란드의 거룻배, 이탈리아의 곤돌라, 중국의 정크는 모두 낭만적이고 아름다운 이미지를 불러일으킨다. 실제로 강의 수상로는 미래의 수송 계획에 영향을 미칠 수 있는 수송 방식을 제공한다. 육중한 화물차 대신 강을 따라 거룻배로 상품을 나르거나 테임즈강을 이용해 직장에 출근할 수 있는 사람들의 수가 증가하는 것을 상상해 보자. 할 수 있다면 강의 수상로를 이용하여 도로의 부담을 덜어주는 것도 좋은 방법일 것이다.

### 표지를 내걸자

   농장 경영자와 토지 소유지 그리고 자연보호 단체와 지방위원회들은 시골의 보호를 책임지기 위해 함께 노력해야 한다. 대중을 위한 표지는 지식과 무지 사이에 철저하게 영향을 미칠 수 있다.
   '조심!' 대신에 '정지! 자연 서식지를 보호합시다.'는 어떨까?
   물과 식물의 보호는 좀더 긍정적인 접근법을 이용하면 일반인들에게 더 쉬울지 모른다.

녹색 시민운동

# 지역사회

### 동물과 함께 일하자

동물을 구하고 보호하고 돌보기 위해 일하는 수많은 사람들과 함께 야생동물과 환경에 적극적인 관심을 보이자. 개사육이나 말 조련 일, 농업, 수의술은 가능한 가치있는 직업의 일부일 뿐이다.

### 나무를 심자

우리는 나무를 심는 것이 일반적으로 유익하다는 것을 분명히 알고 있다. 나무는 주변 환경을 강화하고 야생동물과 새들에게 집과 그늘을 제공하며 이산화탄소를 빨아들인다.

그러나 식수 하기 전에 항상 신중하게 생각해야 한다. 거의 심은 나무의 50퍼센트는 충분히 신중하게 토양의 유형에 맞추어 선택되지 않거나 적절하게 보살펴지지 않기 때문에 수 년 이내에 죽는다. 기존의 나무들을 잘 보살피고 자연 발아를 조성하면 시골에 나무를 심을 필요성이 감소될 수 있다.

신중하게 다양하고 좋은 품종을 선택하면 심은 나무가 확실히 살아남을 것이다.

### 나무를 말살시키지 말자

영국 남부에서 1987년 10월 폭풍우가 끝난 뒤에 좀더 많은 나무들이 폭풍우 자체 보다는 재빨리 청소를 하는 선의의 원조자들에 의해 손상되고 말라죽게 되었다.

나무는 종종 뿌리가 4분의 1만 남아 있어도 살아 남는다. 죽은 나무 조차도 그 지역의 아름다움과 야생동물 보호에 보탬이 되고 자양분을 재순환시켜 토양에 되돌려준다. 선택의 기회가 있다면 죽은 나무들을 그대로 놓아주는 것이 좋다.

### 나무 등록사업을 시작하자

형사가 되자! 지역 교구, 도로, 안뜰, 과수원, 관목 울타리, 교회 등에 있는 나무들을 기록하도록 하자. 그러면 특정한 과실나무의 기원을 추적할 수 있다. 영국에 있는 가시덤불이 우거진 사과나무는 모두 그 기원이 170년 된 노팅햄셔의 한 당당한 고목으로 밝혀졌다. 지방의 지표이거나 경계선을 표시하는 나무들을 확인하자.

### 이정표를 만들어내자

자신이 살고 있는 지역 사회에서 완전히 새로운 환경 예술 세대를 조성하자. 자연 세계와 그 역사에 대한 애정 의식을 표현하기 위해 소규모 예술 작품의 창조를 격려하자. 그러면 새로운 이정표와 새로운 시작을 만들어낼 수 있다. 지역 사회에서의 자신의 위치에 긍지를 갖자.

### 병(甁) 은행을 이용하자

영국에는 인구 1만 7천명 당 한 개의 병(甁) 은행이 있지만 약 70여 개의 지방 당국들은 전혀 조직을 운영하지 않는다. 네덜란드 같은 나라들에서는 능률적인 병 은행 제도 때문에 유리의 62퍼센트가 재생 이용되고 있고 캐나다의 토론토에서는 현재 유리가 매주마다 각 가정의 현관 문 앞에서 수거되고 있다.

재생 이용을 위해 병 수집을 규제하는 법이 시행될 수 있을 때까지는 깨끗하게 헹군 병을 가장 가까운 병 은행으로 가져가는 것이 환경에 더 좋다. 효율적인 재생 이용을 위해서는 인구 2천명 당 한 개의 병 은행이 필요하므로 이것이 시행되도록 지방위원회 내에서 운동을 벌이자.

### 행정 교구 지도를 편성하자

지역사회 281

영국 기관인 커먼 그라운드는 지역 사회들이 행정 교구 지도 계획에 협력하도록 장려해 왔다. 지방 사람들 또는 임명된 화가까지 삽화가 들어간 지도 위에 그들이 중요시하고 존중하는 것들을 그리거나 꿰매어 붙일 수 있다. 또한 교구 위원회, 학교, 여성협회, 지방 역사 또는 환경단체들도 참가해 지역사회에서 중요시되는 것들을 도표로 만들고 지도로 그릴 수 있다. 영국에서는 이미 말로만

묘사된 웨일즈의 페스티뇨에 있는 데이빗 내쉬의 개인 교구에서부터 과거와 현재의 삶 속에 감춰진 가치들을 반영하는 팻 존의 탑샘 어브저번스 ▲태피스트리까지 5백 개 이상의 지도가 착수되었다.

### 나무를 보호하자

나무를 베는 것은 마지막 수단이어야 한다. 정신적 문화적 감정적 동반자로서 나무의 중요성은 이제 막 재발견되고 있는 실정이다. 많은 나무들이 이미 법으로 보호되고 벌목은 불법화되었지만 좀더 많은 보호 명령이 내려져야 한다. 한 그루의 나무를 베기 전에 우리는 야생동물이 그것에 의존하고 있다는 것과 목재가 가치있게 사용될 것인지 그리고 다른 나무들이 자라 그것을 대신하게 될 수 있는지를 고려해야 한다.

### 반드시 낙엽을 태우지는 말자

길거리에 떨어진 나뭇잎들은 위험하고 미끄러울 수 있으나 도회지에서 낙엽을 청소하는 지역 당국의 능률성이 말벌과 나방, 파리 같은 곤충의 생태 균형을 뒤엎을 수 있다.

최근 도시의 플라타너스와 마로니에들에 급속히 퍼지고 있는 개각충은 가을에 떨어진 낙엽의 안쪽에 들러붙어 있는 포식 동물, 수중다리 종벌과의 말벌을 서둘러 불태우기 때문인 것으로 여겨진다.

낙엽의 안쪽에만 4백 종류 이상의 잎에 구멍을 뚫는 나방들이 살고 있다. 쐐기벌레와 진딧물, 홉에 생기는 진디들은 모두 잎에서 번데기가 되며 불에 태워지게 되면 일찍 죽음을 당한다.

보다 좋은 대안은 잎을 퇴비로 만들어 자연 생물학적인 조절을 허용하고 공원과 정원들에 사용할 풍부한 유기 혼합물을 만들면서 동시에 거리를 깨끗이 유지하는 것이다.

---

▲ 태피스트(tapestry) : 색색의 실로 수놓은 벽걸이나 실내장식용 비단

## 개 금지구역을 확보하자

모든 사람들이 개를 좋아하는 것은 아니다. 개들은 어린이와 야생동물들을 당황하게 할 수 있다. 여론조사에서 대중에 의해 확인된 가장 큰 환경 문제의 하나는 개의 배설물이다.

일부 공원과 야생동물 지역을 개 없는 지역으로 선언한다면 지역사회와 환경을 강화시킬 것이다. 개의 배설물 속에 있는 기생충은 그것을 만지는 어린 아이들에게 눈에 보이지 않는 병까지도 포함된 중병을 일으킬 수 있으니 어린이들이 드나드는 지역에 개가 배변을 하지 못하게 하자.

## 황무지에 사는 나비들을 위해 취어초를 장려하자

▲취어초는 현재 북부 런던의 황무지에 흔한 관목이다. 그것은 대단히 메마른 토양에서 쉽게 자랄 수 있고 뿌리에서 방출되는 이산화탄소는 산성 용제를 형성해 담벽의 공간을 녹여 취어초가 정착하게 한다. 이 식물은 특히 공작, 작은 별갑, 멋장이 나비를 비롯한 나비들을 모이게 한다.

## 보도의 상태에 대해 불평하자

불량한 보도는 놀랍도록 많은 사고들을 유발시키는데 매년 적어도 2백명은 길에서 보도를 걷다가 죽는다. 자신이 살고 있는 지역에서 규칙적으로 걷는 것은 주변에서 일어나고 있는 일에 주목하는데 도움이 될 것이다. 보행자용 보도와 통로의 상태에 대해 지방위원회에 불평을 말하자. 이것이 보도의 빈틈없는 관리와 안전에 기여할 것이다.

## 심사숙고해서 오토바이를 이용하자

환경 오염의 한 가지 골치아픈 형태는 소음이다. 새벽 1시에 창문 바깥에서 들리는 시끄러운 오토바이 소리는 대단히 화나고 약이 오를 수 있다. 시끄러운 오

---

▲ 취어초 : 열대산 관상용 다년생식물

토바이는 늦은 밤에 수천 명의 사람들을 깨울 수 있다고 하니 자제해야 한다.
    배기 가스와 소음기 단속을 엄하게 하도록 법을 바꾸는 것도 도움이 될 것이다. 누군가가 오토바이 소음기를 제거했거나 개조했다면 법을 어기고 있는 오토바이를 검사하도록 지방 환경보건소를 통해 고소할 수 있다. 많은 오토바이들이 개조하지 않아도 무연 가솔린을 사용할 수 있으니 거래업자에게 문의하자.

### 무거운 화물자동차를 금지시키자

    무거운 화물트럭은 위협적이다. 영국의 화물자동차들은 38톤을 운반하도록 허용된다. 그들은 환경에 손상을 입히고 도로 표면을 망치며 쎄번 브리지 같은 다리들에 심한 마손을 일으키게 하고 런던 같은 도시의 지하 케이블과 파이프에 엄청난 손상을 야기시킨다. 스위스는 만장일치로 28톤 이상의 화물자동차를 모두 금지시켰고 화물자동차의 철야 운전을 중단시켰다.
    철도와 도로를 결합시키는 것이 좀더 환경에 우호적이고 비용 효율적인 화물 수송 방법이다. 자신이 살고 있는 지역에서 무거운 화물자동차를 금지시키고 정부와 대기업들로 하여금 물건 수송에 철도조직을 이용하도록 하면 오염과 폐해를 줄일 수 있을 것이다.

### 쓰레기 소각에 반대하자

    어떤 사람들은 가외의 에너지를 얻고 쓰레기 더미를 처치하기 위한 쓰레기 소각이, 환경에 좋고 새로운 에너지 자원이라고 생각한다. 그러나 잡동사니 쓰레기의 소각은 위험할 뿐 아니라 경제적으로 존속력이 없다는 증거가 늘고 있다.
    커다란 쓰레기 소각기들은 디옥신을 비롯한 위험한 가스를 대기 속에 방출하고 어떤 쓰레기 혼합물들은 염화수소산, 카드뮴, 납, 수은, 셀레늄을 만들어낸다. 그렇지만 우리가 정말로 가능한 최대한으로 재생 이용한다면 현재 경제적으로 소각할 수 없을 4퍼센트만 쓰레기로 남게 될 것이다. 시 소각기들은 환경에 위험한 디옥신을 만들어 내는 주요 출처이다.

## 거리의 제초제를 조사하자

지방 당국의 작업자들이 잔디의 가장자리와 거리에 제초제를 뿌리는 것을 발견하면 당연히 어떤 화학 약품을 사용하고 있는가와 그 이유를 물어볼 권리가 있다. 점차 아트라진과 사이머진을 함유한 것 같은 화학 제초제의 사용을 중지시키고 있는 지방위원회의 수가 늘고 있다.

화학 약품이 야생동물을 위험에 빠트리고 식수를 오염시키고 있음을 시사하는 증거들이 있다. ▲써리 위원회의 조사에서는 하청업자들이 화학약품을 뿌린 후 수 주 뒤에 살포 장소 근처에서 죽은 새들이 발견되었다.

또한 연구실의 증거들에서는 그 화학 약품들이 염증을 일으키고 심각한 알레르기 반응을 일으킬 수 있다고 보고되고 있다. 아트라진은 다양한 기관에 손상을 입힐 수 있고 발암물질로 여겨진다. 작업자들은 점차 그러한 제초제에 대해 보다 확실한 안전 점검을 요구하고 있고 일부 에섹스지방의 콜체스터 같은 위원회들은 마지막 수단으로서만 그러한 것들을 사용하는데 동의했다.

▲ 써리 : 잉글랜드 동남부의 주

### 바다 쓰레기에 조심하자

　바다는 종종 오물과 유독 화학 약품처럼 필요없는 폐기물을 버리기에 완벽한 장소로 간주된다. 살충제들은 20년 동안 바다에 버려져 왔다. 유독한 폐기물들은 간단히 드럼통 속에 넣어 배에서 물 속으로 내던져 질 수 있으나 그것이 수생 동물에 미치는 위험은 상당하다.

　현재 북해에만 10만 종류 이상의 각종 화학 약품들이 있는 것으로 추정된다. 불법적으로 물 속에 버려진 유독 폐기물이 담긴 드럼통들이 해변으로 밀려 올라올 수 있고 특히 통이 새는 것들은 심각한 오염을 가져온다. 지방의 해변에서 의심스런 드럼통이 발견되면 즉각 당국에 신고하자.

### 낙서를 중단하자

　낙서는 지역 환경을 어수선한 것처럼 보이게 한다. 낙서는 불법이고 위험하다. 자칭 화가들은 대부분 오존층을 손상시키거나 지구 온도 상승에 기여할 뿐 아니라 중독성이고 몹시 위험할 수 있는 풀을 비롯해 독한 페인트 물질의 아주 작은 입자들을 내뿜는 에어로졸 통을 사용한다. 지방 정부와 기업들은 벽과 기차와 버스 또 상점들에서 낙서를 제거하느라 말 그대로 수백만 파운드의 비용을 쓰고 있다.

### 단체에 가입하자

　전 세계적으로 수백만 명이 지구를 구하는 운동에 가담하고 있다. 그들은 사회 각계 각층의 사람들이고 누구나 참여할 수 있다. 신문을 읽고 책과 잡지들을 읽고 이해하며 환경단체에 가입하자. 또는 직접 구성해도 된다. 그리고 본 안내서에서 제기된 중요한 몇몇 문제들에 대한 운동을 벌이고 연구를 하면서 시간을 보내고 있는 이들을 지원하자.

### 쓰레기를 흘리지 말자

　쓰레기는 지역 사회로 하여금 돈을 쓰게 하고 지역 환경을 파괴한다. 집안에 온통 쓰레기를 흘리기로 결정한다면 은밀히 계속 그렇게 할 수 있지만 사람들 앞에서는 결코 공공연히 그렇게 해서는 안된다. 사람들에게 쓰레기를 흘리는 것은 인정할 수 없다고 말하는 습관을 들이자. 만일 충분히 많은 사람들이 불평을 말한다면 확실히 한두 명의 쓰레기를 버리는 사람은 말릴 수 있을 것이다.

쓰레기를 떨어뜨리면 야생동물 또한 고통을 받는 다는 사실을 잊지 말자. 새들이 플라스틱에 질식될 수 있고 작은 포유동물들은 배가 고플 때 주위에 버려진 쓰레기 때문에 정말로 병에 걸리거나 죽을 수도 있다. 또한 쓰레기는 생쥐와 들쥐들을 들끓게 한다.

### 환경보호를 외치는 입후보자를 지원하자

훌륭한 환경 정책을 이해하고 수행할 이들에게 표를 던지자. 그들에게 유권자들을 위해 무엇을 할 것인가를 묻고 공약을 받아내 선출되면 그것을 지키게 하자.

### 선출된 의원들에게 편지를 보내자

표를 던졌건 안 던졌건 지방 및 국가의 정치인들은 유권자인 국민에게 책임이 있다. 그들에게 특정 문제에 항의하는 편지를 보낸다면 주목하게 될 것이다. 정말로 우편 행낭의 크기는 선출된 관리들에게 영향을 미친다.

### 불법 쓰레기 처리를 신고하자

노련한 검사관이 되자. 불법으로 쓰레기를 내버리는 것은 산업별 개인별로 모두 증가 추세에 있다. 쓰레기를 내버리는 것은 어린이들과 야생동물들에게 극히 위험할 수 있고, 종종 거주지역에 있는 무인 쓰레기장의 번창은 꼴불견이다. 쓰레기를 내버리는 사람을 보면 망설이지 말고 관할 당국이나 경찰에 신고하자.

### 쓰레기통에 대해 불평하자

지역 상점, 음식을 사가지고 가는 식당, 위원회가 쓰레기통을 제공하지 않고 있다면 항의해야 한다. 쓰레기통이 없을 때는 갈 곳이 없는 쓰레기가 결국 길에 버려지게 된다.

### 야생 동물과 지역사회를 조사하자

자신이 사는 지역의 건물과 풍경 그리고 동물 서식지의 유형을 조사하자. 이것은 그들을 보호하거나 강화하기 위한 조치를 찾아낼 수 있는 식견과 영감을 줄 것이다.

### 다른 단체들과 연합 운동을 벌이자

환경을 돌보는 일은 자연보호 단체들만을 위한 것이 아니다. 지방의 보이 스카웃과 걸 스카웃, 또는 지역 사회 센터, 노인 클럽이나 시민 행동위원회 등에 도움을 요청하자. 다른 사람들을 연계시키면 메시지와 일의 분량이 분산된다.

### 경기장이나 운동장을 보살피자

경기장의 길게 펼쳐진 잔디밭은 철새와 바다새들에게 피난처를 제공한다. 따로 확보된 면적은 야생화를 기르고 나비와 다른 야생 동물들을 끌어들이도록 조성될 수 있다.

### 교회 부속 묘지와 공동묘지를 돌보자

시골 지역에 있는 교회 경내와 묘지들은 살충제 중독에서 완전히 벗어나 온갖 야생동물을 위한 성역일 수 있다. 일부 묘지들은 생태 변화가 대단히 풍부해 자연보호 구역으로 바뀌었다. 가능하면 어디서나 그러한 곳들을 보호하자. 나무의 자연 상태와 식물과 관목의 수를 기록하자. 그들이 파괴되지 않도록 하고 지방 위원회나 교회 단체들에 그 소중함을 알리자.

### 지방 수로를 돌보자

지방 수로를 개선하고 보호하도록 하자. 그곳은 야생 동물과 온갖 식물 및 꽃들의 귀중한 서식지이다. 지방 자연보호 단체들은 정화 운동에 열중하면서 그러한 지역들에 자연미를 회복시키고 있는 중이다. 그곳은 도시지역에서 완벽한 피난처이고 강둑, 수로, 운하들은 지역 환경을 푸르고 쾌적하게 한다.

### 보수하고 수리하자

수리하고 교환하고 다시 페인트칠을 하자. 부서진 난간과 울타리, 형편없이 관리된 꽃밭과 허물어질 것 같은 벽들은 환경을 개선하지 못할 것이니 당장 조치를 취하도록 하자. 살고 있는 거리나 읍내에서 사람들과 같이 모여 당국과 자연보호 단체들에 도움을 요청하자. 일단 일어나고 있는 일에 주목하면 하루나 이틀을 할애해 무언가 정말로 실제적으로 돕는 일을 한다.

### 후원자를 얻자

지역 환경 청소와 정화 같은 활동들은 지역의 자선 및 환경단체들을 위한 모금 활동과 결합될 수 있다. 도움을 주고 받자. 그리고 지역 사회에서 적극적인 일을 하고 있을 때는 후원자를 구한다.

### 버스 정류장을 보살피자

많은 버스 정류장들은 적절히 보살펴지지 않으면 보기가 흉하다. 페인트칠을 하고 낙서를 지우며 낙엽과 쓰레기들을 버리는 것은 규칙적으로 해야 할 필요가 있는 중요한 일의 일부이다. 당국에 도움을 청하거나 혹은 직접하도록 한다.

### 건물을 보호하자

일부 지방 건물들은 꼴불견이지만 어떤 건물들은 역사적인 소중한 기념물이다. 또 어떤 건물들에는 수년 동안 손이 닿지 않았을 나무와 택지가 있다. 역사적 건물 보호협회와 단체들은 오래된 건물들을 감독하도록 지역관리들을 감시하고 압력을 가할 수 있다. 비망록과 사진들을 보관하고 그것의 용도에 대한 해결책과 계획, 아이디어를 제공하자.

## 건물 용도를 찾자

지역사회 내에서 충분히 사용되지 못하는 건물들을 찾도록 하자. 요양소나 청소년 클럽을 위한 공간이나 거주자 협회 사무실 또는 지역사회 센터로 개조될 수는 없을까? 소유주나 지역 당국과 접촉해 무언가 이루어지도록 일을 시작하자.

## 로터리를 응용하자

교통의 로터리나 푸른 광장처럼 지방의 땅 한 구획을 차용하여 야생화와 관목, 구근식물과 나무까지 심기 위한 허가를 얻는다. 미리 관리에 대한 계획을 승인하고 그 지역을 더욱 푸르게 보이도록 하자.

## 시내 광장을 미화하자

시내 광장이 비록 트라팔가광장처럼 되지는 않겠지만 약간 개선하면 멋지게 보일 수 있다. 시계를 복원하고 나무들을 보호하자. 의자에 다시 페인트칠을 하고 쓰레기통과 담을 수리하자. 그리고 전과 후의 사진을 찍어 지방 도서관에 전시하자.

## 인도 관리 계획에 착수하자

인도를 관리하자. 알기 쉬운 도표를 세우고 넘어다니는 계단과 출입구들을 수선한다. 필요하다면 식물과 쓰러진 나무들을 치우고 인도 표면 관리에 대한 도움을 얻는다.

## 여성을 위하여 계획하자

종종 지역 환경에 관해서는 여성들이 가장 마지막으로 고려된다. 계획 이용은 여성과 어린이를 동반한 여성 뿐만 아니라 장애자들의 필요성을 고려하지 않으면 반대되야 한다. 어두운 거리, 형편없이 관리되는 보도, 유모차를 끄는 어머니를 위한 상점과 계단으로의 출입방법 등은 모두 지역 환경이 비우호적이고 경솔함을 나타낸다. 우리에게는 발언할 권리가 있다. 의견을 말하고 지방의 결정과정에 영향을 미치자.

### 장미와 가시나무로 울타리를 만들자

철조망과 깨진 유리 대신 가시가 있는 관목과 꾸불꾸불 굽이치는 장미꽃은 어떨까? 그것이 훨씬 더 보기 좋고 고양이와 사람도 막아주지만 새들은 해치지 않을 것이다.

### 연례 회의에 참석하자

지방 행정 교구 위원회와 국민 신탁이나 다른 단체 및 기관들의 연례 회의에 참석하자. 무슨 일이 있어 왔는가를 알아내고 접촉을 유지하자. 항상 규칙적으로 참석할 수는 없다 해도 연례회의에 가는 것은 그다지 힘들지 않을 것이다.

### 무개차를 부르자

거리에 내던져진 소파, 오래된 난로, 가구처럼 다시 사용될 수 없는 폐물과 잡동사니들이 많다면 토요일에 무개차를 불러 모두가 사용하게 한다. 쥐를 모이게 하고 거리를 끔찍하게 만드는 보기 흉하고 더러운 쓰레기를 제거하자.

### 공공 도서관을 이용하자

책을 재순환시키고 지역사회 시설을 이용하며 환경에 대해 공부하기에 이 보다 더 좋은 방법은 없을 것이다. 지역 도서관을 이용하자.

## 창가에 꽃을 심자

정원이 없거나 아파트에 살고 있다 해도 여전히 나비와 새들을 찾아 오게 하고 집을 좀더 푸르게 보이도록 할 수 있는 방법이 있다. 화초 상자에 봄을 위한 구근식물, 섬세한 여름 꽃, 또는 연말을 위한 약초들을 가득 채울 수 있다.

## 자전거 이용자를 위한 주차 공간을 만들자

자전거는 자동차와 비교할 때 거의 공간을 차지하지 않으며 오염물질이 없고 귀중한 에너지를 소비하지 않는다. 도시에서 자전거를 타는 사람들의 진짜 문제는 자전거를 안전하게 보관할 수 있는 공간의 부족이다. 지역 내의 상점, 도서관, 지역사회 센터, 또는 직장들에 자전거 차고나 자전거 둘 또는 적당한 주차 공간을 준비하라고 요구하자.

## 전시회를 열자

전시회를 열자. 과거와 현재의 지역사회 생활 방식을 보여주고 다른 사람들이 참여해 자신들의 풍경과 건물 그리고 그들의 유산을 자랑스러워 하도록 격려하자.

## 다른 도시와 자매결연을 맺자

다른 도시와 자매결연을 맺어 다른 나라와의 협력과 지역 사회 정신을 조장하도록 하자. 함께 사는 법을 배우고 다른 사람들이 사는 모습에 대해 배우자. 그리고 아이디어와 자원을 나누자.

## 대회를 열자

지역사회에 약간의 재미를 부여하도록 하자. 그 지역에서 최고의 야생동물과 가장 유지가 잘 되고 있는 거리나 가로수길을 찾아내는 사진대회를 연다. 지방 기업에 상품을 기증해 달라고 부탁하고 지방 신문과도 연결시킨다.

주거지역의 위험들 – 무거운 화물 자동차, 배기 가스, 제대로 박혀 있지 않은 포장 도로의 불록, 아이들이 놀 수 있는 안전한 장소의 부족, 불충분한 가로등, 강도, 개와 개의 배설물 …… 이 리스트가 얼마나 길었으면 합니까?

## 풍경을 보호하자

지난 반세기 동안 영국에서는 삼림지와 나무, 목초지, 밭 등의 경치를 약탈하면서 1백만 에이커 이상의 땅이 콘크리트로 덮혀졌다. 지방 신문에 나거나 벽보와 나무에 붙여져 있는 모든 계획 신청서들을 조사하자. 개발업자들이 하고 있는 일에 관여하고 관심을 갖자. 우리들에게는 발언권이 있고 그것은 서투른 개발 계획으로부터 귀중한 유산을 구할 수 있다.

## 해변을 청소하자

단체에 가입하거나 관할 당국에 연락해 해변이나 해안 지역에서 보기 흉한 쓰레기를 치우자. 이것은 우리 자신 뿐만이 아니라 해안가에 살면서 아마도 좀더 깨끗한 서식지를 고맙게 생각할 새들과 수생 동물들에게도 도움이 될 것이다.

## 방심하지 말자

언제나 빈틈없이 주의하도록 하자. 사람들과 당국, 산업들이 항시 계획 관리와 건물과 땅을 변화시키고 싶어 한다는 사실을 알고 있자. 명백히 모든 변화가

나쁜 것은 아니고 일부는 환경에 유익할 수도 있지만 지역 내에서 끊임없는 조
심과 경계가 필요하다. 매일 아침 직장이나 학교로 가는 길에 버스나 전철로 통
하는 보도와 같은 특정 지역에 유의한다. 변화를 경계하자.

### 매립식 쓰레기 처리장을 정화하자

매립식 쓰레기 처리장은 상당히 유독하다. 결국 그곳은 수백만 톤의 쓰레기를
수용하지만 야생 동물에게 안식처를 제공할 수도 있다. 수년에 걸쳐 좋은 재생
이용 시설들이 많이 조직되어 매립식 쓰레기장이 덜 필요해야 하지만 계획을 세
우면 이미 메워진 지역들에 도움을 줄 수 있다. 영국에서 성공적인 시책이 이미
존재하고 있는데 그것은 한 매립식 쓰레기장이 공원으로 바뀐 것이다. 그 장소
는 다양한 가스와 다른 부패하는 쓰레기의 부산물들을 수용할 수 있게 하기 위
해 45센티미터의 표토로 덮였다. 그후 5년 동안 145종 이상의 다른 야생 식물들
이 그 지역에서 다시 발견되었다.

### 강과 개울의 오염을 검사하자

더러운 물을 경계하도록 하자. 폐수에 화학 약품까지 곁들이고 있는 지역 산
업과 하수구로부터 오는 물일 수 있다. 죽거나 죽어가는 물고기와 야생 동물을
주의깊게 살펴보자. 그들은 보이지 않는 오염의 첫번째 징조일 수 있다. 어떤 야
생화와 관목 수풀이 잘 자라고 있는지에 주목한다. 어떤 것은 다른 것들 보다 산
성 토양을 더 좋아하므로 예민한 원예가라면 토양과 물 상태의 변화를 감지할
수 있을 것이다. 걱정스러운 변화를 발견하면 무엇이든 즉시 관할 당국에 보고
하고 그 염려를 인식하도록 확인한다. 그러면 자체 감시를 개선시킬 수 있을지
모른다. 결코 다른 누군가에게 미루지 말자.

### 곳곳에 꽃을 기르자

꽃은 지역사회를 가정처럼 보이게 하고 또한 색채와 흥미를 더하며 꿀로 벌
과 나비를 끌어들인다. 지방 화원들로 하여금 병원과 학교를 위해 구근 식물을

기증하게 하자. 지방 기업체들에 정원 공간이 없다면 반드시 화초 상자나 통을 비치하게 하자. 꽃들이 1년 내내 사람들의 힘을 돋우어 주게 하자.

### 누가 중요한가를 알아내자

누가 당신의 주인인가? 당신은 누구에게 돈을 지불하는가? 지방 선거에서 누가 당신을 대표하는가? 지역사회 실정을 아는 것은 중요하다. 탐정이 되어 질문을 하고 공공 모임들에 가서 누가 당신이 사는 도시를 움직이는지 알아내자. 그들은 종종 당신이 살고 있는 지역에 적극적인 환경 변화를 조성하려면 영향을 받을 필요가 있는 사람들이다. 직책만이 아니라 이름을 대면서 그들에게 편지를 쓰자. 그들에게 그들이 누구인지를 알고 있다는 것을 알리자.

### 경작 대여지를 이용하자

경작 대여지 또는 지방 정부가 소유하고·대여하는 작은 구획의 땅들이 전세계적으로 인기를 끌고 있다. 특히 정원이 없이 고층 아파트에 사는 사람들에게는 매우 쓸모가 있다. 경험이 없다면 커다란 구획을 떠맡지 말라고 충고할 수 있지만 상호 격려를 위해 친구와 함께 공유해도 좋다. 경작 대여지에서 상당히 많은 신선한 식품을 재배할 수 있다. 유기 원예가 겸 작가인 존 지본스는 단 3평방미터의 작은 땅에서 신선한 식품을 1년동안 먹을 수 있을 만큼 충분히 재배할 수 있다고 평가했다.

### 선거에 입후보하자

정치인들이 당신의 환경에 대한 염려를 무시한다면 투표로 공직에서 쫓겨나게 하자! 지방 선거는 생각보다 경쟁이 더 쉽고 특히 격려를 받는다고 느낀다면 직접 결정 과정에 참여해 일을 하면 좋지 않을까! 정당에 가입하기 전에 환경에 대해 각 당의 기록과 공약에 대해 철저한 평가를 실시하자.

## 산책로와 오솔길을 따라가자

자신이 살고 있는 지역에 대해 알아내자. 지역 내의 도보여행 클럽에 가입하거나 혼자 또는 가족과 함께 출발하자. 걷는 것은 유쾌하고 긴장을 풀어주며 교육적이다. 또한 스스로의 에너지 외에는 어떤 에너지도 소비하지 않고 주변 환경을 배울 수 있게 한다.

## 지역 박물관을 지원하자

지역의 역사에 대해 이해하자. 그러면 서투른 계획 신청에 반대하는 경우나 특정한 녹지 또는 폐기 명령을 받은 건물을 구하기 위해 노력할 때 도움이 될 수 있다. 박물관은 지식의 보고이다. 이곳은 종종 지역 교구나 읍내 도시의 유일한 기록을 보유하고 있다. 지역 박물관에 생태 변화와 야생동물 관광까지도 기록을 보관해 보라고 요청한다. 자연보호 단체들도 끌어들이자.

## 지방의 이정표들을 지키자

스카이라인을 바라보도록 하자. 내력을 말해줄 것이다. 굴뚝과 교회의 첨탑들이 우리 도시의 이정표들이다. 이것들은 우리 문화 유산을 대표하고 환경의 상태를 한눈에 보여줄 수 있다. 풍경이 오염을 내뿜는 공장이나 고층 아파트들로 가득차 있는가?

어디에 살고 있든 중요한 지방의 이정표를 보살피자. 이것들을 명부에 올려 등록하고 필요하면 보호되게 하자.

## 좀더 안전한 거리를 위한 운동을 벌이자

여성들은 특별히 어두침침한 거리, 위험해 보이는 지하도, 관목 울타리와 벽 가까이 설치된 어두운 보도들에서 공격을 받기 쉽다고 느낀다. 생각보다 더 쉽게 좀더 안전한 거리가 얻어질 수 있다. 여성을 배려한 설계와 낮은 에너지의 조명은 대단히 중요하다. 근처의 거리가 좀더 안전해질 수 있게 당국에 진정하도록 하자. 그것 또한 우리 환경의 일부이다.

## 지방 수공업을 지원하자

　지방 수공업은 우리 유산의 일부이고 그들을 지원하는 것이 환경에 도움이 된다. 또한 지방 상품이 필요를 충족시켜 주기 때문에 지방 직종이 만들어지고 다양성이 조성되며 수송이 감소되고 에너지가 절약된다.

## 일요 도보 여행을 계획하자

　사람들은 일요일 오후에 걷고 싶어한다. 그러니 그들을 생태 여행에 어떨까? 지방 교회, 운하, 즐거운 산책, 또는 흥미있는 건물 같은 주제를 채택하자. 사람들로 하여금 특징들을 지적해 다시 지역에 관심을 갖게 한다. 이 의식을 불러일으키는 것은 사람들이 지역 환경에 고마움을 느끼고 존중하게 되는 중요한 방법이다.

## 역사를 기록하자

　특별히 가족이 여러 세대에 걸쳐 그 지역에 살아 온 지방 거주자들은 할 이야기가 많다. 세월에 따라 무엇이 변했고 무엇이 그대로 남아 있으며 사람들이 그 지역에 대해 무엇을 좋아하는가 또는 무엇이 걱정스러운가 등등을 알아낸 다음 현대 과학기술을 이용해 나머지 세계에 그것을 알리는 것이다.

## 자연보호 박람회를 열자

　환경 주간, 자연보호 박람회, 지방 축제들은 지역 사회를 결합시킨다. 같은 목적이나 취미를 가진 사람들과 아이디어와 자원을 나누고 함께 하면서 즐거운 시간을 보내자. 생태 기관으로부터 정보를 얻고 자선 및 자원 단체들에 골동품 판매대를 설치하거나 예를 들어 ▲마말레이드를 팔고 퀴즈와 추첨과 대회들을 진행시키자. 그리고 유쾌하게 보내면 된다.

---

▲ 마말레이드(marmalade) : 오렌지, 레몬 등으로 만든 잼

## 벽을 밝게 하자

　벽화나 모자이크들은 도회지의 벽들을 밝게 한다. 시골 지역에서는 벽이 뱀과 도마뱀을 비롯한 온갖 포유동물과 곤충 및 식물들의 서식지가 된다. 대부분의 시골 담은 아주 오래된 것들이다. 사암, 석회암, 화강암 또는 슬레이트로 된 그것들은 연속적인 풍경의 특징 역할을 한다.

　담을 돌보는 것은 사라져 가는 관목 울타리에도 불구하고 동물들의 서식지를 유지하기 위해서 중요하다.

## 건물을 보호하자

　건물들이 지역 사회를 좋게 또는 나쁘게 보이도록 할 수 있지만 환경에서 좀더 중요한 역할을 갖는다. 낡은 교회들은 황갈색 올빼미나 집박쥐를 서식하게 할 수 있고 버려진 집들에는 생쥐와 곤충들이 우글거릴 수 있다. 일정 연령 이상의 건물들은 특별 명령으로 보호될 수 있고 합당한 이유가 없이는 파괴될 수 없다.

　주택이나 아파트들을 개조하면 쓸모있는 일을 만들어내고 자원과 에너지를 절약하며 대단히 필요한 숙박시설이 된다. 주변 건물들을 보호하고 유익하게 이용하자.

## 무조건 콘크리트를 바르지 말자

　개발업자들이 무조건 콘크리트를 바르는 것을 방관하지 말자. 콘크리트는 밑의 흙을 밀폐하고 죽이기 때문에 땅이 더이상 생산을 하거나 아름다울 수 없게 된다. 대신 신선한 흙과 꽃과 풀로 이루어진 공원과 정원이나 유원지와 안뜰을 선택하자.

## 님비가 되지 말자

　님비들은 자기 뒤뜰에는 핵 폐기물이나 유독한 드럼통, 매립식 쓰레기장, 새로운 공장, 아파트 단지를 원하지 않지만 다른 사람의 뒤뜰에는 아주 기꺼이 집어 넣을 것이다.

　우리는 모두 지구에 대해 책임을 져야 한다. 우리가 한 행동들의 결과는 다른 누군가에게 책임을 돌리는 방법으로 해결될 수 없다. 미국은 자기 나라의 유독 폐기물을 배에 실어 다른 개발도상국들에게 보내고, 일본은 자기네 핵 폐기물을 영국으로 수송하며, 영국은 살충제를 필리핀으로 수송한다. 만일 자신이 일하고 있는 회사가 다른 도시에 위험한 공장을 설치한다면 그것과 똑같은 일을 하고 있는 것이다. 님비가 되지 말자. 지역 사회에 압력을 넣자.

### 지방 언론의 참여를 부탁하자

　지방 라디오 방송국, 신문사, 또는 텔레비전 뉴스에 부탁해 환경 특집을 좀더 많이 다루게 하자. 지방 환경 단체 창설자들이 토론회나 좌담회를 갖고 시청자들이 전화로 참여하는 프로도 좋을 것이다. 또는 지방 생태의 매력이나 문제를 강조하는 프로그램도 좋다. 언론은 훨씬 더 많은 사람들에게 영향력을 미치므로 일부 문제들은 쉽게 해결될 수 있다. 지방 언론과 접촉해 부탁을 해보자.

### 의자를 입양시키자

　많은 지역사회들이 서양 물푸레나무나 너도밤나무로 만든 좌석의 적절한 설비로 덕을 본다. 일부는 누구든지 유지비까지 포함된 가격에 공원이나 삼림지에서 자신의 이름이 적힌 의자를 살 수 있는 응용 계획을 갖고 있다. 이것은 특히 지방 당국이 좌석의 설비를 유지할 능력이 없어 황폐해지게 버려두는 곳에서 쓸모가 있다.

### 공개 조사에 참여하자

　공개 조사는 우리들이 지역사회 내의 개발에 대한 염려 또는 지지를 기록하도록 하기 위한 것이다. 일부 공개 조사는 단기간 실시되어 새 빌딩이나 도로 건

---

▲ 님비(nimby) : 자기 소유만 중요하게 여기는 사람들

설 계획에 대한 계획 신청이 신속히 승인되거나 부결되기도 한다.

소머셋의 힝클리에 있는 핵 발전소 건설을 위한 신청에서는 국민 가운데 3만 명 이상이 반대하고 대부분 상당 수가 구두로 반대했음이 드러났다. 그것은 지역 사회가 그 제안에 대해 느끼는 바를 정확하게 말하는 중요한 방법이었다. 조사는 성공적일 수 있다. 자신이 사는 도시의 미래와 관련된 공개 조사에 적극 참여하자.

### 전문 지식을 교환하자

원예, 자금 조달, 제빵, 재봉처럼 무언가에 능숙하다면 그 지식과 기술을 자신에게 필요한 것을 제공해줄 수 있는 사람들과 교환하면 좋지 않을까? 기술 교환은 전세계 지역 사회에서 아주 성공적으로 운영되고 있다. 지역 인명부 및 망상 조직을 구성해도 된다.

### 지방 자연보호 구역을 설치하자

자연보호지는 메말라 죽은 지역을 생태의 낙원으로 변화시킬 수 있다. 지방 당국에 연락해 염두에 두고 있는 지역에 대한 정보를 얻도록 하자. 지방 야생동물 보호 단체를 창설하고 허가 및 사업을 계속 운영하기 위한 자금 제공 신청을 한다.

일부 자연보호지들은 지역 학교나 지역 사회 협회들의 협력을 얻어 창설되었다. 또한 모두가 혜택을 받을 수 있도록 각계 각층의 사람들을 참여시키자.

### 우표와 병마개를 수집하자

사용된 우표와 병마개들을 수집해 옥스팸 같은 단체에 보내자. 재생 이용 외에도 해외에서의 지속적인 사업들을 위한 자금 조달도 돕는 것이다.

# 지방 행정

 지방 정치는 종종 생각 보다 영향력을 행사하기가 쉽다. 중요한 문제는 현금이지만 올바른 격려가 있으면 환경이 최우선 사항일 수 있다. 자신이 살고 있는 지방의 대표자가 누구인지 알아내자. 다음에 열거된 것과 같은 정책들이 의제로 취급되도록 직접 조직을 구성해 로비 활동과 운동을 벌이자.

## 정책

 환경 주도권에 대한 지방의 참여를 격려하고 시설 및 공간을 제공해 환경 보호 단체와 다른 비합법 단체들을 지원한다.
 환경에 대한 결정에 지방 사람들을 참여시킨다.
 지방 정부의 모든 위원회와 관료, 부서들이 정례적으로 환경의 영향과 그들의 활동의 의미를 숙고하게 한다.
 환경을 손상시키는 상품을 금지하는 구매 정책을 고안한다.
 마루, 문, 화장판, 책상 및 사무용 가구를 위해 지속성이 없는 원산지에서 생산된 열대 경목은 사지 않는다.
 구직 광고에 자동차 소유자라는 조건 사용을 최소화시키며 절대적으로 필요한 경우 외에는 구직 광고에서 자가 운전자를 요구하지 않는다.

## 오염

 쓰레기 단속 및 감소와 특히 규칙적인 수거로 지방을 정화한다.
 각 가정이 부피가 크고 무거운 쓰레기 품목을 쉽게 제거하도록 주택 지구에 무개차를 무료로 제공한다.

쓰레기 소각을 중단한다.
지방 상인 및 기업들과 협력해 스폰서가 있는 쓰레기통을 공급한다.
정기적으로 유기 차량을 감시하고 조회한다.
지역을 통과하는 핵 폐기물 수송을 중단시킨다.
유독하고 재생이 불가능한 쓰레기의 가장 환경적으로 안전한 처리 방법을 찾아낸다.
정기적으로 거리의 오염 수준에 대해 관심을 갖고 감시하며 주민들에게 정보 서비스를 제공한다.
여전히 주요 식수 공급 시설을 연결하는 납 파이프를 전면 조사하고 교체한다.
특별히 교통과 관련되어지는 소음 및 소음 수준을 규제하는 지방법을 시행하도록 한다.
지역 경관을 해치는 것들을 청소한다.
지방 사람들이 오염 문제와 염려에 대해 전화를 걸 수 있도록 긴급용 직통 전화선을 도입한다.
주민들로 하여금 교묘하게 쓰레기를 내버리는 행위를 신고하고 지역 환경을 존중하게 한다.
낙서를 깨끗이 지운다.
지방 위원회 소유지에 쓰레기통이나 저장소를 준비한다.
모든 수로를 청소한다.


**녹화**

공터는 야생 동물의 안식처로 개조시킬 수 있는 지방 자연 환경 보호 단체들에 양도한다.
잔디 및 야생 동물 보호 지역을 만들어내고 보다 좋은 울타리, 정원, 페인팅, 건물 청소를 보조하는 방법으로 지역 사회의 시각 환경을 개선한다.
지방 사람들의 경작 대여지 이용을 등록하고 장려하며 새 경작 대여지를 만들어낸다.
가능하면 언제나 야생 동식물을 장려한다.

지방 기업들을 격려한다.
지방 기업들이 대중의 이용이나 야생 동물을 위해 소유지를 개방하도록 장려한다.
지방 생태 보호 단체들과 함께 야생 동물 조사를 실시한다.
공원과 거리는 지역 환경에 친화력이 있으나 열대 목재로 만들지 않은 설비를 비치한다.
특히 나무를 고려해 지방 서식지와 야생 동물 지역에 대한 새로운 개발 계획이 미치는 영향을 최소화하기로 동의한다.
삼림지의 성장과 특별히 고유 품종의 식수를 장려한다.
지역 내에 야생 동물 및 자연 방목장을 새로이 조성한다.
환경을 강화하고 기회를 이용하기 위해 휴양과 오락 시설을 개선한다.

## 수송

교통 진정책, ▲볼라드, 미끄럼 방지 표면과 같은 장애자 및 노약자 시설을 비롯한 도로 안전 조치를 개선한다.
도로, 도표, 구덩이들을 보수한다.
자전거 전용 도로 시설을 충분히 제공하고 모든 공공 장소에 자전거 주차 공간을 확보한다.
중심지에서의 자동차 주차를 제한하고 특정 지역에서는 화물 자동차를 금지한다.
실업자 및 불우민들을 위한 운임 보조금을 지급해 대중 수송 기관을 장려한다. 특히 야간에 여성들을 위해 보조금이 지급되는 수송편을 제공한다.
새로운 도로 건설 보다는 오히려 항상 대중 교통 수단의 제도 개선을 고려한다.
모든 공무원 소유 차량은 무연 가솔린용이어야 하고 촉매 변환장치가 부착된 차량의 이용을 단계적으로 도입한다.
공무 차량의 이용을 재평가하고 적절한 경우에는 다른 교통 수단을 찾는다.

---

▲ 볼라드(bollard) : 도로, 잔디 등에 자동차 따위를 들어오지 못하게 하는 짧은 기둥의 열

회사 자전거 제공을 고려한다.

## 주택

조명과 안전 자물쇠를 보강해 지방 정부 재산에 대한 경비를 개선한다.

모든 새 건물 개발 사업은 완벽하게 설계되어 지역을 개선하고 주변 건물들과 조화를 이루도록 한다.

지방 기업과 주택 소유자들에게 상점의 정면, 유지 관리, 지붕 공사, 창문, 에너지 보호 등에 관한 설계 지침을 제공한다.

오염 관계 문제를 감시하고 평가하기 위한 과학 정보 팀을 지역 내에 창설한다.

공기, 물, 토양, 식품의 화학 분석 검사 시설을 준비한다.

## 과학적인 조언

사용 중인 모든 CFC나 할론 제품을 대체하고 공공 처리 시설을 제공한다.

지하수의 안전을 감시하고 수질에 대한 법규를 위반하는 지방 기업과 식수 공급 당국을 기소하기 위해 적절한 조치를 취한다.

지방 거주민들에게 방사선 수준에 대해 경고하는 시설을 갖춘다.

수영장들이 소독제로서의 염소 사용을 단계적으로 중단하고 대신 오존을 선택하도록 조정한다.

가능하면 살충제 사용을 전면 금지한다.

살충제를 사용하는 근로자들을 위해 엄격한 안전 지침을 준비한다.

공공 휴양지에 살충제 사용 금지 구역을 도입한다.

소음 수준, 오염, 쓰레기 관리에 대한 협정을 비롯해 지방 건축지에 관한 법칙을 도입한다.

새 소각 설비에 반대하고 병원 소각로와 화장로에서 염소의 출처를 제거하기 위해 노력한다. 시 소각을 중단하고 유독 폐기물 소각로의 폐쇄를 요구한다.

개 훈련 교실을 제공한다.

개 배설물을 규정하는 지방법을 충분히 확보한다.

재사용할 수 있는 것이 사용 후에 버리는 것 보다 더 강하다.

## 재생 이용

위험한 가정 폐기물을 비롯한 모든 물질에 대해 지방 당국이 충분한 재생 이용 시설을 갖추도록 한다.

쓰레기가 덜 수거되도록 쓰레기의 생산량을 줄이는 재생 정책을 개발한다. 많은 폐기물을 되도록 재사용하도록 대중을 계몽하고 가능한 재료는 모두 재생 이용한다.

내부 및 외부 통신에 표백되지 않은 재생 용지를 사용한다.

가능하면 언제나 지방 슈퍼마킷 자동차 주차장에서 재생 시설을 이용하도록 장려한다.

지방 상점들이 최소한의 재생 포장지 사용을 지지하도록 장려한다.

일반인들이 재목을 가져오고 구입하며 재사용하는 것을 장려하는 나무 구조 센터를 준비한다.

지방 위원회 소유 재산의 복구나 파괴시에 되도록 많은 재목이 구조되어 재생 이용되도록 한다.

지속성이 없는 원산지에서 얻어진 열대 경목의 사용을 금지한다.

## 에너지

대중에게 일반 기술 과학 정보를 제공하고 에너지 보존책을 지지한다.
모든 당국 건물들에서의 최대 에너지 효율을 규정한다.
지방 위원회 건물들을 위한 온도 및 동력의 공동 계획을 조사한다.
공영 주택, 교육 시설, 관리 재산들에 에너지 감사를 실시한다.
사무실 및 관리 재산을 절연한다.
새로운 건물의 건축과 설계에 태양열 에너지를 도입하도록 장려한다.

## 보건과 동물 복지

위원회의 구내 식당에서 유기 채소와 채식을 제공하고 직원들이 좀더 건강한 음식을 먹도록 장려한다.

여우 보호법을 채택한다. 여우는 도회지 여우라도 어떤 지역에서도 위험하지 않다. 이 대단히 지능적인 동물에 대한 박해와 사냥과 독가스 공격을 중단시킨다.

항상 동물에 실험된 제품보다는 동물 실험을 거치지 않은 제품을 사용한다.
지방 상점들이 모피와 상아 등 멸종 위기에 처한 동물을 이용한 상품을 팔지 못하게 한다.
위원회의 교육 및 오락 시설의 일부로 생태 연구소를 건축한다.
알려진 발암 물질은 구매하지 않도록 한다.

# 정부

우리의 환경을 지키기 위해 실천되야 하는 일들 중 대다수는 정치인이나 정부 관리들의 헌신과 활동이 없이는 이루어질 수 없다. 지방적 국가적 세계적으로 환경이 우선되게 하려면 그들에게 진정하고 서신을 보내고 찾아가야 한다. 다음은 환경에 관심이 있는 정치인들이 실천해야 하는 중요한 정책 중 일부를 열거한 것이다.

## 방위

우리 정부는 방위에 수백만 파운드를 쓰고 있으며 민방위 계획의 일부를 희생한 고도의 과학기술 전쟁에 점점 더 많은 액수가 쓰이고 있다. 우리가 지금 다른 나라에 대한 침략보다 오히려 우리의 환경 보호에 돈과 과업을 다시 할당하기 시작하지 않는다면 생태 위기 때문에 상당한 과학 전문 지식과 기술이 낭비될 것이다. 정부가 지구를 구하는 일에 자원을 재할당하기 위해 할 수 있는 몇가지 일들을 예로 들어본다.

지구 온도 상승이라는 긴급 사태로부터의 보호와 재앙 구제를 위해 북대서양 조약기구와 바르샤바 조약의 기관 부대를 재정비한다.

핵 잠수함과 고공 군 항공기를 장기적인 해양 및 대기 감시용으로 개조한다.

위성 감시계 이용이 삼림 벌채와 같은 환경 파괴 문제로 고통을 받고 있는 주요 지역들을 겨냥하도록 바꾼다.

## 오염

땅과 바다와 공기의 오염은 우리의 식품과 물과 신체를 해치고 있다. 영국 정부는 1989년에 어머니의 모유 표본에서 디옥신 수준이 지도 수준보다 1백 배 더 높게 나타난 것으로 기록했다.

심장과 폐 구호 기금들은 런던 같은 도시와 토론토에 사는 사람들에게 광화학 스모그의 축적을 경고했다. 우리가 숨쉬고 마시는 공기와 물은 우리 생존의 중심이고 그것이 안전하고 깨끗하도록 보증하는 것이 모든 정부의 최우선 사항이어야 한다.

우리 주변에서 보는 오염은 야생 동물과 우리의 식물 및 동물에 한층 더 심각한 영향을 미치고 있다. 지난 수년 동안 불가사의한 바이러스 때문에 수천 마리의 바다표범이 죽어서 해변으로 밀려 올라왔다.

공해 오염은 수중 먹이 사슬의 맨 꼭대기에 있는 바다 포유동물에 이르렀고 다음은 우리 차례이다. 아래 열거된 조치들은 우리에게 미래가 있도록 보증하기 위해 정부가 할 수 있는 일들의 일부에 불과하다.

오염 단속 법령을 충분히 이행한다.
소도시 마다 위험 폐기물 수거 장소를 설치한다.
화학 약품 취급에 대해 엄격한 안전 절차를 확립한다.
기슭에서 버리는 것을 포함해 바다와 강과 해양에서 산업 쓰레기를 버리는 행위를 전면 금지한다.
더 이상의 소각 계획 확장을 중단시키고 이미 운영되고 있는 설비들은 단계적으로 철수한다.
환경적으로 건전하고 재생 이용이 가능한 재료로 만들어지지 않은 포장의 생산을 제한한다.
해변을 정화하고 하수구를 포함해 해안 지방에서 플라스틱 쓰레기를 버리는 행위를 제한하기 위해 1989년 1월에 제정된 바다에서 플라스틱 제품을 버리는 행위에 대한 법규를 연장한다.
염소를 사용하는 레이온(인조견사) 같은 펄프 부산물과 염소로 표백된 종이의 수입을 금지한다.
환경을 오염시키는 기업들을 기소하고 벌금을 무겁게 부과한다.
모든 CFC와 할론 제품을 금지하고 대안 연구에 좀더 많은 재원을 공급한다.
고래류의 작은 포유동물들을 오염, 남획, 서식지 파괴, 참치 잡이로부터 보호하는 국제 협정을 시행한다.

상업 및 산업 폐기물 생산자들이 허가를 받도록 요구한다.

바다에서 유독한 폐기물을 불법으로 버리는 행위를 막고 그러한 기업과 개인들을 법으로 처벌하기 위한 시행 팀을 구성한다.

처리되지 않은 오물을 해양과 바다로 내버리는 행위를 막고 오물을 비료로 사용하는 새로운 방법을 연구한다.

오염과 공장의 산업 폐기물을 통해 지방 서식 동물과 거주자의 생명을 위태롭게 하는 기업들을 감시하고 기소한다.

## 에너지

온실 효과는 분별있는 에너지 정책으로 중단시킬 수 있다. 정부의 정책은 단순히 환경에 대한 염려를 고려하지 않고 에너지가 이용되게 하는 현재의 사고 대신에 최대의 이익을 위해 가능한 에너지를 적게 이용하는 것에 치중되어야 한다. 에너지 보존이 그 첫 단계이다. 또한 부와 자원도 미래를 위해 재생이 가능한 에너지 자원 연구에 쓰여져야 한다. 다음에 추천한 것들은 정부가 취해야 할 가장 중요한 조치 가운데 일부이다.

기존의 핵 발전소들을 해체한다.

고속 증식로 반응 장치 계획에 대한 연구를 중단시킨다.

핵 발전소들로부터의 방사 오염 방출을 제한한다.

셀라필드로부터 아일랜드해로의 방사 유출을 막고 재가공을 중단한다.

핵 폐기물의 현지 저장에 동의한다.

핵 발전소의 인원을 재생이 가능한 에너지와 핵 폐기물 관리 및 처리 연구로 재할당한다.

에너지 보존책을 위해 소기업과 개인들에 대한 연구 보조금을 늘린다.

필요하면 공공 복지를 이해하는 사람들에게 저에너지 전구, 능률 취사 도구, 냉장고, 보일러, 절연 등과 같은 에너지 효율 장비를 구입할 수 있도록 보조금을 지원하고 대부해 주거나 연구비를 지급한다.

기업이나 하청업자들에게 높은 필수 효율 기준에 맞춰 상품을 생산하고 주택을 건설하도록 요구하는 국가 에너지 효율 법령을 제정한다.

"우리의 자연 약탈자는?" "유막(油幕)!"

## 지구 전체의 관심사

지구 전체의 협력이 우리의 생존에 아주 중요하다. 이제 그 어느 때보다 환경 오염에는 어떤 정치적 구별도 인정되지 않는다는 것이 인식되었다.

지구를 구하기 위한 투쟁에서 대단히 중요한 것은 제3 세계 국가들에 대한 협력과 원조이다. 우리는 아주 오랫동안 일찍이 생산적이었던 수백만 에이커의 땅을 파괴하기 위해 제3 세계의 땅과 국민들을 값싼 식품과 노동의 출처로 이용해 왔다. 그들에 대한 원조는 점점 늘고 있는 부채와 엄격한 서방 정책 규정으로 그들을 묶어두는 것이 아니라 능력을 부여하는 것이어야 한다.

우리는 우리의 영토 안에서 폐기물을 취급하기에는 너무 위험하다는 이유로 제3세계를 우리의 위험한 산업 쓰레기장처럼 이용해서는 안된다.

유독하거나 위험한 폐기물의 외국 선적을 전면 금지한다.
유독하거나 위험한 폐기물의 외국 선적을 전면 금지하고 싶어하는 제 3 세계 국가들에게 과학적 재정적 정치적 지원을 제공한다.
환경적으로 지속성이 있고 여성의 요구를 배려하는 개발 사업만을 지원한다.
열대 지방으로 부터의 산업용 목재 수입을 지속성이 있는 원산지로 제한하는 법을 제정한다.

세계은행의 국제통화기금에 부채를 지고 있는 극빈 국가들에 대한 구제와 일부 부채에 대한 완전한 변제를 간청한다.

나머지 유럽 국가들과 UN이 협의해서 개발도상국들에 대한 원조에 쓰이는 정부 자산의 액수를 늘린다. 목표는 아무리 적어도 GNP의 0.7퍼센트이다.

남극 대륙을 독립 대륙으로 인정하기 위한 국제 조약에 서명하고 그곳을 국제공원으로 지정해 보호하는 일을 돕는다.

모든 우주 계획 시설을 지구 환경과 특별히 오존층을 보호하는 새로운 수단 연구와 고안에 이용한다.

▲프레온 가스를 사용하고 오존층을 파괴하는 염소 합성물을 발사하는 ▲NASA와 ▲아리안과 ▲소유즈의 로켓, 우주왕복선, 보조 로켓들을 전면 금지한다.


## 수송

자동차 위주의 정부 수송 정책은 종식되어야 한다. 자동차는 납과 다른 오염 물질을 통해 인간에게 손상을 입히고 온실 효과와 산성비의 원인이 되는 화학 약품들을 생산하면서 세계에서 가장 중요한 오염원 중의 하나가 되었다. 자동차가 야기시키는 해를 이해하면 분명히 어떤 새로운 수송 정책을 찾게 된다.

새로운 접근법은 새로운 도로, 자동차 전용 도로와 자동차가 결코 가정에서 직장으로 출퇴근하는 사람들의 교통 문제를 해결하지 못하리라는 점을 인정해야 할 것이다. 아래의 추천 사항들은 현재의 정책으로 인해 거의 위기에 처해 있는 서비스에 쇄신을 가져올 수 있는 것들을 선정한 것이다.

도로 건설 비용을 보행자와 자전거 이용자들에게 더 좋은 시설을 공급하기 위한 일에 재할당한다.

가연 가솔린을 단계적으로 철수한다.

저급 가솔린을 단계적으로 철수한다.

---

▲ 프레온(freon) : 무색 무취의 기체로서 냉동제
▲ NASA : 미국 항공 우주국
▲ 아리안(Ariane) : 유럽 우주 기구가 개발한 대형 위성 발사용 로켓의 애칭
▲ 소유즈 우주선 : 1967년 이래 소련이 발사한 유인 우주선

수송 기관에서 디젤 휘발유의 영향과 생산 권장량, 관계 법규 및 환경 효과를 연구한다.

더 이상의 자동차 전용 도로 및 도로 건설 계획을 모두 중단시키고 새로운 교통 수단 개발을 위한 명확한 환경 기준에 동의한다.

촉매 변환장치가 없는 자동차의 제조와 판매를 단계적으로 철수한다.

런던과 멘체스터 같은 도시의 자동차 운전자들에게 세금을 부과한다.

회사 자동차에 대한 보조금을 모두 없앤다.

도로 안전과 연료 자원의 효율적인 이용을 위해 속도 제한을 낮춘다.

다른 유럽 경제 공동체 국가들과 같은 수준에서 버스 및 철도망에 보조금을 지급하고 더 싼 운임과 더 좋은 서비스로 대중이 가능한 널리 이용하도록 장려한다.

하천계, ▲경편 철도, 시가 전차 등 다른 형태의 수송 기관을 조사한다.

## 농경과 시골

토양에서 자양분을 빼앗는 집약 농업 방식으로 인해 농지가 앓고 있으며 소작농들은 계속 파산하고 토양 상태는 점점 불모화되고 있다. 영국 토지의 44퍼센트 이상이 토양의 부식 때문에 위험에 처해 있는데, 유럽의회는 영국에서 2백만 헥타르 이상의 토지가 위협을 받고 있다고 기록했다. 그럼에도 불구하고 영국 정부는 대부분의 유기 농업을 방관하고 있다. 현재의 정책으로서는 지속성이 있는 농경 방식을 장려할 수 없다.

농장 경영자와 국제적 지도자들까지도 우리 시골의 미래를 지키고 보호하기 위해 실천되어야 한다고 제안한 것들이 많다. 이제 육체와 정신을 통일적으로 보는 접근법은 시기가 지난지 오래되었고, 의회에 영향을 미치기 위해 강한 압력이 가해지는 경우를 제외하고는 토론할 시간조차 남아있지 않을 것이라고 두려워 하는 이들이 많아졌다.

필요하다면 식수 공급 당국을 다시 공공의 소유로 되돌리는 것을 포함해 식수의 질을 개선한다.

---

▲ 경편 철도 : 규모가 작은 철도

질소 비료의 사용을 제한하고 식수 1리터 당 50밀리그램인 세계보건기구의 질산염 권장 한계를 지킨다.

화학 약품을 사용하지 않는 해충 억제에 대한 연구를 크게 늘린다.

유기 농업으로의 전환을 장려하기 위해 농장주들에게 보조금을 제공하도록 한다.

닭장 우리, 반 집중사육, 횃대를 이용하는 양계를 금지한다.

식품 산업에서 동물에게 성장 호르몬과 자극제를 사용하는 것을 전면 금지한다.

보호되는 늪지나, 습지에 가축을 방목하는 농장주들에게는 보조금 지급을 중단한다.

모든 동물의 의식적(儀式的)인 도살을 금지한다.

비인도적으로 사육된 송아지 고기의 수입을 금지한다.

혼합 농업을 장려한다.

귀중한 습지를 파괴하는 배수 허가를 전면 중지하고 남아 있는 지대를 보호한다.

잉여 생산물이 보조금 없이 세계 시장에서 판매될 수 있도록 식품에 대한 수출 보조금을 폐지한다.

모든 식품에 생산에 사용된 살충제의 자세하고 명확한 성분을 표시하는 상표를 붙이게 한다.

개발도상국들의 요구를 우선하는 농업 정책을 개발한다. 그들 국가의 시장을 파괴하는 식료품들의 덤핑 관례도 중지되어야 한다.

특히 과학적으로 흥미있는 모든 장소와 환경적으로 예민한 지역들에 대해 적절한 보호를 실시하고 기금을 제공한다.

조세 특혜를 통해 보조금이 지급되어 온 모든 형태의 삼림 지대 파괴를 금지한다.

관목, 나무, 삼림지 등 다른 용도로의 땅 전환에 영향을 미치는 농업과 산림 운영에 대한 관리를 계획하는 법규를 제정한다.

오래된 삼림지와 목초지처럼 한번도 살충제나 제초제로 처리된 적이 없는 땅에 대한 화학 약품 사용을 금지한다.

국립 자연보호 구역과 국립공원을 보호하고 늘린다.

잎이 넓은 나무의 식수를 위한 보조금과 지불 금액은 증가시켜야 하고 고유 품종이 아닌 나무의 식수는 단계적으로 철수되어야 한다.

산업별로 실시된 살충제 독성 실험 결과는 발표되어 대중이 자유롭게 입수할 수 있어야 한다.

## 동물 보호

대기업들은 동물들을 잔인하게 취급해 왔는데 그들이 고통을 받지 않는다거나 느끼지 못한다는 주장은 더이상 지지될 수 없다. 우리는 지난 50년 동안 규범이 되어 왔던 계속적인 고문과 비인도적인 관례들을 없애고 이 지구의 동물들을 지원하는 방법을 찾아야 한다. 정부는 몇몇 가장 나쁜 관행들을 중단시키기 위해 입법 수단을 제공할 수 있다. 다음은 정부가 취할 수 있는 동물 보호 조치의 일부이다.

동물의 50퍼센트가 죽는 것을 기초로 화학 약품의 1회 치사량을 결정하는 L-D50 동물 실험을 금지한다.

동물 실험 대신 다양한 대안들을 이용하는 인도적인 연구 계획을 고안하고 기금을 적립한다.

가축동물 복지위원회가 추천한 117개소의 영국 도살장 개선안을 이행한다.

개 면허증을 재도입해 수수료를 개 관리 계획 기금으로 적립할 수 있는 관할 당국에 지불하도록 한다.

암 연구에 동물을 사용하는 대신 대안을 찾기 위해 구제 기금 및 연구 단체들에 추가 자금을 제공한다.

개를 이용하는 흡연 실험에 영국의 1975년 금지법을 시행한다.

기업들이 식품과 화장 도구나 다른 제품 검사에 동물을 이용하는 것을 중단하도록 한다.

도회지의 여우, 양서 동물, 전국 녹지대에 있는 새와 나비 같은 동물들을 감시하고 보호하는 법을 준비한다.

"당신네 하원의원을 마지막으로 본 것이 언제였나요?"

## 정책

정부의 정책은 신속하게 변화할 필요가 있다. 생존보다 이익을 더 중요시 하는 의원들은 무엇을 우선해야 하는지 다시 생각해 보아야 한다. 그러나 영향력이 있는 정책 변화는 상부에서 지시되어야 하고 그 아이디어들에 유일하게 변화를 줄 수 있는 것은 국민이어야 한다. 특정 문제에 대해 편지를 쓰고 진정하면 관심을 불러일으킬 수 있지만 기본적으로는 국민의 의식이 변화되어야 한다.

정치인들에게 이 지구를 구하기 위한 방법들을 알리자.

건축이나 정부의 결정 등 모든 새로운 계획이 환경에 미치는 효과를 평가하도록 한다.

모든 정부 부서와 장관들의 정책에 환경 문제를 도입시킨다.

환경 문제에 대한 광범위한 연구와 정책을 결합시키기 위한 환경 보호국을 설치한다.

　지역 자원을 잘 이용하고 지역의 요구에 부응하는 경제 개발 정책에 자원과 새로운 융자를 제공한다.

　생태 및 환경 보호에 관한 과학적인 연구와 보호 작업의 인원을 늘린다.

　새로운 주택과 지역사회 건물 등 다른 용도들을 위한 건물의 개발과 복구를 기금으로 적립한다.

　정부 감시인들이 환경 기준에도 관심을 갖도록 해야 한다. 그리고 새로운 계획들이 환경에 미칠 수 있는 효과도 평가 대상에 포함되어야 한다.

　소비를 줄이도록 한다.

　국민에게 잠재적 실제적 위험과 그 영향들을 알리려면 일종의 정보의 자유 헌장이 필요하다.

# 시민의 자유

### 여성의 발전을 위한 투자와 쇼핑에 참가하자

여성은 전세계 인구의 52퍼센트를 차지한다. 그들은 세계 일의 대부분을 하고 있지만 세계 땅의 1퍼센트도 채 소유하지 못하고 있다. 다양한 이유로 제3 세계 국가들에서는 여성의 삶이 지난 20년 동안 한층 더 힘들게 되었다.

대부분의 나라에서 여성은 남자와 동등하게 여겨지지 않는다. 그러나 동시에 그들은 다음 세대를 출산하고 돌보도록 기대된다.

여성은 지구를 구하는 일에 크게 기여할 수 있고 가능한 어디에서든 격려되어야 한다. 여성이 소유하는 사업에 투자하고 여성 협동조합과 평등한 기회를 촉진하기 위한 적극적인 계획과 여성환경네트워크를 지원하자.

### 다국적 기업들의 개발도상국 여성 착취를 중단시키자

분유로 기르는 것은 어린이 설사의 주요인으로 파키스탄에서만 연간 20만 명의 어린이가 사망하는 것으로 기록되고 있다. 모유 대용품 생산자들에게는 개발도상국에서의 제품 홍보 및 판매에 대한 국제 관례가 공포되었다. 그러나 필리핀, 파키스탄, 말레이지아로부터의 보고서들은 갖가지 위반 사례들을 밝히고 있다.

말레이지아 단체들은 여성들에게 서양인들이 마시고 있기 때문에 아기에게 최고의 식품이라고 선전하면서 산부인과 병원들에 어린이용 유동식의 제조법을 무료로 제공하는 회사들에 의한 대규모 협박을 보고하고 있다. 안전하고 공짜인 모유가 가능할 때에 분유로 아기를 기르는 것은 그들로 하여금 절실히 필요한 소득의 대부분을 써버리게 한다.

## 이중 기준을 근절시키자

한 다국적 기업은 나중에 영국으로 역수출되는 이국적인 과일용으로 필리핀에서는(영국에서는 감자 재배에 금지되어 있음) 살충제 딜드린을 판다. 근로자들은 우리가 소비하기에는 너무 위험하다고 생각되는 그러한 화학 약품들의 사용으로 인한 위험에 대해 충분히 정보를 얻지 못하고 있다.

서방 국가들에서 금지된 식품, 화학 약품, 과학 기술, 살충제, 또는 실험들이 개발도상 세계로 값싸게 수출되어서는 안된다. 우리의 높은 기준은 세계적으로 적용되어야 한다. 다국적 기업들은 회사 주주 뿐만이 아니라 세계에 책임을 져야 할 의무가 있다.

## 무주택 극빈자들을 돕자

무주택은 단지 아프리카 극빈자의 특징만은 아니다. 영국에는 25만 이상의 무주택 가정이 있고 그것은 10년 전보다 두 배가 늘어난 수치이다. 종종 무주택 가정은 취사 시설이나 프라이버시가 없이 침대와 조식만 제공하는 싸구려 호텔에 들게 된다. 그들의 환경과 불충분한 식사는 특별히 어린 아이들과 유아들의 건강을 심각하게 위협한다.

## 종족민들을 지원하자

전세계 열대 우림 지역에서 살고 있는 종족들이 위험에 처해 있다. 그들은 균형과 조화를 이루면서 수세기 동안 숲을 보호하며 그 속에서 살아왔으나 오늘날 우리의 개발형태는 그들을 파멸시키고 있다.

그들의 지역 사회 전체가 우리가 등장하기 전에는 없었던 병인 홍역과 수두 같은 서방의 질병들에 의해 완전히 파괴되고 있다. 또한 어린이들이 숲을 통과하는 새 도로 건설로 인한 먼지 때문에 폐병으로 죽고 있다.

그들은 숲의 식물과 과실들을 상세하게 알고 있고 바로 그 때문에 아주 오랫동안 생존해 왔던 것이다. 그들은 우리에게 많은 새로운 약과 식품들을 공급했다. 우리는 이 사람들에게 우리의 생활 방식과 질병을 강요할 권리가 없다. 종족민들의 권리와 존엄을 지키기 위해 일하는 단체들을 지원하자.

### 지체 부자유자의 출입을 위한 운동을 하자

우리의 대중 교통 수단은 신체가 정상인 자동차 운전자들을 위해 건설된 도로에 의해 지배된다. 보행자와 자전거를 타는 이들은 그 다음 순위이다. 영국 여성은 오직 40퍼센트만이 현재 자동차 운전 면허증을 소지하고 있고 그 나머지는 대중 교통 수단과 걷기에 의존해야 한다.

그러나 정말로 열악한 교통 환경으로 고통을 받는 사회 계층은 지체부자유자들이다. 구덩이와 안전한 횡단로의 부족과 높은 연석 그리고 아주 작은 인도들은 모두 위험하다. 휠체어를 타고 버스나 전철에 오르려 애쓴다고 가정해 보자. 그것은 말 그대로 위험할 뿐만 아니라 불가능한 시도이다. 거리나 대중 교통 수단에 수용 능력이 없다는 이유로 사람들을 집안에 감금시킬 권리가 있는 것일까?

### 보행자의 권리를 되찾자

영국에서는 자동차 운전자가 횡단 보도에서 보행자를 우선하지 않으면 위반이지만 많은 운전자들이 단순히 보행자들 보다 훨씬 더 빠르고 더 우월하다고 느끼면서 그 사실을 잊는다.

보행자는 그들이 운전을 해야 하는 것과 마찬가지로 길에서 걸을 권리가 있다. 그것은 오염이나 사고 또는 위험의 원인이 되지 않을 뿐만 아니라 에너지를 절약한다. 교통 진정 계획, 자동차 금지 구역, 보행자 전용 구역들은 모두 도회지에서 도움이 된다.

'램블러 협회'는 시골에서 걷는 사람의 권리 보호를 촉진하고 1935년 이래 줄곧 국토를 개방하는 방법에 찬성하는 운동을 해왔다. 그러나 아직도 보행자의 권리를 완전히 되찾으려면 영원한 것 같다.

### 어린이의 권리를 옹호하자

15세 이하의 7천 5백만 명에 달하는 전세계 어린이들이 생계를 위해 일을 해야만 한다. 열대 우림 지방의 서식지와 숲의 파괴, 농업 현대화 비용, 농부들이 세계적인 대 은행과 재정 기관에 지고 있는 빚의 가중되는 부담 등등 때문에 그들은 가족의 빚 청산을 거들어야 한다. 세계 인권 규약에는 어린이의 권리도 포함된다. 어린이들의 권리는 전세계적으로 보호되어야 한다.

## 직접 조치를 취하자

직접적인 조치는 보트를 타고 핵 전함 앞에서 몸을 투신하는 녹색 평화 운동가들에게만 국한되지 않는다. 그것은 우리 모두가 할 수 있는 일이고 생각보다 더 쉽다.

거리에서 쓰레기를 버리는 사람을 보면 제지하는 일부터 시작해도 좋다. 또는 신중한 처치를 부탁하면서 화학 제품을 제조업자에게 되돌려 보내는 방법도 좋다. 혹은 열대 우림 목재를 파는 목재상 앞에서 전단을 나누어 주면 어떨까? 그리고 자신이 믿는 것을 직접 옹호하도록 결정하거나, 환경을 파괴할 수 있는 기업의 제품에 대해 불매 운동을 벌인다면? 자신과 지구를 보호하자!

## 환경 재해 희생자에 대한 보상을 위해 싸우자

1984년의 보팔 사고는 60만 명 이상의 희생자를 낳았는데 대부분이 아직 재정적인 도움은 물론 의료의 도움 조차 받지 못한 형편이다. 현재까지는 12만 명의 배상 청구자들만이 정부의 보조를 받기 위한 사정을 받았다. 관련 회사인 유니온 카바이드는 2억 9천 4백만 파운드(약 4천 2백억원)의 최종 배상금 액수를 제시했지만 돈이 유일한 문제는 아니다. 그것이 3,150명의 죽은 사람들을 되살려내지는 못할 것이다. 50만 명의 희생자는 치료를 받아야 한다.

유독한 메틸 이소시안산염 가스의 누출은 주택가에서 그처럼 위험한 이소시안산염을 생산하는 회사의 정당성에 대해 심각한 문제를 야기시킨다. 대단히 위험한 이소시안산염은 수지와 특수 페인트 및 봉함제의 제조에 사용된다. 이러한 화학약품의 사용을 줄인다면 다른 사고의 가능성도 줄일 수 있을 것이다.

## 알 권리를 위해 투자하고 구매하자

우리는 모두 환경, 개발, 정치, 그리고 우리의 일반적인 삶에 대한 견해를 형성하기 위해 정보와 사실들을 필요로 한다. 기업들은 대개 법적으로 우리에게 운영에 관한 정보와 사실을 제공할 의무가 없다. 그러나 우리는 그들에게 엄청

댓가를 치를 수 없으면 뿌리지도 말자.

난 돈을 제공한다. 기업들에게 회계 및 연구 결과들을 좀더 아낌없이 제공하고 성분을 표시하라고 요구해야 한다. 정보를 주는 회사들을 지원하자. 우리의 미래를 위해 투자하면 덜 개방적인 다른 기업들을 막을 수 있다.

### 환금 작물을 사지 말자

환금 작물 또는 상품 작물은 코코아, 커피, 차, 땅콩과 같이 개발도상국들의 상품이다. 우리는 생산 시스템을 교묘하게 계획해 개발도상국가들이 식량 자급을 위한 재배를 중단하고 더 부유한 국가들을 위해 이국적이거나 특수한 식품을 재배하기 시작하게 했다. 이것은 땅과 살충제를 소모하고 생태계의 심각한 불균형을 초래한다.

이디오피아 기근이 최악의 상태에 달해 죽은 어린이들의 사진이 전세계에서 방송되었을 때에 이디오피아 국민들은 땅콩의 풍작에도 불구하고 단 한알도 먹을 수가 없었다. 그것은 모두 우선 우리들에 의해 부과된 엄청난 빚을 청산하기 위해 선적되어야 했다.

이러한 종류의 모순에 대해 세계가 비난해야만 지구의 대다수 인구가 겪고 있는 빈곤의 악순환을 막을 것이다. 좋고 다양한 특수 식품에 대한 우리의 지나친 욕망을 대폭 줄이는 것도 영향을 미칠 것이다.

### 동물을 평등하게 대하자

고통은 고통이다. 인간이 아닌 동물들도 고통을 경험한다. 인간인 우리들은 스스로 인간이 아닌 동물들보다 우월하다고 생각하면서 (의학 연구와 화장품 검사에서 처럼) 순수한 쾌락을 위해서까지 동물들에게 온갖 고통을 가하고 있다.

인간이 아닌 동물들은 우리의 언어를 말할 수는 없으나 우선 그들의 감정을 배려하는 것부터 시작해 그들의 세계를 존중해야 할 것이다. 동물도 맞거나 끌려가거나 음식과 빛과 물을 빼앗기면 고통을 느끼고 괴로워 한다. 지금이 우리가 그 사실에 눈을 떠야할 때이다.

우리 인간의 우월성이 정당한 구실은 될 수 없다. 말할 수도 투표를 할 수도 반격을 할 수도 없고 지적으로 생각할 수 없다는 이유로 생후 6개월된 아기를 학대하지는 않을 것이다. 그런데 동물에게는 어째서 그렇게 해야 한단 말인가.

### 군비 축소를 지지하자

바라건대 결코 사용하지 않을 전쟁 무기에 전세계적으로 엄청난 달러가 쓰이고 있는 반면에 배고픈 사람들을 먹여 살리고 환경을 보호하기 의해 긴요하게 사용될 수 있는 현금은 없다. 세계의 관심이 이제는 무기에서 환경으로 옮겨가고 있지만 그럼에도 전자에 쓰이고 있는 자원이 후자를 구하기 위해 재할당되고 있지 않다.

전세계적의 모든 국가가 단호히 태도를 바꿔야만 살상 무기에 귀중한 자원을 낭비하지 않게 될 것이다. 군사 기금을 지속적인 발전을 위해 쓰이도록 하자.

### 법을 알자

환경을 해치는 법들이 많이 있는데 그 중 일부는 국제법들이다. 예를 들어 국제 해운협회는 바다와 해양에 대한 관할권을 갖고 있고, 한편 국제연합은 인권에 대한 판결을 공포할 수 있다. 세계 각국 정부들은 자국내 영토에서 운영되는 기업들을 위해 법률을 제정하지만 종종 영토 바깥에서의 기업 활동은 관리할 수가 없다.

환경과 인간의 타락에 영향을 미치는 법들을 알아야 한다. 그러한 법이 무엇인가를 알지 않고는 어떤 영향도 행사할 수 없을 것이다.

### 공공 출입의 권리를 위한 운동을 벌이자

우리는 우리의 시골에서 자유롭게 걸을 수 있는 권리를 필요로 한다. 자유로운 출입은 우리가 농작물이나 담, 건물 또는 울타리를 훼손할 권리를 갖는다는 의미는 아니다. 한가롭게 산책하거나 걷는 사람들은 정원이나 농작물 재배 지역에 들어가는 것을 피해야 하나, 교대로 농장주들은 농작물을 위해 통로의 땅을 갈아서는 안되며 출입을 막기 위해 철조망을 세우는 관행은 피해야 한다. 도보 여행자들을 위한 공공 출입권이 앞으로의 시골 정책에 중심이 되어야 한다.

### 스스로에게 약속하자

생태를 보호하는 생활방식을 준수하자.

쓰레기를 재생하고 아주 좋은 음식을 먹고, 스스로 수선하고 재활용한다. 첨가제 및 화학 약품을 사용하지 않은 제품을 구입해야 할 것이며 뭐든지 겸손하게 생각한다. 걷고 자전거를 타며 지방의 주도권을 알고 있고 이용과 착취를 피하면서 가능하면 언제나 소비자로서의 힘을 이용한다.

### 얘기를 하자

지구를 구하는 1천 개 이상의 방법을 다 읽었다면 우리가 바로 영향을 미칠 수 있고 해결의 일부일 뿐만 아니라 문제의 일부이기도 하다는 사실을 깨달았을 것이다. 다른 사람들도 이것을 알 필요가 있다. 따라서 여기 마지막 제안이 있다. 얘기를 하고 좀더 많이 읽고 무언가 적극적인 일을 하자. 이미 우리의 지구를 구하려 애쓰고 있는 수백만 명의 사람들과 동참하자.

생명을 지키기 위해 투쟁하고 있는 우리의 지구. 지구가 살아남도록 도우려면 우리가 무엇을 해야 하는 것일까?

우리 모두가 오늘날 좀더 푸른 환경을 이루기 위해 생활 속에서 실천할 수 있는 1,001가지의 간단한 변화들을 소개한다. 어떤 환경에서 생활하든 명확하고 이해하기 쉽고 실용적인 지침서가 모든 사람들에게 그 방법을 제시할 것이다.

『지구를 구하는 1,001가지 방법』은 죄책감을 불러일으키기 위한 책이 아니고, 지금 당신이 취할 수 있고 그다지 어렵지 않다고 느낄 조치들을 서술한 것이다.

가정에서나 직장에서 혹은 휴가 중이거나 출장 중일 때, 어느 경우에서든 우리 모두가 지구의 미래에 영향을 미칠 수 있다.

# 옮긴이의 말

우리는 일상 속에서 아주 쉽게 얻어지는 것들에 대해 그 고마움을 느끼지 못하고 지나치는 것들이 너무도 많다.

창조주의 섭리, 어머니의 사랑에서부터 물, 공기, 불, 전기, 자동차, 소, 개, 음악, 책, 영화 등등 너무나 많은 것들이 인간의 삶과 정신을 생존하게 하고 풍요롭게 해준다.

우주 만물의 지구도 그중의 하나이다. 그러나 아마도 가장 경시되고 잊혀진 존재일 것이다.

전 인류의 가정과 같은 지구가 식구들의 잔혹한 냉대와 푸대접과 고문들 때문에 중병에 걸려 신음하고 있다.

풍족의 상징인 양 과감하게 하수구로 흘려보내는 분말세제의 거품, 쓰레기통에 수북하게 쌓이는 갖가지 세련된 일회용품들, 쓰레기로 흉악하게 뒤덮힌 자연, 산업 폐기물 때문에 곪아 터진 하천계, 인간의 의식주를 위해 마구 살상되고 학대받는 동물들, 소멸되지 않고 수백만 년 나뒹굴어 다닐 비닐 봉지의 희멀건 잔해들… 그 모든 것들이 지금 이 순간에도 한정된 자원과 에너지를 고갈시키면서 지구를 서서히 죽이고 있는 중이다.

결국 지구인들은 뒤늦게나마 단 하나뿐인 지구의 소중함을 깨닫고 보호와 소생을 위한 운동을 벌이기 시작했다.

소위 녹색 운동으로 통칭되는 이 운동과 함께 어디서나 자연 환경의 보호와 실천을 상징하는 녹화, 녹색, 유기적이란 말들이 유행하게 되었다. 녹색 가정·직장, 녹색 인간, 녹색 TV·페인트 등등…….

여기에 소개된 지구를 구하는 1,001가지 방법 가운데 일부는 상당히 충격적인 사실을 밝히고 있다.

여인들의 눈 화장을 위한 아이섀도우가 실험실에서 말 못하는 토끼의 눈에 강제로 주입된다든지, 맛있는 햄버거와 소세지의 고기 내용물에 소나 돼지의 고환이나 내장을 갈은 것과 혈분이 포함된다든지, 보다 생산적인 사육을 위해 거위의 발을 못으로 판자에 박는다든지 등등 기상천외한 내용들이 많다.

그외에 재생 이용을 위한 쓰레기 분리 수거, 빗물 재활용, 자동차 이용 절제, 유기 농작물 장려, 리모콘 사용 반대 등등은 널리 주재돼온 자연환경 보호의 일환들이다.

한편 저자는 충분한 수면을 취하고 적당한 식사를 하고 스트레스를 줄이고 건강한 육체를 유지하는 '자기 관리'가 전제되어야 한다는 단서를 붙였다.

재생 용지에 인쇄되어 1,001가지 방법 중 이미 한 가지를 실천한 이 책이 모든 직장과 가정의 서가에 반드시 꽂혔으면 하는 바람이다.

주위의 만류에도 불구하고 본 책의 번역 출판을 고집한 수문출판사의 이수용 사장님과 전문 용어들 때문에 애를 먹었을 편집진에게 감사를 드린다.

1991년 봄.
곽진희

## 곽 진 희

강원도 원주출생
건국대 영문과 졸업. 주태 한국대사관 근무.
홍콩 발행 시사경제주간지 〈Far Eastern Economic Review〉,
〈시사문화〉 등 기자역임.
번역작품:『선택받은 女子』,『열한번째의 발레리나』 등 다수 있음.

---

### 지구를 구하는 1,0001가지 방법

지은이 · 버네데트 밸러리
옮긴이 · 곽진희
펴낸이 · 이수용
펴낸곳 · 秀文出版社

---

1991년 4월 15일 초판인쇄
1991년 4월 24일 초판발행
출판등록 1988. 2. 15. 제7-35호
132-033 서울 도봉구 쌍문3동 103-1
전화) 904-4774, 팩시) 906-0707

ⓒ 수문출판사, 1991
파본은 바꾸어 드립니다.